LSI設計者のための

CMOSアナログ回路入門

Semiconductor Series
半導体シリーズ

谷口 研二 著
Kenji Taniguchi

CQ出版社

まえがき

　大学の教官になって15年ほどになります．最近，学生と話をしていると，FM放送とAM放送の違いを知らなかったり，半導体素子に電源を供給しなくても信号を増幅するものと誤解したりしていることを知って驚くことがあります．理論体系の整った「電磁気学」，「回路理論」，「制御理論」などと違い，泥臭いアナログ集積回路などにはかかわりたくない，という学生が増えてきたことがこのような事態に至った原因なのかもしれません．しかし，見かたを変えればアナログ集積回路は電気系の学問が凝縮した題材なので，この貴重な題材を使えば電気系で学習した教科を実践的に復習できる良い機会になるのです．例えば，集積回路中のノイズの発生やその伝搬には電磁気学の理論や半導体工学が，アナログ回路の増幅には回路理論が，そして発振には制御理論が関わっていることがわかると，アナログ集積回路の中には学習してきた電気系の教科内容が山積していることに気づきます．

　本書は，大学の学部4年生を対象にCMOSアナログ集積回路の授業を始めたときの教育資料が原型となっています．その後，数年にわたって手作りの資料で講義をし，学生にとって難しい箇所を平易に書き換えたり，教える順序を入れ替えたりする改訂を繰り返してきました．皆さんが「CMOSアナログ集積回路は難しい」という先入観を捨てていただけるよう，たとえ話を使いながら興味を持ってもらえるように努力したつもりです．この過程で学習題材の順序や記述内容の検討に協力してくれた学生諸君と適切なコメントをいただいた桐原正治さん（卒業生）に感謝します．まだ完ぺきな教科書とは言えないかもしれませんが，本書を読んでアナログ回路に目覚める学生や若い技術者が増えることを心から期待しています．

　最後になりましたが，長い間，執筆原稿や図面の修正などにご尽力いただいたCQ出版社の西野直樹さんと井坂妙子さんに心から感謝します．

2004年11月　　谷口研二

目　　次

第1章　アナログ集積回路の予備知識 … 13
1.1　アナログ回路設計者の心構え … 13
1.1.1　ディジタル回路でもアナログの知識が要求される … 14
1.1.2　アナログ回路設計に適した人とは … 14
1.2　シリコン基板を理解する … 15
1.2.1　シリコン結晶の構造 … 15
1.2.2　ドナーとアクセプタ … 16
1.2.3　pn接合の電気的特性 … 17
1.3　MOS素子の構造 … 19
1.4　MOS型集積回路の製造工程(素子形成工程) … 22
1.5　MOS型集積回路の製造工程(配線工程) … 28
コラムA　先端ディジタル回路設計者に期待される能力 … 20
コラムB　キルビー特許について … 22

第2章　MOSFETの動作 … 31
2.1　MOS素子の動作原理 … 31
2.1.1　MOS素子の電気的特性 … 31
2.1.2　弱反転領域($V_{GS} < V_T$)の電気的特性 … 32
2.1.3　強反転領域($V_{GS} > V_T$)の電気的特性 … 33
2.1.4　最先端MOSFETの特性 … 36
2.1.5　I_D-V_{DS}特性の傾斜(λ) … 37
2.1.6　飽和ドレイン電圧(V_{Dsat}) … 38
2.2　MOS素子の小信号等価回路モデル … 39
2.2.1　相互コンダクタンス … 40
第2章のまとめ … 43

コラム C　MOSFET 発展の経緯 ………………………………………34
コラム D　高電界中では電子の速度は飽和する ……………………39
コラム E　ドレイン電流とドレイン電圧の関係 ……………………44

第3章　MOS 増幅回路の基礎 ……………………………………………47
3.1　基本増幅回路 ………………………………………………………47
3.1.1　ソース接地増幅回路 ………………………………………48
3.1.2　ゲート接地増幅回路 ………………………………………52
3.1.3　ドレイン接地増幅回路 ……………………………………53
3.2　カスコード増幅回路 ………………………………………………55
第3章のまとめ …………………………………………………………58
コラム F　MOSFET の真性利得の意味を理解する …………………56
コラム G　増幅回路の利得 ……………………………………………60

第4章　増幅回路の周波数特性 …………………………………………63
4.1　フィルタ特性を理解する …………………………………………64
4.2　周波数特性を決める要素 …………………………………………66
4.2.1　MOSFET の増幅機能を理解する …………………………66
4.2.2　出力端子側のローパス・フィルタ特性を考慮する ………68
4.2.3　高域遮断周波数 ω_{po} について …………………………70
4.2.4　入力端子側のフィルタ特性 ………………………………71
4.2.5　入出力間容量を介した信号の伝播 ………………………72
4.3　増幅回路の周波数特性 ……………………………………………73
4.3.1　ソース接地増幅回路の周波数特性 ………………………73
4.3.2　カスコード増幅回路の周波数応答特性 …………………74
第4章のまとめ …………………………………………………………76
コラム H　寄生キャパシタ ……………………………………………78

第5章　アナログ回路のノイズ …………………………………………81
5.1　ノイズを伝える三つの要素 ………………………………………82
5.1.1　寄生キャパシタを介して伝播するノイズ ………………83

5.1.2　寄生インダクタを介したノイズの伝播 ……………………88
5.1.3　寄生（基板）抵抗を介したノイズの伝播 ……………89
5.2　ノイズに強いアナログ回路設計………………………………92
　　　5.2.1　差動信号による処理 ………………………………92
　　　5.2.2　差動信号利用時の注意 ……………………………93
第5章のまとめ ……………………………………………………94
コラムI　シリコン基板は誘電体それとも抵抗体？ ……………86
コラムJ　MOSFETが発生するノイズ ……………………………96

第6章　差動増幅回路 ……………………………………………99
6.1　ソース接地増幅回路の入力許容範囲 …………………………99
6.2　差動増幅回路 ……………………………………………………101
6.3　差動電圧利得と同相電圧利得 …………………………………103
6.4　差動増幅回路の許容入力範囲 …………………………………106

第7章　バイアス回路と参照電源回路 ………………………109
7.1　基本電流源回路……………………………………………………110
7.2　カスコード電流源回路 …………………………………………112
7.3　低電源電圧用電流源回路 ………………………………………114
7.4　参照電圧源回路 …………………………………………………116
7.5　参照電流源回路 …………………………………………………122
第7章のまとめ ……………………………………………………123
コラムK　新しいシリコン材料 ……………………………………124

第8章　コンパレータ回路 ………………………………………127
8.1　サンプル＆ホールド回路 ………………………………………128
　　　8.1.1　理想的なサンプル＆ホールド回路の基本動作 ………128
　　　8.1.2　現実のサンプル＆ホールド回路の問題点 ……………129
8.2　増幅器とラッチ回路の過渡応答特性 …………………………132
　　　8.2.1　増幅回路の過渡応答特性 ………………………………133

8.2.2 ラッチ回路の過渡応答特性 …………………………………136
8.3 前置増幅器とラッチ回路を組み合わせた
高速コンパレータ ……………………………………………138
8.4 高速ラッチ回路のオフセット・キャンセル法…………139
8.5 コンパレータの出力バッファ回路 …………………………140
コラム L 電荷注入量を入力電圧によらず一定とするくふう ……131
コラム M OP アンプの基本動作 ……………………………………133
コラム N k_BT/C ノイズ …………………………………………137

第9章 素子マッチングとレイアウト …………………………143
9.1 MOSFET 特性のばらつき ……………………………………143
9.1.1 ウェハ内の特性ばらつき ……………………………144
9.1.2 隣接する MOSFET 対の特性ばらつき ……………145
9.1.3 回路動作時の特性ばらつき …………………………147
9.1.4 製造工程特有の特性ばらつき ………………………150
9.1.5 パッケージングで発生する特性ばらつき …………152
9.2 MOSFET 対のばらつきの影響を軽減する方法………153
9.2.1 差動入力段でのオフセット電圧を低減するバイアス設定…153
9.2.2 カレント・ミラー回路における電流誤差を小さくする方法…154
9.3 MIM キャパシタと多結晶シリコン抵抗 …………………155
コラム O 微小 MOSFET の電気的特性のばらつき ………………150

第10章 フィードバック回路 ………………………………………159
10.1 帰還回路の概念 ………………………………………………160
10.2 帰還回路の効用 ………………………………………………161
10.2.1 出力信号を帰還するとひずみが小さくなる ……161
10.2.2 帰還するとアンプの帯域幅が広がる ……………162
10.2.3 帰還量をまちがえると増幅回路は不安定になる ………164
10.2.4 帰還量 β_F の周波数依存性を考える ……………165
10.3 帰還増幅回路 …………………………………………………166

| 10.3.1　4種類の帰還回路 …………………………………166
| 10.3.2　帰還回路の入出力インピーダンス …………………168
| 10.3.3　帰還増幅回路の実際例 …………………………169
| 第10章のまとめ ……………………………………………172

第11章　OPアンプ─基礎編─ ………………………………173
  11.1　OPアンプとは ………………………………………173
  11.2　OPアンプを構成する要素回路 ……………………176
  11.3　差動入力段 …………………………………………177
    11.3.1　基本差動増幅回路 …………………………………177
    11.3.2　カスコード差動増幅回路 …………………………179
    11.3.3　折り返しカスコード差動増幅回路 ………………181
    11.3.4　利得強化型カスコード差動増幅回路 ……………183
  11.4　2段構成のOPアンプの設計法 ……………………185
    11.4.1　OPアンプを構成する素子が飽和領域で動作する条件……185
    11.4.2　OPアンプが安定に動作する条件 ………………186
    11.4.3　手計算によるOPアンプの設計……………………191
  第11章のまとめ ……………………………………………194
  コラムP　2段OPアンプの周波数応答特性 ………………188

第12章　OPアンプ─応用編─ ………………………………197
  12.1　入力段の許容電圧範囲を拡大する …………………197
    12.1.1　基本的な差動増幅回路で発生する問題 ……………198
    12.1.2　nチャネルとpチャネルの特徴を生かす……………199
    12.1.3　入力段の改良 ………………………………………200
    12.1.4　相互コンダクタンスを一定にする回路 ……………203
  12.2　出力バッファ回路の低電圧化 ………………………204
    12.2.1　ソース接地のnチャネル，pチャネルMOSFETによる回路…205
    12.2.2　従来型AB級出力バッファ回路 ……………………207
    12.2.3　フィードバック型AB級バッファ回路 ……………209

12.3　位相補償 …………………………………………………211
　　12.3.1　周波数応答特性 ………………………………213
　　12.3.2　パルス応答 ……………………………………214
12.4　全差動型 OP アンプ ……………………………………216
　　12.4.1　コモン・モード・フィードバック回路 ………217
　　12.4.2　全差動型 OP アンプの種類 …………………220
第 12 章のまとめ ………………………………………………222

第13章　フィルタの伝達関数 …………………………………225

13.1　フィルタの種類と歴史 …………………………………226
13.2　伝達関数の物理的なイメージ …………………………227
　　13.2.1　インパルス応答 ………………………………227
　　13.2.2　振動様式パラメータ p_i の決めかた（ラプラス変換）……228
　　13.2.3　極と零点の意味 ………………………………230
13.3　フィルタの周波数特性 …………………………………233
13.4　フィルタの実現法 ………………………………………235
　　13.4.1　基本伝達関数を持つフィルタ …………………235
　　13.4.2　基本伝達関数を実現する方法 …………………236
13.5　理想的なフィルタ特性の実現法 ………………………239
13.6　フィルタの基本回路—積分器 …………………………241
　　13.6.1　積分回路の作りかた ……………………………242
　　13.6.2　OP アンプを用いた積分器 ……………………242
13.7　積分器で 1 次伝達関数を実現する ……………………243
第 13 章のまとめ ………………………………………………246

第14章　連続時間フィルタ回路 ………………………………247

14.1　OP アンプを使った積分器で 2 次伝達関数を実現する……247
14.2　OTA を使ったフィルタ回路 ……………………………250
　　14.2.1　電圧電流変換回路（OTA） ……………………250
　　14.2.2　全差動型 OTA を用いたフィルタ回路の実現法………252

コラム Q　携帯電話の中で活躍するアナログ回路 ……………255

第15章　スイッチト・キャパシタ ………………………………259
15.1　基本スイッチト・キャパシタ回路 ……………………260
　15.1.1　スイッチト・キャパシタ回路の動作原理 …………260
　15.1.2　スイッチト・キャパシタ回路で積分器を作る ……263
15.2　離散時間系の伝達関数の実現法 ……………………264
　15.2.1　要素回路のコンダクタンス ………………………264
　15.2.2　1次の伝達関数 ……………………………………265
　15.2.3　2次の伝達関数 ……………………………………266
15.3　現実のOPアンプによる誤差 …………………………270
　15.3.1　OPアンプの有限の利得による影響 ………………270
　15.3.2　OPアンプの有限の帯域による影響 ………………271
　15.3.3　OPアンプのオフセット電圧の影響 ………………272
コラム R　離散時間信号処理の基礎 ………………………274

第16章　Δ-Σ変調器 ………………………………………………277
16.1　Δ-Σ変調器 ………………………………………………278
16.2　Δ-Σ変調器の特徴：ノイズ・シェーピング機能 ……281
16.3　高次のΔ-Σ変調器 ……………………………………284
16.4　Δ-Σ変調器の回路構成 ………………………………287
16.5　Δ-Σ変調器の応用例 …………………………………288
　16.5.1　オーディオ用A-Dコンバータ ……………………288
　16.5.2　携帯電話用バンドパス・フィルタ ………………290
第16章のまとめ ………………………………………………292
コラム S　エイリアシング …………………………………282
コラム T　折衷案を模索しながらディジ-アナ混載回路との共存を図る…289

第17章　A-Dコンバータ …………………………………………293
17.1　A-D変換の原理 …………………………………………294

17.2　A-D コンバータ固有のノイズ ················295
　　　　17.2.1　量子化ノイズ ················296
　　　　17.2.2　サンプリング・クロック・ジッタ ················297
　　17.3　A-D コンバータの性能指標 ················297
　　17.4　A-D コンバータの種類 ················298
　　17.5　フラッシュ型 A-D コンバータ ················300
　　　　17.5.1　抵抗ラダー ················300
　　　　17.5.2　コンパレータ群 ················302
　　　　17.5.3　エンコーダ部 ················305
　　17.6　パイプライン型 A-D コンバータ ················305
　　　　17.6.1　スイッチト・キャパシタ回路（機能回路ブロック）······308
　　コラム U　機能回路ブロックに誤差があると… ················311

第18章　D-A コンバータ ················315
　　18.1　参照電圧を抵抗列で分圧する方法 ················316
　　18.2　電流源を用いた D-A コンバータ ················319
　　　　18.2.1　R-$2R$ 抵抗ラダー（バイナリ方式） ················319
　　　　18.2.2　MOSFET スイッチの ON 抵抗を考慮する ················321
　　　　18.2.3　温度計コードを用いた電流源方式 ················322
　　　　18.2.4　セグメント方式 ················323
　　18.3　電荷転送（キャパシタ）方式による D-A コンバータ ······324
　　18.4　14 ビット以上の高精度 D-A コンバータを実現する方法···326

参考文献 ················330
索引 ················332

第1章 アナログ集積回路の予備知識

1.1 アナログ回路設計者の心構え

　10年ほど前までは「アナログ回路はもちろんバイポーラ．MOS (metal oxide semiconductor) 素子なんて使えないよ」という回路設計者が大勢いました．アナログ回路設計者にとっては，性能が劣るとされているMOS素子を使ってアナログ回路を設計するのは邪道という意識が強かったのでしょうか．今日でもMOS素子を用いたアナログ回路の日本語の教科書は限られています．

　その一方で，アナログ回路をMOS素子で設計する機会が最近は圧倒的に増えてきました．この背景には，CMOS LSIの製造コストが安くなったことがあります．安価なCMOSのメリットを生かして，アナログ回路とディジタル回路を1チップに組み込んだ「アナ・ディジ混載LSI」が盛んに設計・製造されています．

　ひと昔前はアナログ・バイポーラLSIとディジタルLSIは別々に製造され，1枚のプリント基板に搭載することでシステムを構成するのが普通でした．しかし最近のLSIは，製造技術の向上に伴って集積化が進み，ひと昔前のボード上のLSIをすべて一つのチップに組み込むことができるようになってきました．少ない部品でシステムを組み上げることは，製造コストを下げる近道だからです．このようなLSIの低コスト化の流れに沿って，バイポーラ素子を使わないCMOSアナログ・ディジタル混載（ミックスト・シグナル）集積回路が全盛になっているのです．

　ただし，アナログ・ディジタル混載集積回路では，アナログ回路の天敵であるディジタル回路（ノイズ発生源）が同一シリコン基板上にあるので，細心の注意を払ってディジタル・ノイズの影響を回避する設計が必要となります．このノイズ

に関する詳しい話は，第5章「アナログ回路のノイズ」や第9章「レイアウトと素子マッチング」の章で説明します．

1.1.1 ディジタル回路でもアナログの知識が要求される

1980年代の後半でしょうか，ディジタル回路が爆発的に広がったころです．「これからはディジタルの時代，アナログ回路設計者はもういらない」とまで言われ，多くのアナログ回路技術者はディジタル回路の設計に転向させられました．ところが，ディジタル回路も最先端の性能を引き出すにはアナログ回路設計の知識が必要であることがわかってきました．しかし，過去にディジタル回路設計に転向させられた設計者が今ごろになってアナログ回路設計に戻ろうとする場合，MOSの勉強から始めなくてはなりません．そのため，バイポーラ素子でベテランの域に達した設計者は，CMOSのアナログ回路設計には手を出したがりません．一方，若手技術者はアナログ回路を設計した経験がほとんどありません．さらにCMOSのアナログ回路設計教育を行っている国内の大学がきわめて少ないので，新人にも期待できないという八方ふさがりの状況が続いています．

欧米でもCMOSのアナログ回路を設計する人が極端に不足しており，CMOSのアナログ回路が設計できるというだけで高給で迎えられています．読者のみなさんもぜひアナログ回路設計をマスタして，企業で重宝される人材になってください．

1.1.2 アナログ回路設計に適した人とは

アナログ回路を理解するには電気回路，電磁気学，半導体物性など，かなり広い技術分野の知識が必要となります．その意味では電気系の学部教育を受けた人がアナログ回路設計で優位に立てることは事実です．しかし，それが必要十分条件ではありません．電気系の教育を受けた人でもアナログ回路の設計には適さない人が大勢います．その逆に，まったく電気系の教育を受けてこなかった若手技術者が突然アナログ回路設計に目覚めることもあります．

筆者のアナログ回路教育の経験からわかったことは，アナログ回路設計に適した人とは，

1) 枝葉末節に目を奪われないバランス感覚に優れ，

2）あらゆる可能性に対して細かく気配りができる，

技術者であると言えます．

　ところが，そのような人が設計したアナログ回路でも，たまに予想外の動作をすることがあります．しかし，そんなときにも泰然自若とし，アナログ回路には「不思議」はないはずだと思える人がアナログ回路の設計に向いているようです．設計に失敗してもその原因を理詰めで究明し，次回の設計では同じ失敗を再び繰り返さない地道な努力の積み重ねが，アナログ回路の設計にはとても重要なのです．

1.2　シリコン基板を理解する

　CMOSアナログ回路設計を学ぶ前に，その素材となるシリコンについて考えてみましょう．

　「そんな泥臭いことはやめて，電気回路くらいから始めてよ…」と言われる方もいらっしゃるかもしれませんが，アナログ回路が組み上げられるシリコン基板の性質を理解することはアナログ集積回路設計にとって必須事項です．

1.2.1　シリコン結晶の構造

　とても倍率の高い顕微鏡でシリコン原子を眺めてみましょう．すると，図1-1(a)に示すように，正四面体の中央に置かれたシリコン原子からその頂点に向けて4本の電子の腕が伸びています．このシリコン原子を多数集積すると，隣接するシリコン原子の電子の腕が手をつなぎ合い，図1-1(b)に示すシリコン結晶構造となります．図からわかるように，シリコン原子から伸びる四つの電子の腕は，隣のシリコン原子を結び付ける接着剤の役目を担っています．この接着剤の役目を果たす電子を「価電子」と呼びます．

　シリコン結晶中に含まれる原子の数がどれほど膨大な数であるかを知るために，ここで簡単な計算をしてみましょう．化学の教科書には，シリコンの原子量は28と書かれています．これは，シリコン原子をアボガドロ数（6×10^{23}個）だけ集めたとき，重量が28gになることを意味しています．シリコン結晶の比重は2.3 g/cm³なので，

(a) シリコン原子　　　(b) シリコン結晶

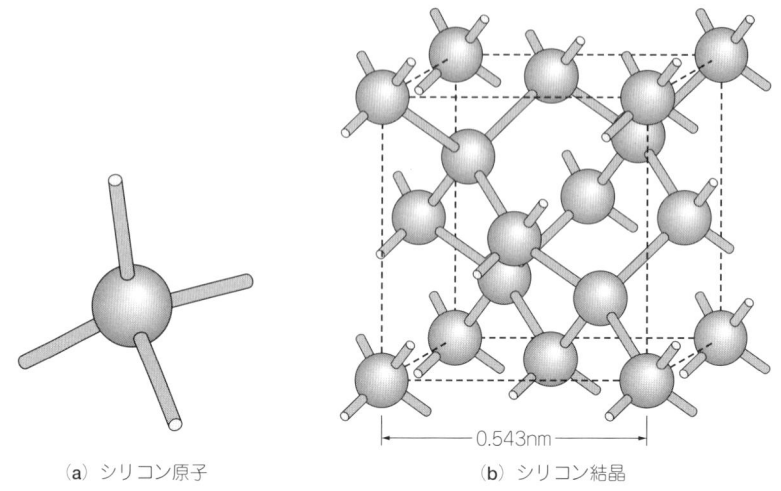

図1-1　シリコン結晶の構造
正四面体の中央に置かれたシリコン原子からその頂点に向けて4本の電子の腕が伸びている．このシリコン原子を多数集積すると，隣接するシリコン原子の電子の腕が手をつなぎ合い，シリコン結晶構造となる．

$$\frac{2.3}{28} \times 6 \times 10^{23} \approx 5 \times 10^{22} \text{ 個/cm}^3$$

1 cm 角（1 cm³）のシリコン中には 5×10^{22} 個もの原子がぎっしりと詰まっていることが，計算からわかります．

1.2.2　ドナーとアクセプタ

次に結晶中の一つのシリコン原子をリン原子に置き換えてみましょう．周期律表を参照すると，リン原子は5価であることがわかります．つまりリン原子の最外殻には5個の電子があります．正四面体構造の中央にあるシリコン原子をリン原子に置き換えると，4個の電子が隣接するシリコン原子と化学結合をするために使用され，余った1個の電子がリン原子から離れてシリコン結晶中を動き回ることになります．これが半導体デバイスの電気伝導を司る伝導電子で，前述の価電子とはまったく違った性質を持っています．

このように5価のリン原子は，シリコン結晶の中に入ると電子を提供（donate）することからドナー（donor）と呼ばれています．電子が離脱したドナー不純物原

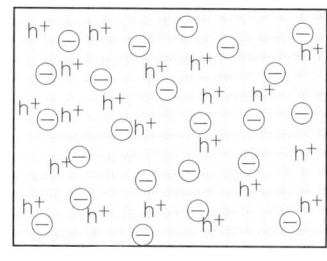

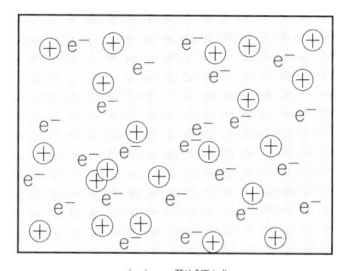

図1-2 p型とn型半導体領域中での正孔（h^+），アクセプタ・イオン（⊖），電子（e^-）およびドナー・イオン（⊕）のようす

子は，シリコン結晶中で正の電荷を持つイオンとなります．これに対して，最外殻電子が3個（3価）のボロン原子がシリコン原子と置換すると，隣接する4個のシリコン原子と化学結合するための手が1本不足します．このボロン原子はシリコン基板から1個の価電子を借り受けてシリコン結晶中に組み込まれます．価電子を受け取った（accept）ボロン原子は負の電荷を持つアクセプタ（accepter）イオンとなり，電子が抜き取られたシリコン基板には正の電荷（正孔）が現れます．

シリコン結晶にドナーやアクセプタなどの不純物原子を導入すると，**図1-2(a)** のように正（positive）電荷を持つ正孔が多いp型領域（アクセプタの多い領域），もしくは**図1-2(b)** に示すように負（negative）電荷を持つ伝導電子が多いn型領域（ドナーの多い領域）ができます．半導体集積回路にはこのようなp型領域とn型領域とが混在しているのです．

1.2.3 pn接合の電気的特性

p型とn型の半導体接合領域では，n型領域中の伝導電子がp型領域に広がっていくと同時に，p型領域からは正孔がn型領域に広がります．このとき，電子（負電荷）が減少し，正孔（正電荷）が増加するn領域は正に帯電し，その逆にp型領域は負に帯電します．最終的に**図1-3** に示すようにpn接合部にはドナーとアクセプタがむきだしになった空間電荷領域が現れて，n型領域とp型領域の間に電位差が生じます．見方を変えると，この電位差によってn型領域の電子はその領域から逃げ出すことができなくなり，pn接合の電子と正孔の濃度がそれ以上変化しない安定した状態になっているのです．

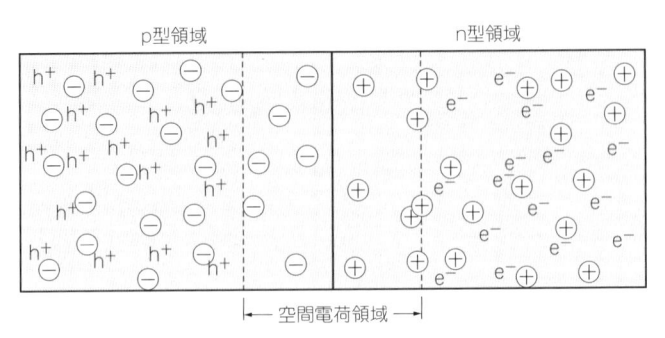

18 第1章　アナログ集積回路の予備知識

図1-3　p型とn型半導体の接合領域付近の電荷分布状況

次にn型領域中の多数の伝導電子がどのようなエネルギーを持っているか考えてみましょう．熱統計力学によると，絶対温度Tではすべての粒子は平均k_BT程度の熱エネルギーを持っていますが，それらはけっして一様ではありません．電子は次のボルツマン統計に従うことが知られています．

$$f(\varepsilon) = \exp\left(-\frac{\varepsilon}{k_BT}\right) \tag{1.1}$$

εは電子運動エネルギー，k_Bはボルツマン定数，$f(\varepsilon)$はエネルギーεを持つ電子の存在確率（ボルツマン分布）を表しています．式(1.1)より，n型領域中の電子のエネルギー分布は**図1-4**のようになります．縦軸を電子のエネルギーで表示しているので，エネルギーの高い電子ほど指数関数的に数が減っていることがわかります．このようすは，水面から立ち昇る朝もやの分布に似ています．**図1-5**

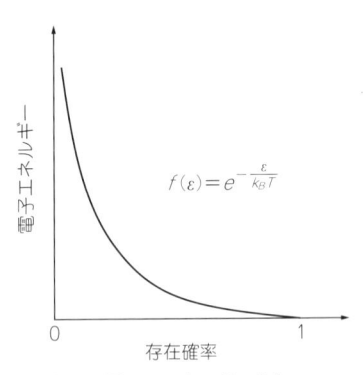

図1-4　n型領域の電子のエネルギー分布
エネルギーの高い電子ほど指数関数的に数が減っている．

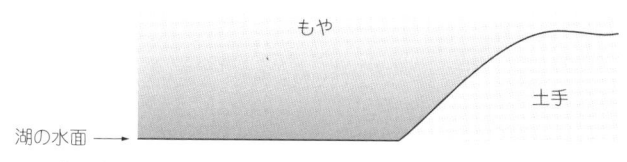

図 1-5　半導体デバイスの動作のイメージ

湖畔を囲む土手がもや（電子）を湖側に押し留めている．土手の高さは pn 接合の電位差に相当する．外部から電圧を印加して土手を下げると，水面のもやはその土手を越えて流れ出す．もやの濃度は湖の表面に近づくと指数関数的に増加するので，土手の低下量（外部印加電圧）に対してもや（電子）の流出量は指数関数的に増える．

のように，湖畔を囲む土手がもや（電子）を湖側に押し留めているイメージが湧くようになれば，半導体デバイスの動作が理解しやすくなります．なお，土手の高さは pn 接合の電位差に相当します．外部から電圧を印加して土手を下げると，水面のもやはその土手を越えて流れ出すことがわかるでしょう．もやの濃度は湖の表面に近づくと指数関数的に増加するので，土手の低下量（外部印加電圧）に対してもや（電子）の流出量は指数関数的に増えることがわかります．これが次に示す pn 接合の電圧電流特性となるのです．

$$I = I_S \left[\exp\left(\frac{eV}{k_B T}\right) - 1 \right] \tag{1.2}$$

右辺のカッコ内の第 1 項が外部印加電圧 V によって下げられた土手から流れ出す電子の量を表しています．エネルギー表示した際の土手の低下量が $-eV$ であることが理解できれば，式 (1.2) はボルツマン分布の式 (1.1) から導かれていることがわかります．

シリコン結晶とその中に含まれる電子のエネルギー分布が理解できたところで，本書で扱う MOS 素子の構造とその動作原理について考えてみましょう．

1.3　MOS 素子の構造

図 1-6 は，p 型シリコン基板上に作った n チャネル MOSFET (metal oxide semiconductor field effect transistor) の平面構造と断面構造です．シリコン基板には，正電荷を運ぶ正孔（ホール）が数多く存在しています．n 型の不純物原子拡散層領域（ソース，ドレイン）には，負電荷を持つ電子があります．

コラム A ◆ 先端ディジタル回路設計者に期待される能力

　CPU が発売された 1970 年代の初頭以降,集積回路の中でディジタル回路は中核的な役割を果たしてきました.最近の先端的なディジタル回路設計には,先端アーキテクチャの開発とディジタル要素回路開発の二つの方向性が見えています.

　周知のとおり,"1"と"0"の論理で情報処理をするディジタル設計はソフトウェア化が容易なため,コンピュータ支援(CAD ; computer aided design)による設計が世界の流れとなっています.CAD が高度に発達すると,あらかじめ決められた情報処理の手続き(アーキテクチャ)を CAD ツールが理解できるように翻訳(プログラミング)することがディジタル回路設計者のしごとになります.しかし,大学で何を学んできたかにかかわらず CAD ツールの使用方法さえ習得すれば誰でも翻訳作業ができるため,CAD ツールが使えることはディジタル設計者の差別化要因にはなりません.むしろ新しいアーキテクチャを考案できる技術者がこれからは重宝されるのです.

　ディジタル集積回路技術者に期待されるもう一つの能力は,ディジタル要素回路の開発能力です.一般に,ディジタル技術者の頭の中では信号の処理手順を"1"と"0"の論理で考えていますが,実際の配線内の電位(論理)は決して"1"や"0"ではありません.特に,最先端のディジタル回路ではほとんどの信号をアナログ信号と見立てて回路設計を行っています.与えられたテクノロジの下で究極の演算速度を得るために,論理演算が完了する前に次段の論理回路の動作を開始させるといった綱渡り的な設計も行われています.このため,ディジタル回路設計者にもアナログ回路の知識が要求されているのです.つまり"1"と"0"の論理でしか考えられないディジタル設計者は,CAD を使って既存のアーキテクチャを集積回路に適した言葉に翻訳するプログラマとしての役割しか期待されないのです.

　これからのディジタル回路設計者は,新しいアーキテクチャを構築できるか,アナログ回路がわかるか,二者択一の厳しい選択が迫られるのです.

　図 1-7 は,MOS 素子の動作原理を比喩的に示した図です.電子の流れを水にたとえると,ソースは水を多量に貯えた貯水池(水源地)とみなせます.n チャネル MOSFET のゲート電圧を正にすると,ゲート絶縁膜(酸化膜)を介してソースと p 型基板の間の土手が下がり,Si/SiO_2(シリコン/酸化膜)界面近傍にチャネル(細い水路)が形成されます.ソースにある電子は,そのチャネルを通り抜けてドレイン(排水溝)領域に流れ出します.

1.3 MOS素子の構造

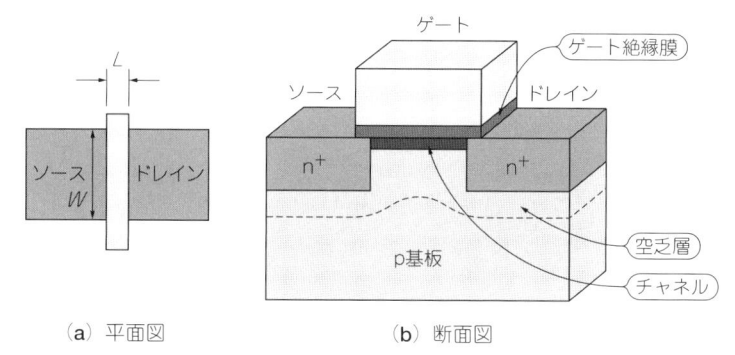

(a) 平面図

(b) 断面図

図1-6 nチャネルMOSFETの平面図と断面図
正の電荷を持った正孔の多いp領域(基板)と電子の多いn領域(ソース,ドレイン)は,空乏層を介して電気的に分離されている.n$^+$の添字である+は電子濃度が相対的に多い領域であることを示している.

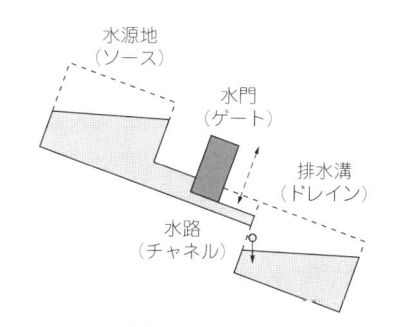

図1-7 nチャネルMOSFETの動作を水にたとえると
水源地(ソース)にある多量の電子は水門(ゲート)の開閉量に応じて排水溝(ドレイン)に流れる.水路はチャネルと呼ばれ,MOSFETの表面反転層に対応する.

この図からわかるように,ゲート電圧を上げると水門が高く上がり,より多くの電子がソースからドレインに流れ込みます.このようなイメージを頭の中に描いてMOS素子の動作原理を一度理解してしまえば,もう忘れることはないでしょう.そう,MOSFETなんてソースとドレインの間を流れる電流をゲート電圧で制御する電圧-電流変換素子にすぎないのです.

図1-6に示すnチャネルMOSFETのn型とp型を入れ換えると,基板がn型でソースとドレイン領域がp型領域のpチャネルMOSFETができます.この構造の素子では,ソース電極を接地してゲートとドレインの電位をソース電位以下にすると,ソース領域の正孔がシリコン/酸化膜界面付近のチャネルを通ってド

レインに流れ込みます．nチャネルMOSFETと同様，ゲート電圧でドレイン電流を制御する素子として機能します．ゲートとドレインに印加する電圧の極性がnチャネルMOSFETと逆になることから，pチャネルMOSFETとnチャネルMOSFETとは相補的な動作をします．この2種類のMOSFETを用いた集積回路をCMOS集積回路と呼びます．Cは"complementary"の頭文字で，相補的という意味なのです．

1.4 MOS型集積回路の製造工程（素子形成工程）

MOSFETの構造を理解したところで，こんどはMOS型集積回路の製造工程

コラムB ◆ キルビー特許について

2000年のノーベル物理学賞に輝いたJack Kilby氏は，1958年7月に米国Texas Instruments社に入社し，小型半導体回路の開発に取り組みました．そして翌年の1月，半導体基板上に作った二つのバイポーラ素子を金属線で結んだだけのフリップフロップ回路を作り，特許を取得したのです．

当時，この特許は電子機器の軽量化をねらってさまざまな研究を進めていた米国の陸軍，海軍はもちろんのこと，米国の電気電子技術者協会（IEEE）でもほとんど注目されませんでした．半導体基板に複数の素子を作成し，それらを金属配線で結んで回路を作ることはあまりにも自明なことだったのです．過去のノーベル賞受賞者も，まさかこのような特許がノーベル物理学賞の対象になるとは思ってもみなかったに違いありません．しかし，今日のコンピュータ，通信ネットワーク，ディジタル家電製品などを通して社会に与えた大きな影響という意味から，その集積回路の価値をおろそかにできなくなったのでしょう．技術的な価値判断の面では意見が分かれるところですが，今日の社会を支えている集積回路のルーツとしてノーベル賞が授与されたものと思われます．

筆者の個人的な見解を述べさせていただくと，キルビー特許出願の半年後に米国Intel社の創始者（当時，米国Fairchild Semiconductor社の社員）のRobert Noyce氏が出願したプレーナー特許が本当の意味での集積回路のルーツだと思っています．これはリソグラフィ技術を使って金属膜を絶縁膜上にパターニングする集積回路のもっとも基本的なプロセスが記載されており，この技術の導入によって安価な集積回路の大量生産ができるようになったのです．

1.4 MOS 型集積回路の製造工程（素子･形成工程）

について説明しましょう．

まず，p 型のシリコン基板を酸素ガス雰囲気中の 900 ℃程度に加熱した炉に入れ，シリコン・ウェハの表面に薄いシリコン酸化膜を形成します．この酸化膜上に感光性高分子膜（レジスト膜）を薄くスピンコートし，n ウェル領域（p チャネル MOSFET を作る n 型不純物拡散領域）に紫外線光を照射します（図 1-8）．未露光部では高分子の膜質はまったく変化しませんが，露光された領域は感光剤の働きでレジスト膜がアルカリ液に溶けて n ウェル領域の酸化膜が露出します．この感光性レジストの露光と現像はフォトリソグラフィ（写真喰刻）工程と呼ばれ，グラビア写真などの印刷技術でも使われています．大量生産が可能なリソグラフィ（印刷）技術が集積回路の製造工程に導入されたことで，複雑な電子回路を写し込むチップを安く製造することができるようになりました．グーテンベルグが発明した印刷技術の現代版とも言える画期的な技術が，集積回路の製造工程で使われているのです．

続いて，ウェハをイオン注入機に入れて n ウェル領域にドナー不純物を注入します（図 1-9）．イオン注入機の中では，イオン銃にリンを含むガスを入れ，イオン化した元素を電界で引き出して質量分析器にかけます．質量分析器では注入予定のリン・イオンだけを選択し，それを加速器に導入してイオン・ビームを所望のエネルギーまで加速します．このイオン・ビームをシリコン・ウェハに照射すると，レジストのない n ウェル領域にはリン・イオンが注入されますが，レジス

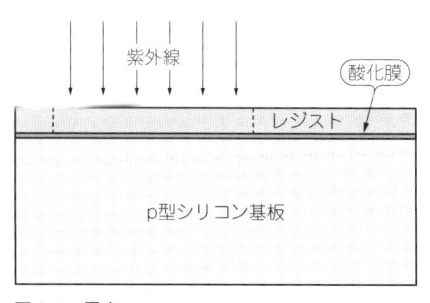

図 1-8 露光
シリコン酸化膜を形成後，感光性高分子膜をスピンコートする．n ウェル領域に紫外線を照射し，感光剤の効果でレジストをアルカリ液可溶性に変える．

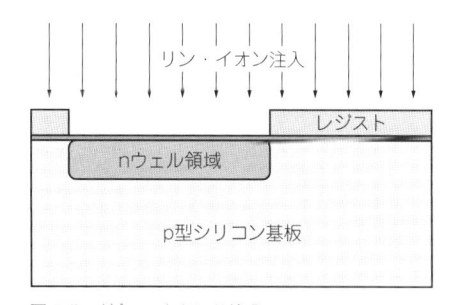

図 1-9 リン・イオンの注入
レジストを現像して n ウェル領域を開口し，そこから n ウェル領域にリン・イオンを注入する．

ト膜でカバーされたシリコン領域にはリン・イオンは注入されません．イオン注入法は，注入するイオンを選択する質量分析器，基板の適切な深さにイオンを打ち込む加速器などから構成されたとても高度な不純物（ドナー，アクセプタ）導入技術なのです．ただ，イオンをシリコン基板に注入するとイオン注入領域には多数の結晶欠陥が発生するので，レジストをはく離した後には高温の熱処理をして結晶欠陥を回復しなければなりません．

　n領域にリン・イオンを注入した後，化学的気相成長法でシリコン窒化膜を酸化膜上に堆積し（図1-10），フォトリソグラフィ工程を経て素子形成領域にレジスト・パターンを残します（図1-11）．続いて，ウェハを反応性イオン・エッチング装置に入れて，ウェハの上方から反応性イオンを照射してレジスト・パターンのないシリコン基板を削り，素子領域をレジストでカバーしてエッチングされ

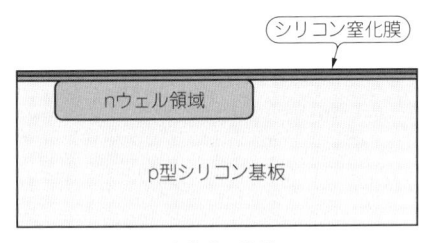

図1-10　シリコン窒化膜の堆積
レジストをはく離後，高温で熱処理して注入したリン原子を基板奥に拡散させると同時にイオン注入によって生じた結晶を回復する．続いて化学的気相成長法によってシリコン窒化膜を堆積する．

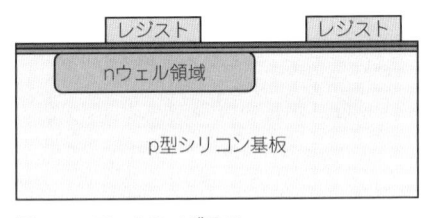

図1-11　フォトリソグラフィ
レジストを塗布し，フォトリソグラフィ工程を経て，素子形成領域にレジスト膜を残す．

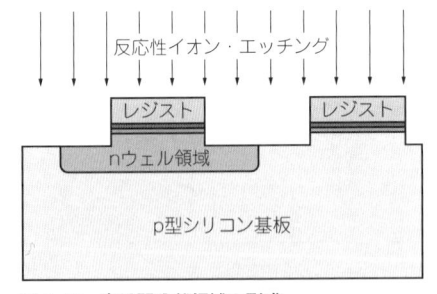

図1-12　素子間分離領域の形成
反応性イオン・エッチングを用いて，レジストをマスクとしてシリコン基板に溝（素子間分離領域）を掘る．

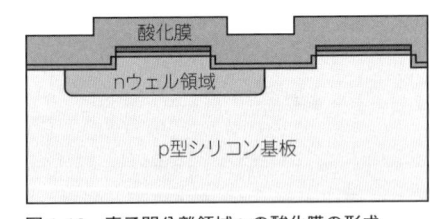

図1-13　素子間分離領域への酸化膜の形成
レジストはく離後，酸素雰囲気中で酸化して，素子間分離領域に酸化膜を形成する．その後，化学的気相成長法によって酸化膜を堆積する．

ないように保護します．エッチングで削られた領域は素子と素子の間を分離するための溝となります（**図 1-12**）．レジストをはく離した後，酸化炉に入れて酸化すると，溝（素子間分離領域）に酸化膜が成長します．一方，耐酸化マスク（シリコン窒化膜）でカバーされた素子領域では酸化膜が成長しません．さらに気相成長法でウェハ全面に酸化膜を堆積します（**図 1-13**）．レジストを塗布して酸化膜表面の凹凸をほぼ平坦にしてからエッチングを行うと，**図 1-14** のように平坦な構造が得られます．素子領域を覆っていたシリコン窒化膜と酸化膜を除去して，再び酸化炉に入れて薄いゲート酸化膜を形成します．その上に高温減圧雰囲気下でシラン系のガスを熱分解して多結晶シリコン膜を堆積し（**図 1-15**），リソグラフィ工程でゲート電極パターンを残してエッチングによる多結晶シリコン（ゲー

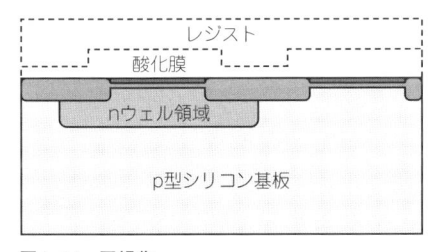

図 1-14 平坦化
レジストを塗布した後，異方性エッチング装置で全面を削り，ウェハ表面を平坦にする．

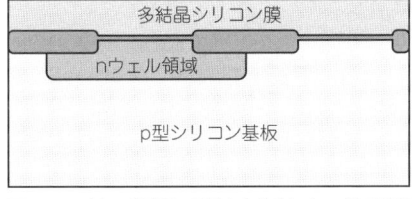

図 1-15 ゲート酸化膜の形成と多結晶シリコン膜の堆積
シリコン窒化膜と（下地）酸化膜を除去し，再び酸素雰囲気中でゲート酸化膜を形成する．その後，化学的気相成長法によって多結晶シリコン膜を堆積する．

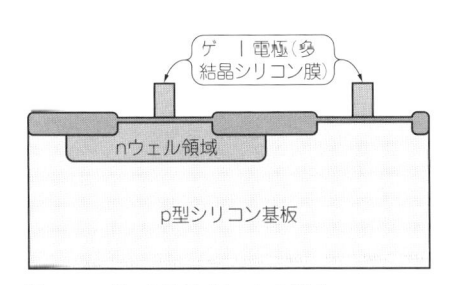

図 1-16 ゲート電極パターンの形成
フォトリソグラフィ工程を経て多結晶シリコン膜のゲート電極パターンを形成する．

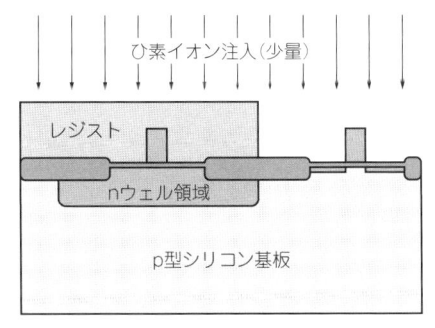

図 1-17 ひ素イオンの注入
フォトリソグラフィ工程を経て p チャネル MOSFET 領域をレジストで保護した状態で n チャネル MOSFET 領域にひ素イオンを注入する．

ト電極）を形成します（図1-16）.

　フォトリソグラフィ工程でnチャネルMOSFET部のみをレジストで開口して少量のひ素イオンを注入します（図1-17）．次に図1-18に示すようにシリコン酸化膜をウェハ全面に堆積した後，反応性イオン・エッチング装置内で異方性のエッチングをすると，ゲート電極（多結晶シリコン膜）の側壁に酸化膜が残ります（図1-19）．再度，nチャネルMOSFETに多量のひ素イオン（図1-20）を，pチャネルMOSFETにボロン・イオンを注入して側壁の外側のソース，ドレイン領域を高濃度領域にします（図1-21）．こうして高濃度不純物拡散層と側壁下の低

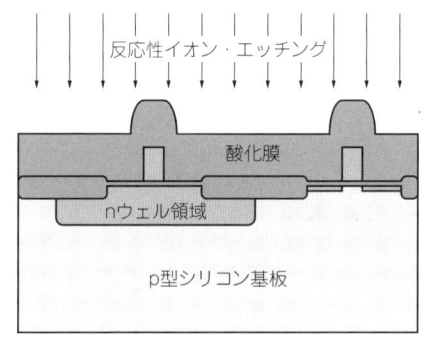

図1-18　酸化膜の堆積と異方性エッチング
化学的気相成長法にてシリコン酸化膜を堆積すると，ゲート電極部に酸化膜突出部ができる．これを反応性イオン・エッチング技術で異方性エッチングする．

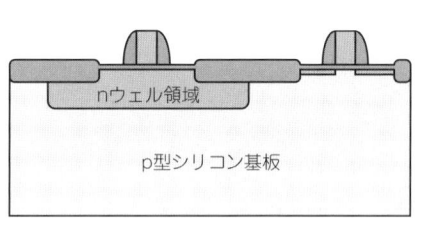

図1-19　異方性エッチング後の形状
エッチング後，ゲート電極の側壁には酸化膜が残る．

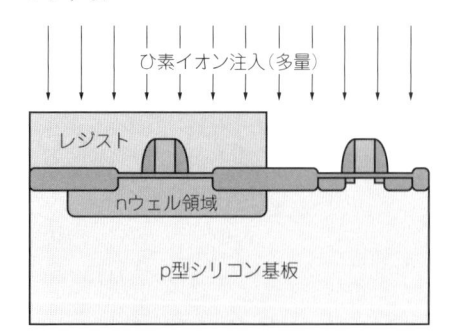

図1-20　多量のひ素イオンを注入
pチャネルMOSFET部をレジストで保護し，nチャネルMOSFET領域に多量のひ素イオンを注入する．

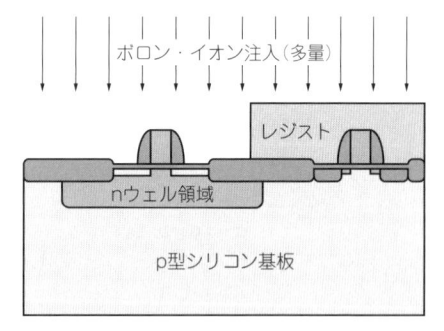

図1-21　多量のボロン・イオンを注入
nチャネルMOSFET部をレジストで保護し，pチャネルMOSFET領域に多量のボロン・イオンを注入する．

1.4 MOS型集積回路の製造工程(素子形成工程)

濃度不純物拡散層をソースとドレインに持つnチャネルMOSFETができます。側壁下に設けた低濃度不純物層でドレイン近傍の電界を抑え、高濃度不純物層でソース、ドレイン領域の抵抗を下げることができるLDD(lightly doped drain)-MOSFET(図1-22)は長期信頼性に優れています。最先端のMOS集積回路のほとんどはLDD-MOSFETを使っています。LDD構造のMOSFETを作り上げた後、ウェハ全面にTi(チタン)、W(タングステン)、Ta(タンタル)などの金属膜を薄く堆積し(図1-23)て熱処理すると、金属とシリコンが反応してソース、ゲート、ドレイン領域に化合物のシリサイドができます。酸化膜上に残留する金属膜を酸で除去すると、シリサイド層がシリコン露出部(ソース、ゲート、ドレイン)だけに自己整合的に形成されたサリサイド(SALICIDE;self aligned silicode)

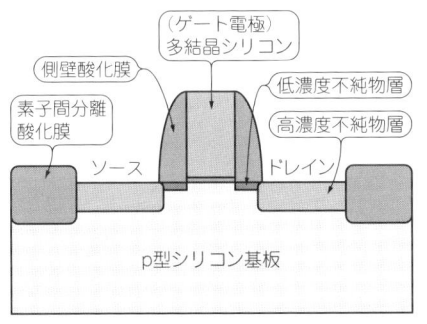

図1-22 形成されたnチャネルLDD-MOSFETの断面構造図
ゲート側壁の下には低濃度不純物層が、ソース領域とドレイン領域には高濃度不純物層が形成されている。

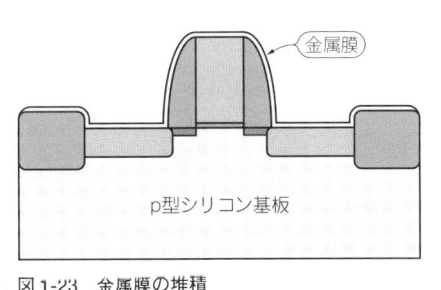

図1-23 金属膜の堆積
LDD-MOSFET全面に金属膜を薄く堆積する。

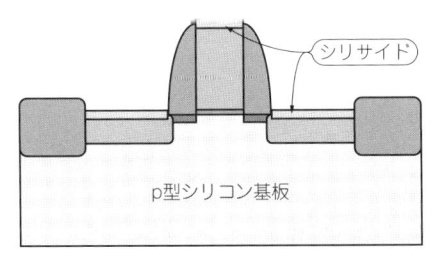

図1-24 サリサイドLDD-MOSFETの形成
熱処理して金属とシリコン(多結晶シリコン膜を含む)とが接触する箇所をシリサイド化した後、酸を使って金属膜を除去するとサリサイドLDD-MOSFETができる。

構造の LDD-MOSFET ができます(図 1-24)．SALICIDE 技術を用いるとソース，ドレイン領域の抵抗がさらに小さくなって MOSFET の高速動作が可能となるので，高速 CPU (central processing unit) などでは必須の技術となっています．

1.5　MOS 型集積回路の製造工程（配線工程）

シリコン基板上に MOSFET が完成すると，それらを電気的に接続して所望の回路機能を作ります．

金属配線工程は，図 1-25 に示すようにウェハ全面にシリコン酸化膜を堆積し，フォトリソグラフィ工程とエッチング工程を経て，コンタクト孔を開ける (図 1-26) ことから始まります．その後，Al (アルミニウム) などの金属膜をウェハ全面に堆積してパターニング (図 1-27) すると，コンタクト部から電気信号を取り出す金属配線ができます．このように，
1) 絶縁膜の堆積
2) フォトリソグラフィ（コンタクト孔形成）
3) エッチング
4) 金属膜の堆積
5) フォトリソグラフィ（金属配線パターン形成）

を 1 組とした技術を使って配線が行われます．金属配線の層数が多い場合には，この金属配線工程を層数だけ繰り返すので，層数が多くなると MOSFET を作製

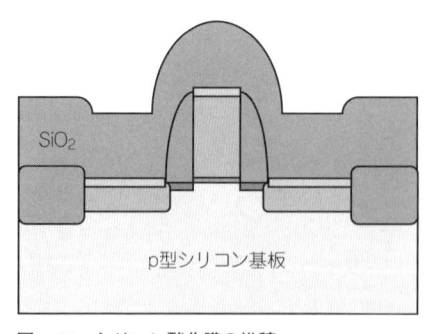

図 1-25　シリコン酸化膜の堆積
サリサイド LDD-MOSFET に化学的気層成長法によってシリコン酸化膜を堆積する．

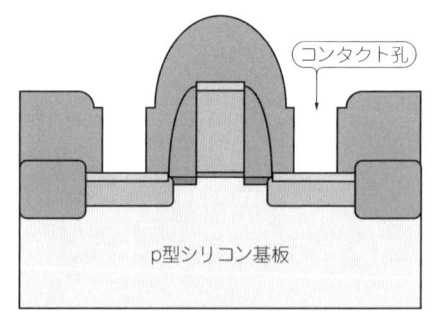

図 1-26　コンタクト孔を開ける
フォトリソグラフィ工程でコンタクト孔を開口する．

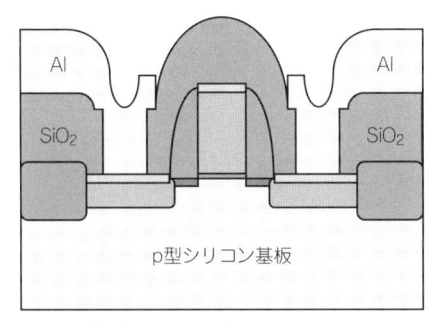

図 1-27 金属配線パターンの形成
Al 膜を全面に堆積した後，リソグラフィ工程によって金属配線パターンを形成する．

した後の配線工程がチップ製造工程の大半を占めることになります．なお，最下層の金属配線は隣接する MOSFET を接続するため，第 2 層目の金属配線は小規模な回路ブロック間の信号伝達に，さらに上層の金属膜はより規模の大きな回路間の信号伝達に利用します．一方，最上層の厚い金属配線は多量の電流が流せる電源配線として使われています．

　配線工程を繰り返して層数が増すと配線段差が顕在化し，次第にウェハ表面の凹凸が激しくなって微細な金属配線パターンが形成できなくなります．この問題を解決するために CMP (chemical mechanical polishing) 工程が取り入れられています．この CMP は，金属配線間を絶縁するためのシリコン酸化膜を堆積した後，酸化膜表面の凸凹を研磨して平坦にする技術です．CMP の研磨量は，凹凸の周期に依存するため，金属のダミー・パターンを入れて構造依存性を回避するよう配慮されています．さらに，最近ではコンタクト孔形成後にタングステンなどの金属を埋め込むプラグ技術も併用して，金属配線の段差を少なくする努力が払われています．このほか，CPU などでは配線抵抗をさらに下げるために，Al 配線に代わって Cu (銅) 配線を用いることがあります．

第2章 MOSFET の動作

ここでは，CMOS アナログ回路を動かすエンジンである MOSFET の動作原理とその簡易表現式について説明します．MOSFET はアナログ回路を構成するもっとも重要な基本能動デバイスです．ディジタル回路では MOSFET を単なるスイッチとして使用しますが，アナログ回路では電流を高精度に制御する素子として利用します．このため，アナログ回路設計技術者になることを目指す方は，MOSFET の電圧電流特性をほぼ完ぺきに理解しておいてください．

2.1 MOS 素子の動作原理

CMOS アナログ回路の設計者は，素材である MOS 素子の動作特性を十分に理解したうえで設計を始めなければなりません．これは板前さんが野菜や魚などの素材を十分に吟味してから料理を始めることと同じです．

2.1.1 MOS 素子の電気的特性

低いドレイン電圧 V_{DS} を加えた状態でゲート電圧 V_{GS} を徐々に上げると，n チャネル MOSFET のドレイン電流は，**図 2-1** のように漸増する特性を示します．横軸がゲート電圧 V_{GS}，縦軸がドレイン電流 I_D です．

ゲート電圧 V_{GS} が低いとチャネル領域に十分な量の電子が集められないため，ドレイン電流はほとんど流れません．しかしゲート電圧 V_{GS} がしきい値電圧 V_T を越えると，チャネル領域に電子が誘起され，ドレイン電流 I_D は $V_{GS} - V_T$ に比例して増加します．このようにゲート電圧に対してドレイン電流がほぼ直線的に増える電流領域を「強反転領域」と呼びます．強反転領域では，印加するドレイン電

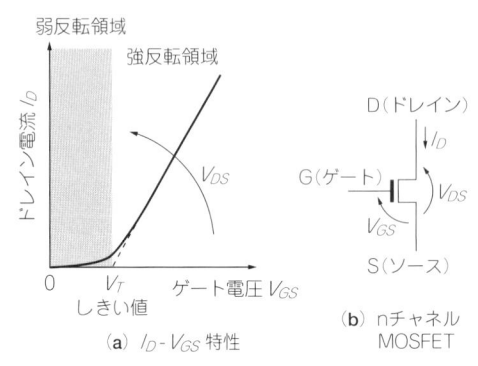

図 2-1　n チャネル MOSFET のゲート電圧 V_{GS} とドレイン電流 I_D の関係
ゲート電圧 V_{GS} がしきい値電圧 V_T 以下ではほとんどドレイン電流が流れないが，V_T 以上にするとゲート電圧に比例してドレイン電流が増加する．前者のバイアス条件を弱反転領域，後者を強反転領域と呼ぶ．

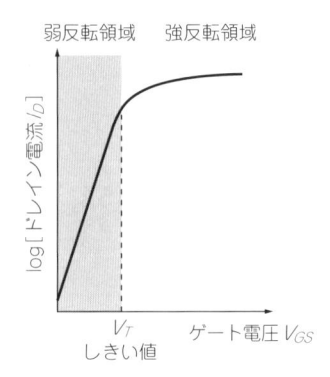

図 2-2　ゲート電圧とドレイン電流の関係（対数表示）
ゲート電圧がしきい値電圧より小さい場合には，ドレイン電流はゲート電圧に対して指数関数的に増加する．図 2-1 のグラフの縦軸を対数で表示したもの．

圧 V_{DS} が大きくなると I_D-V_{GS} 特性のこう配もそれに比例して大きくなります．

　逆に，しきい値電圧 V_T 以下のゲート電圧でドレイン電流がほとんど流れない動作領域を「弱反転領域」と呼びます．この領域のドレイン電流 I_D とゲート電圧 V_{GS} との関係を図 2-2 に片対数グラフで示します．

2.1.2　弱反転領域（$V_{GS} < V_T$）の電気的特性

　弱反転領域では，ゲート電圧 V_{GS} に対してドレイン電流は指数関数的に増加します．これは図 2-3 のように，シリコン/ゲート酸化膜（Si/SiO$_2$）界面付近のエネルギー障壁（ソース領域の電子があふれ出るのを抑える土手）がゲート電圧に比例して低下することと，ソース領域の電子濃度がエネルギーの高い電子（高速で動き回っている電子）ほど指数関数的に減少していること（ボルツマン分布）で説明できます．

　このドレイン電流 I_D は，ドレイン電圧 V_{DS} には依存しません．ただし厳密に言えば，ドレイン電極からソース電極に向かう逆向きの電子電流が無視できないドレイン電圧 $V_{DS} < 0.1$ V ではドレイン電圧依存性が出てきます．

　以上のことをまとめると，弱反転領域での MOS 素子特性は次の式で表されます．

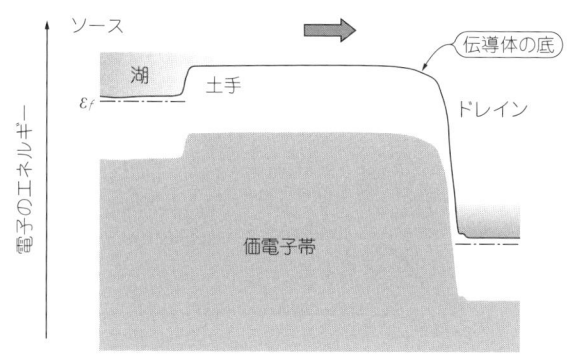

図 2-3 MOSFET のチャネルを涌渦する電子のようす
多量の電子を含むソース(湖)上のもや(エネルギーの大きな電子)は土手を乗り越えてドレイン側に流れ込む．これがドレイン電流となる．土手の高さはゲート電圧で制御される．ゲート電圧が高いと土手は低くなり，多量の電子がチャネル領域にあふれ出す．それがチャネルを拡散してドレインに流れ込む．

$$I_D \propto \beta \exp[\gamma(V_{GS}-V_T)] \cdot \left[1 - \exp\left(-\frac{eV_{DS}}{k_B T}\right)\right]$$
$$\approx \beta \exp[\gamma(V_{GS}-V_T)] \tag{2.1}$$

最右辺は $V_{DS} > 0.1$ V としたときの近似式です．β は図 1-6(a) のチャネル幅 W とチャネル長 L との比に比例した素子パラメータです．

2.1.3 強反転領域 ($V_{GS} > V_T$) の電気的特性

ゲート電圧 V_{GS} をしきい値 V_T より高くするとシリコン/ゲート酸化膜界面(チャネル領域)に $V_{GS} - V_T$ に比例した量の電子が湧いてきます．さらにドレイン電圧の値によって非飽和特性と飽和特性の2種類に分類することができます．

1) 非飽和(線形)特性領域

低ドレイン電圧 ($V_{DS} < V_{GS} - V_T$) 領域では，図 2-4 の点線の左側のように，ドレイン電流 I_D はドレイン電圧 V_{DS} 依存性を示します．この領域では MOSFET の増幅動作が期待できないので(第3章参照)，アナログ回路では特殊な場合を除き，この非飽和(線形)特性領域の動作は意識的に避けています．

2) 飽和特性領域

チャネル領域の電子濃度が $V_{GS} - V_T$ に比例することを考慮して詳しい計算をすれば，$V_{DS} > V_{GS} - V_T$ の電圧範囲でドレイン電流 I_D は式 (2.2) となります．

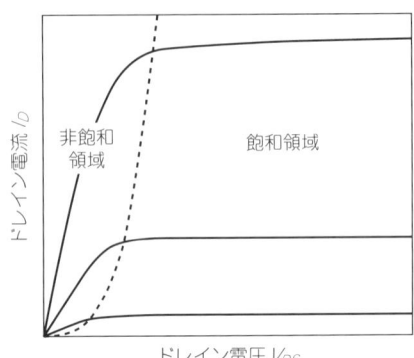

図 2-4 ドレイン電流 I_D のドレイン電圧 V_{DS} 依存性
ドレイン電圧が点線の左側では，ドレイン電流 I_D はドレイン電圧に依存するが，点線の右側では I_D はほぼ一定となる．点線の左側を非飽和特性領域，右側を飽和特性領域として区別している．

コラム C ◆ MOSFET 発展の経緯

　高度情報化社会を支えている MOS 型集積回路のエンジンの役を果たす MOS 素子の発展の歴史を振り返ってみましょう．

　MOS は金属 (metal)・絶縁膜 (oxide)・半導体 (semiconductor) を積層にした構造で，これらの頭文字を表しています．この金属電極部にプラス電位を与えると，キャパシタと同様，ゲート絶縁膜の向こう側にある半導体の表面に電子が湧いてきそうなことは予想できます．この誘起された電子に半導体・絶縁膜界面と平行な方向に電界をかけて電流を流そうと考えた人がいました．1930 年に MOS 構造の基本特許を取得した米国の Lillienfeld 氏です．もっとも，この提案は時期的に早すぎて特許収入になりませんでした．

　その後，1940 年代の後半に Shockley 氏（トランジスタの発明で有名）が執念を燃やしてこの MOS 素子の開発を試みましたが成功しませんでした．その過程で偶然に生まれたのが，1950～1960 年代に一世を風靡したバイポーラ・トランジスタだったのです．彼はこの功績で 1956 年にノーベル物理学賞をもらっています．共同研究者だった Bardeen 氏は，当時の MOS 素子が期待どおりに動作しない原因は，ゲルマニウムと絶縁膜の間に存在する界面準位（電子の落とし穴）であることを指摘しました．すなわち，ゲート電圧を印加してチャネルに多数の電子を湧かせても，その大半は電子の落とし穴に落ち込んで動けなくなってしまうのです．

　この落とし穴はゲルマニウム表面にある未結合の化学結合手だったのです．ゲルマニウムと絶縁膜との界面では半導体構成原子の周期的な配列が途切れており，そこの未結合の化学結合手が電子を捕らえるのです．電子の落とし穴が多い

$$I_D = \frac{\beta}{2}(V_{GS} - V_T)^2(1 + \lambda V_{DS}) \tag{2.2}$$

β は移動度 μ，ゲート酸化膜の単位面積のキャパシタンス $C_{ox}(= \varepsilon_{ox}/t_{ox})$ を使って次式で表せます．

$$\beta \equiv \frac{W}{L}\mu C_{ox} \tag{2.3}$$

ゲート酸化膜厚 t_{ox} の薄い MOSFET では β が大きく，ドレイン電流 I_D も増大します．また，式 (2.2) から，飽和特性領域ではドレイン電流 I_D は $(V_{GS} - V_T)$ の 2 乗に比例するので，ゲート電圧 V_{GS} を高くするとドレイン電流 I_D が急増することがわかります．

と，チャネルには自由に動ける電子がほとんどいないので，ドレイン電流が流れないのは当然です．

　1960 年代に入ってからゲルマニウムと同じ 4 価の元素のシリコンを使って MOS 素子を試作した研究者がいました．ベル研究所にいた Kahn 氏です．彼の作製した MOS 構造は偶然にも電子の落とし穴が極端に少なく，界面にはたくさんの伝導電子が誘起されたのです．つまり Kahn 氏が偶然に使用した Si/SiO_2 の系は，神様が人類に与えた界面準位の極端に少ない材料だったのです．しかし，シリコン基板上に作製した MOS 素子は特性変動が激しく，まったく使い物になりませんでした．当時 (1960 年代) の MOS 素子は，かろうじて電界効果トランジスタとしての特性 (ゲート電圧を変化させるとドレイン電流の ON/OFF ができる) を示すものの，電気的特性がまったく安定しませんでした．不思議なことにドレイン電流はゲート電極に印加した過去の電圧履歴に左右されるのです．1960 年代の後半にはこの原因究明のためにさまざまな研究が行われました．そして，ついに米国 IBM 社のグループが特性変動の原因は「ゲート絶縁膜中のナトリウム・イオン」であることを突き止めたのです．当時のゲート電極材 (アルミニウム) をゲート酸化膜上に蒸着堆積する際にヒータとして使用したタングステン・フィラメントの純度が問題だったのです．原因がわかればその後の対応は比較的簡単でした．製造工程で使用する電極材料だけでなく，洗浄水，薬品，空気からのナトリウム汚染を徹底的になくす努力が払われ，1970 年以降は安定した特性を持つ MOS 素子が量産されるに至ったのです．

表 2-1　MOSFET の各端子電圧範囲における電気的特性

飽和特性の式は繰り返しよく使用するので，記憶しておくことをお勧めする．なお，μ はキャリアの移動度，C_{ox} はゲート酸化膜の単位面積当たりのキャパシタンス．

V_{GS} \ V_{DS}	$V_{DS} < V_{GS} - V_T$	$V_{DS} > V_{GS} - V_T$
$V_{GS} > V_T$	$I_D = \beta\left[(V_{GS} - V_T) - \dfrac{1}{2}V_{DS}\right]V_{DS}$ 非飽和(線形)特性	$I_D = \dfrac{\beta}{2}(V_{GS} - V_T)^2(1 + \lambda V_{DS})$ $\approx \dfrac{\beta}{2}(V_{GS} - V_T)^2$ 飽和特性
$V_{GS} < V_T$		$I_D \propto \beta \exp\left[\gamma(V_{GS} - V_T)\right]$ 弱反転特性

$\beta \equiv \dfrac{W}{L}\mu C_{ox}$

以上の結果を表 2-1 にまとめます．これらの式はアナログ回路特性を記述する基本式なので，決して忘れないように記憶にとどめておいてください．

2.1.4　最先端 MOSFET の特性

ここで，参考として最新の MOSFET の素子特性は式(2.2)で表せないことを説明しましょう．

チャネル長 $L = 0.1\ \mu\text{m}$ の素子にドレイン電圧 $V_{DS} = 1.0\ \text{V}$ を印加すると，チャネル内の平均電界は $10^5\ \text{V/cm}$ にも達します．この電界は 1 cm の距離に 10 万 V もの電圧を印加することに相当します．このような高電界下では，電子の伝導が大きく影響を受けることが容易に想像できるでしょう．

電界が低ければ，電子の速度は電界に比例するというオームの法則が成り立ちます．しかし，高電界中の電子の速度は電界によらず一定(速度飽和)となります．つまり，オームの法則を前提として求めた式(2.2)は，最先端の MOSFET では使えないのです．

ここで難しい式を出しても始まりませんので，結果だけ覚えておいてください．最先端の短チャネル MOSFET のドレイン電流は，式(2.2)に示す $(V_{GS} - V_T)$ の 2 乗ではなく，むしろ $V_{GS} - V_T$ の 1 乗に比例します．しかしこれ以降，最先端のMOS素子とそうでない場合の2種類の式を使って回路の説明をすると煩雑になるので，今後は式(2.2)が適用可能な長チャネルの MOS 素子を前提として CMOS アナログ回路の説明をすることにします．

2.1.5 I_D-V_{DS} 特性の傾斜（λ）

式 (2.2) で表される飽和特性領域の I_D-V_{DS} 特性の傾斜 λ は，おおむねチャネル長の逆数に比例した値となります．このため，短チャネル MOSFET のドレイン電圧を上げると飽和ドレイン電流は図 2-5 のように漸増しますが，長チャネル MOSFET ではドレイン電流はほとんど変化しません．この λ は，ドレインに小信号を入力したときのドレイン電流の変化量を表す出力コンダクタンス g_o（出力抵抗 r_o の逆数）の大きさとなります．後で述べる電子回路の電圧利得を決める際の重要なパラメータなので覚えておいてください．

$$g_o = \frac{1}{r_o} = \frac{\partial I_D}{\partial V_{DS}} \approx \lambda I_D \tag{2.4}$$

図 2-6 に出力コンダクタンス g_o とドレイン電圧 V_{DS} との関係を示します．V_{DS} が小さい線形領域（非飽和領域）では g_o がドレイン電圧とともに減少していますが，飽和領域に入るとほぼ一定の値を示しています．また，ゲート電圧が高い（ドレイン電流が多い）とコンダクタンスが大きくなっていることもわかります．

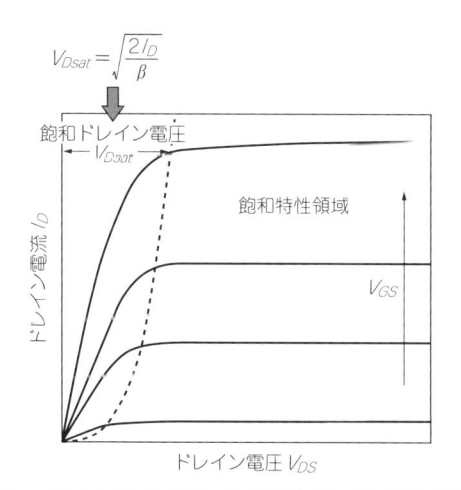

図 2-5 短チャネル MOSFET のドレイン電流とドレイン電圧の関係
飽和特性領域では，ドレイン電流がドレイン電圧 V_{DS} に比例して増加する，ゲート電圧 V_{GS} に比例して増加するなどの特徴が認められる．V_{Dsat} は飽和ドレイン電圧である．

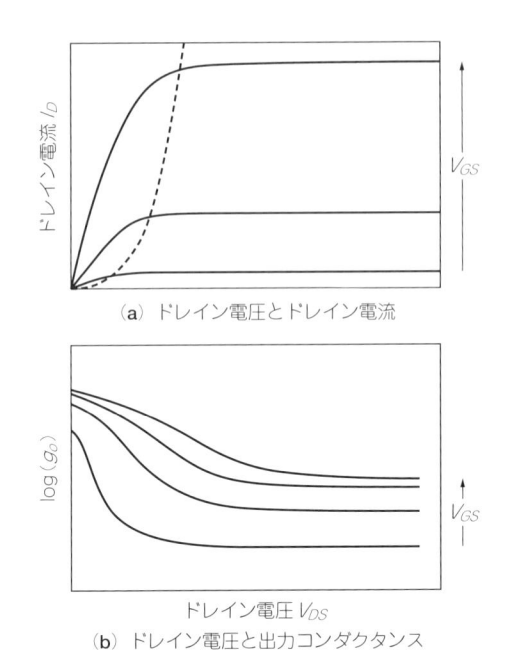

図 2-6　ドレイン電圧とドレイン電流，出力コンダクタンスの関係
(a)は，ドレイン電流とドレイン電圧との関係を示している．(b)は，出力コンダクタンス g_o の V_{DS} 依存性のグラフである．いずれもゲート電圧 V_{GS} をパラメータとしている．

2.1.6　飽和ドレイン電圧（V_{Dsat}）

アナログ回路設計に際して，使用するMOSFETが線形（非飽和）特性領域に入らないよう，式(2.2)が使えるドレイン電圧の範囲に注意しておかなければなりません．MOS素子が飽和特性領域で動作するドレイン電圧の下限を飽和ドレイン電圧 V_{Dsat} と定義します．ソース-ドレイン間に V_{Dsat} 以上の電圧をかけるとMOSFETは飽和特性領域で動作します．飽和ドレイン電圧 V_{Dsat} は，式(2.2)からドレイン電流の平方根，すなわちゲート電圧 V_{GS} に比例して大きくなります．

$$V_{Dsat} \equiv V_{GS} - V_T = \sqrt{\frac{2 I_D}{\beta}} = \Delta_{ov} \tag{2.5}$$

ただし，この式は式(2.2)で $\lambda=0$ と仮定して求めた近似解です．大きなドレイン電流 I_D を流すMOSFETでは，ドレイン電圧 V_{DS} をあまり低くできないのです．あえて V_{DS} を下げると，図2-4に示すように，MOSFETの動作領域が飽和特性

領域から非飽和(線形)領域に変わってしまいます．

逆に低電源電圧回路でドレイン電流一定のまま V_{Dsat} を小さくするには，図2-5に記入した V_{Dsat} の式からわかるように，β を大きくする，つまりチャネル幅 W の大きなMOS素子を用いればよいのです．なお，オーバドライブ電圧 Δ_{ov} は，所定のドレイン電流 I_D を流すためにゲート電極にはしきい値電圧 V_T よりどの程度大きい電圧を印加すべきであるかを表す指標なのです．おもしろいことに V_{Dsat} と Δ_{ov} とは同じ値になります．

2.2　MOS素子の小信号等価回路モデル

前節ではおもにMOSFETの直流特性について説明しました．しかし，微小な

コラムD ◆ 高電界中では電子の速度は飽和する

半導体中の個々の電子の動きを理解すると，その電気的特性がみえてきます．熱力学によれば，どのような粒子でも室温で $k_B T \fallingdotseq 25\ meV$ 程度のエネルギーを持っています．質量の小さな電子がこのエネルギーを持つにはとてつもない速度が必要となります．計算してみると1秒間に100 kmもの速度で動き回っていることになるのです．

半導体中の電子は，イオン化したドナーやアクセプタなどとの電気的なクーロン相互作用で進路が曲げられる(散乱される)だけでなく，結晶格子のゆらぎ(格子振動：フォノン)とも相互作用します．わたしたちが水辺を走るときにばしゃばしゃと水を跳ね飛ばす状況に似て，高速で走る電子はシリコン結晶中に無数の格子振動(波)を引き起こすのです．エネルギーの高い高速の電子ほど頻繁に散乱されるので，電子の速度は電界に比例して無制限に速くなるわけではありません．これは飛行機の速度が，エンジンの馬力に比例して速くなるものの，音速に近づくと飛行機の先端部に発生する衝撃波によって音速を超えにくくなることに似ています．エンジンへ供給したエネルギーの大半が衝撃波という巨大な音を発生することに費やされているからです．これと同様，高電界中の電子も電界から得る運動エネルギーの大半を格子振動に費やすため，電子の速度は飽和速度($\sim 10^7$ cm/s)で頭打ちとなるのです．つまり，「電圧は抵抗と電流の積で表される」というオームの法則は，高電界中の電子に対しては成り立たないのです．

電気信号を大きく増幅する CMOS アナログ回路では，MOSFET を微小電圧入力の電流変換素子とみなして解析します．第 3 章で述べる増幅回路の特性を正しく理解するには，回路の中で使用される MOSFET の小信号特性を熟知しておかなければなりません．小信号とは，無限小の信号振幅と仮定しています．こうすれば，MOSFET を組み込んだ電子回路の信号解析がすべて線形近似となり，手計算でもある程度の回路解析ができるからです．

2.2.1 相互コンダクタンス

図 2-6(a) に，ゲート電圧をパラメータとした MOSFET のドレイン電圧とドレイン電流の関係を表すグラフを示します．アナログ回路では，おもに飽和特性領域で動作する MOSFET を使用します．飽和特性領域に限定すれば，ドレイン電流 I_D は図 2-7 に示すようにゲート電圧 V_{GS} だけの関数となります．さらに図 2-8 には MOSFET のゲート電極に 3 種類の電圧 $V_{IN}(V_A, V_B, V_C)$ を印加して，そこに小振幅の信号 v_{in} を重畳したときのドレイン電流の変化を I_A, I_B, I_C として示しています．同一の振幅の信号 v_{in} を重畳しているにもかかわらず，ドレイン電流の変化量が違っていることがわかるでしょう．低いゲート電圧 V_A のときには I_D-V_{GS} 特性のこう配 (g_m) が小さいので，MOSFET の電圧電流変換効率が悪いのですが，ゲート電圧を高く (V_C) するとこう配が大きくなるので微小信号でも大きなドレイン電流に変換することができます．このようにゲート電圧に加えた小

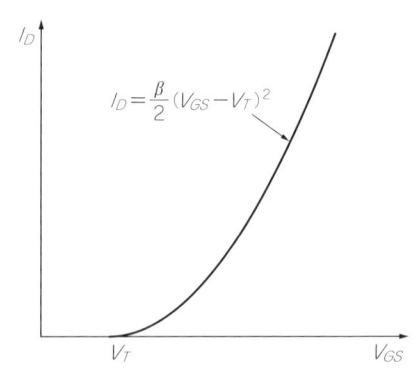

図 2-7　飽和特性領域におけるドレイン電流のゲート電圧依存性
ドレイン電流 I_D はドレイン電圧 V_{DS} に依存せず，ゲート電圧 V_{GS} の関数として表される．

2.2 MOS素子の小信号等価回路モデル

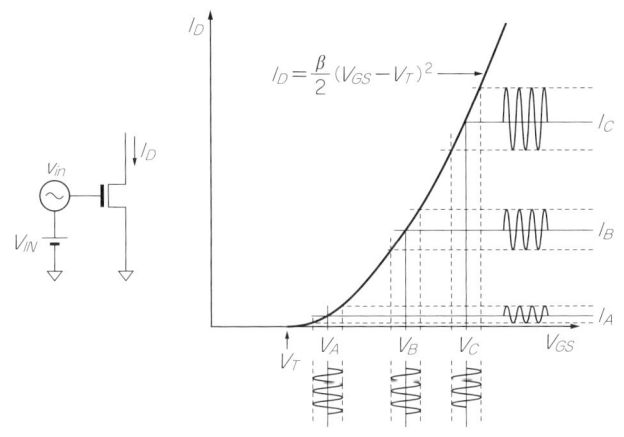

図 2-8　小振幅の信号を重畳したときのドレイン電流の変化
V_{IN} をそれぞれ V_A, V_B, V_C にして微小入力信号 v_{in} を重畳させたときの I_A, I_B, I_C を中心とした出力電流.

信号をドレイン電流に変換する効率を I_D-V_{GS} 特性のこう配 (g_m) で表します.

MOSFET の相互コンダクタンス g_m は，式 (2.6) に示すように，ゲート電圧を微小変動させたときのドレイン電流の変化量で定義されます.

$$g_m = \frac{\partial I_D}{\partial V_{GS}} = \beta(V_{GS} - V_T) = \sqrt{2\beta I_D} \tag{2.6}$$

g_m は微小な入力ゲート電圧信号をドレイン電流の変化量として取り出す MOSFET の電圧電流変換パラメータです. 式 (2.1) と式 (2.2) のドレイン電流の基本式から強反転および弱反転領域における相互コンダクタンスが求められます. **図 2-9** はこうして求めた g_m のゲート電圧 V_{GS} 依存性を示したものです.

式 (2.1) からわかるように，弱反転領域 ($V_{GS} < V_T$) では，相互コンダクタンス g_m は指数関数的に変化します. 一方，強反転領域 ($V_{GS} > V_T$) で動作する MOSFET では，$V_{GS} - V_T$ に対してほぼ線形に増加します. そのこう配 β はチャネル長 L の逆数に比例します. しかし，短チャネル MOSFET ではゲート電圧 V_{GS} を十分高くすると電子の飽和速度 v_{sat} で決まる上限値 ($= v_{sat} W C_{ox}$) に近づきます.

第 3 章以降では，チャネル長 L の長い MOSFET を使用することを前提として，g_m はゲート電圧に比例するものと考えて話をします.

以上の説明をまとめると，**図 2-10** に示すように，MOS 素子はソースとドレイ

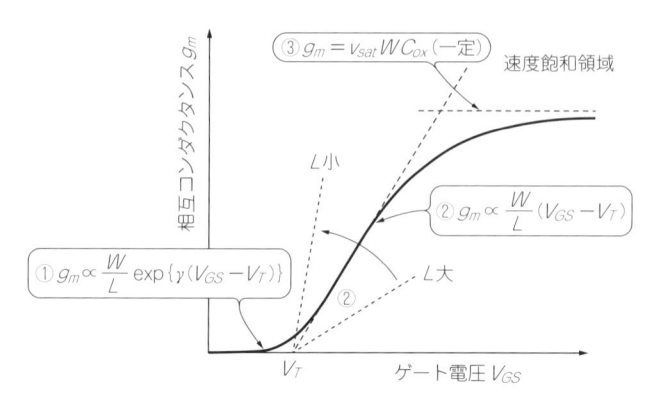

図 2-9 MOSFET の相互コンダクタンス g_m のゲート電圧 V_{GS} 依存性

$V_{GS} < V_T$ では g_m は指数関数的に増加する（①）．$V_{GS} > V_T$ ではゲート電圧に比例した増加を示す（②）．その係数は素子構造パラメータ（W/L）に比例する．大きなゲート電圧，ドレイン電圧を印加すると，g_m は速度飽和 v_{sat} で決まる上限値に漸近する（③）．v_{sat} は飽和ドリフト速度を表している．

グラフ内ラベル:
- ① $g_m \propto \dfrac{W}{L} \exp\{\gamma(V_{GS}-V_T)\}$
- ② $g_m \propto \dfrac{W}{L}(V_{GS}-V_T)$
- ③ $g_m = v_{sat} W C_{ox}$（一定）
- 速度飽和領域
- L 小，L 大
- 縦軸：相互コンダクタンス g_m
- 横軸：ゲート電圧 V_{GS}

図 2-10 n チャネル MOSFET と小信号等価回路

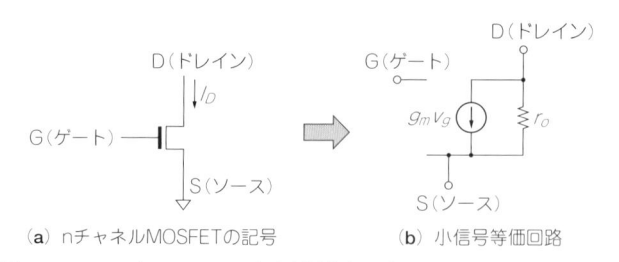

（a）n チャネル MOSFET の記号
（b）小信号等価回路

相互コンダクタンス g_m，出力抵抗 r_o を含めた MOSFET の小信号等価回路を示している．

ンの間に相互コンダクタンス（g_m）と出力抵抗（r_o）が並列に接続された小信号等価回路で表されます．この図には MOS 素子を所望の条件下で動作させるための直流バイアス電圧や電流は含まれていません．なぜ等価回路に直流電圧や電流を組み込まないのでしょうか．これは，アナログ回路の本来の目的は信号処理であり，情報の含まれていない直流電圧や電流に配慮する必要がないからです．その代わり，直流成分は MOSFET の動作点，すなわち g_m や r_o の値を決めるバイアスの役目を果たしているのです．双方ともドレイン電流の関数であることを覚えておいてください．

第2章のまとめ

　この章の「ねらい」はCMOSアナログ回路の構成要素であるMOSFETを理解することです．できるだけ電気系の皆さんにわかるように心がけましたが，物理的なバックグラウンドのない回路設計者には少し辛いところがあったかもしれません．しかし，MOSFETはCMOSアナログ回路の基本構成要素です．ボクシングの試合でも，戦う前に対戦相手を知ることが勝利の近道であるように，CMOSアナログ回路設計の前に相手（MOSFET）の特徴を完ぺきに知っておけば，試合に勝ち抜く確率が高くなります．ぜひこの章を繰り返し読んで，これから戦う相手の長所と弱点を理解してください．

コラム E ◆ ドレイン電流とドレイン電圧の関係

本文の図2-4に示したように，非飽和特性領域ではMOSFETのドレイン電流I_Dはドレイン電圧V_{DS}の増加とともに増えていきますが，その増加量は次第に抑えられてきます．さらにドレイン電圧V_{DS}を上げて飽和特性領域に入ると，ドレイン電流はほぼ一定の値となります．ドレイン電流が飽和し始めるドレイン電圧（飽和ドレイン電圧）V_{Dsat}がオーバドライブ電圧Δ_{ov}に相当します．図E-1に示すように，ちょうどこの電圧でドレイン端の反転層が消滅します．ドレイン電圧を上げると反転層の消滅点（ピンチオフ点）はソース側に移動します．

図E-2はSi/SiO$_2$界面におけるシリコン伝導帯の底を起点にした電子ポテンシャルの絵です．イメージ的には，ソースからピンチオフ点まではチャネルの傾斜（電界）に比例した電流が流れる川，ピンチオフ点からドレインまではとてもこう配の大きな滝とみなせます．ピンチオフ点は滝の最上部，ドレインは滝つぼと考えれば，滝の高さがピンチオフ点とドレインとの電位差に対応します．滝を流れる水の量は滝の高さではなく，滝に水を供給する上流の川の形状によって決まることが直感的にわかるように，滝（ピンチオフ点）ができるような高いドレイン電圧を印加したMOSFETのドレイン電流は滝の高さ（$V_D - V_{Dsat}$）によらずほぼ一定となります．

もう一歩進めて，なぜ式(2.2)のようにドレイン電流I_Dにドレイン電圧依存性が現れるのかについて考えてみましょう．ドレイン電圧をV_{Dsat}以上にすると，

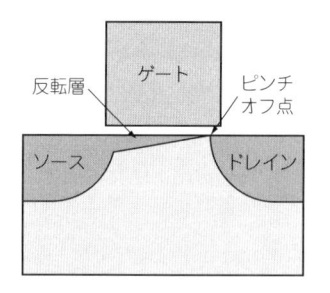

図E-1 飽和ドレイン電圧V_{Dsat}をドレイン電極に印加したときのチャネル反転電子のようす
ドレイン端において反転層が消滅している．

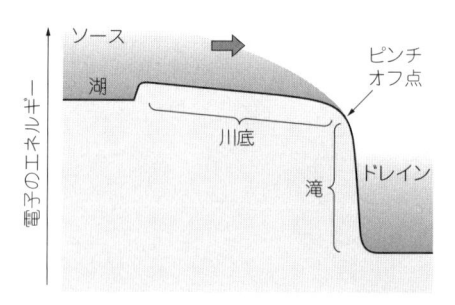

図E-2 Si/SiO$_2$界面におけるシリコン伝導帯の底を起点にした電子ポテンシャル
ソースからあふれ出した電子は傾斜した川底に沿ってピンチオフ点まで到達し，そこからドレイン（滝つぼ）に向かって流れ落ちる．

図 E-3 のように，ピンチオフ点はドレイン端からソース側に少し移動します．ピンチオフ点の電位は移動前後でも変わらず V_{Dsat} のままなので，残りの $V_D - V_{Dsat}$ の電圧降下がピンチオフ点からドレインまでの短い距離 ΔL で生じています．ΔL はチャネル長 L に比べて十分に小さいため，ドレイン近傍には大きな電界 $(V_D - V_{Dsat})/\Delta L$ がかかって，そこを滝のように電子が流れ落ちているのです．このとき，実効的なチャネル長 $L'(=L-\Delta L)$ は L より少し短くなり，ドレイン電流 I_D はチャネル長の短縮分だけ微増します．これは「チャネル長変調効果」と呼ばれています．MOSFET のチャネル長 L が十分に長いときには，ΔL がドレイン電流に及ぼす影響は極めて小さく，I_D のドレイン電圧 V_{DS} 依存性は小さいのですが，短チャネル MOSFET ではこの効果が顕著になります．

式 (2.2) を使ってこのチャネル変調効果の大きさとチャネル長との関係を調べてみましょう．

$$I_D = \frac{W}{2(L-\Delta L)}\mu C_{ox}(V_{GS}-V_T)^2 \approx \frac{W}{2L}\mu C_{ox}(V_{GS}-V_T)^2\left(1+\frac{\Delta L}{L}\right)$$

ここで，$\beta = (W/L)\mu C_{ox}$ であること，ΔL が近似的に V_{DS} に比例することを考慮すれば，式 (2.2) の λ がチャネル長 L に逆比例することがわかります．この λ 依存性のため，短チャネルの MOSFET ほど飽和ドレイン電流がドレイン電圧 V_{DS} に対して大きく変化するのです．

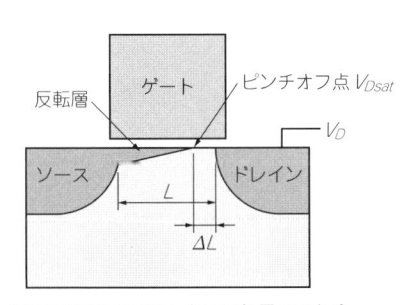

図 E-3　短チャネル MOSFET のチャネル反転層のようす
ドレイン電圧が飽和ドレイン電圧以上になるとピンチオフ点がソース側に移動する．このため，図 E-2 に示した滝の領域 (ΔL) が大きくなる．実効的なチャネル長が $L-\Delta L$ となるので，ドレイン電流 I_D はドレイン電圧 V_{DS} に依存する傾向が顕著になる．

第3章
MOS 増幅回路の基礎

　机の横に置いてある FM チューナの選局ボタンを希望の放送局に合わせると，スピーカからはいつもの DJ の声が聞こえてきます．このようにふだん何気なく使っているチューナの中にも，放送局から送られてくる微弱な信号を増幅したり，電波から希望の放送局の信号を取り出したりして，それを大きく増幅してスピーカから元の音を再生する機能があります．このような増幅回路は，チューナだけでなく，テレビ，携帯電話，パソコンなどのさまざまな電子機器の中で使われています．本章ではアナログ回路の中でもっとも基本的な回路である「増幅回路」を取り上げて説明します．

3.1 基本増幅回路

　アナログ信号を増幅するには強力な助っ人（能動素子）が必要です．第2章で紹介した MOSFET は，増幅回路の助っ人として頻繁に使用されています．MOSFET にある三つの端子のうち二つの端子を入力端子と出力端子に割り当てると，最後に一つの端子が残ります．この残った端子を一定の電位に固定することで3種類の増幅回路ができます．つまり，ソース，ゲート，ドレインのどれかを固定電位に接続する端子とすれば，ソース接地，ゲート接地，ドレイン接地の3種類の増幅回路ができます．

　端子が接地（GND）とは限らない固定電位に接続されるのに，なぜ「接地」という名前が付くのでしょうか．これは電気回路の授業で学んだように，増幅される信号にとって，電位が一定の端子は交流的には接地とみなすことができるからです．なお，MOSFET の入出力端子の割り当てとしては，電気的に絶縁されてい

表 3-1 各種の増幅回路

	ソース接地	ゲート接地	ドレイン接地
ソース	固定電位	入力端子	出力端子
ゲート	入力端子	固定電位	入力端子
ドレイン	出力端子	出力端子	固定電位

るゲート端子は入力端子としてしか使えないので，表 3-1 のような増幅回路の組み合わせが可能となります．

この章では，MOSFET の寄生キャパシタが特性に影響を及ぼさない低周波領域における増幅に焦点を絞って話を進めます．寄生キャパシタが問題となる高周波領域における増幅については，第 4 章で詳しく紹介します．

3.1.1 ソース接地増幅回路

表 3-1 に示した増幅回路の中で，ソース接地増幅回路はアナログ回路でもっともよく利用されます．最初にこのソース接地回路の増幅機能について説明をします．

第 2 章で述べたように，ほとんどのアナログ回路では MOSFET を飽和特性領域（第 2 章の図 2-4 を参照）で動作させています．この飽和特性領域では，ドレイン電圧 V_{DS} を変化させてもドレイン電流 I_D はほとんど増えません．言い換えると，出力抵抗 r_o がきわめて大きいバイアス条件下で MOSFET を動作させているのです．以下では増幅の原理を理解しやすくするため，まず出力抵抗 $r_o (= v_{ds}/i_d)$ を無限大と仮定して説明をします．ただし v_{ds} はドレイン-ソース間電圧，i_d はドレイン電流の微小変化量を表します．以下では，v, i などの小文字は微小変化量を表すことにします．後半では現実に戻り，出力抵抗を有限の値に戻して電圧利得を計算します．

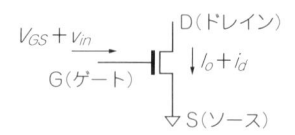

図 3-1 ソース端子を接地した n チャネル MOSFET の小信号応答
ゲートに信号 v_{in} を入力するとドレイン電流が i_d 変化する．ソース接地 MOSFET は電圧→電流変換素子として動作する．ただし，$i_d = g_m v_{in}$ とする．

図 3-1 に示すように，MOSFET のゲート電極に直流バイアス電圧 V_{GS} を印加し，そこにアナログ信号電圧 v_{in} を加えてみましょう．すると，ドレイン端子（出力）には直流電流成分に加え，入力信号 v_{in} に比例した小信号電流 $i_d = g_m v_{in}$ が流れます．

$$\begin{aligned} I_D &\approx \frac{\beta}{2}(V_{GS} - V_T)^2 + \beta(V_{GS} - V_T)v_{in} \\ &= \frac{\beta}{2}(V_{GS} - V_T)^2 + g_m v_{in} \\ &\equiv I_o + i_d \end{aligned} \tag{3.1}$$

ここで，V_T は MOSFET のしきい値，β はチャネル長 L などで決まる電流パラメータ，g_m は相互コンダクタンスです．なお，1 行目から 2 行目への式変形には，第 2 章で示した式 (2.6) を用いています．

式 (3.1) では入力信号 v_{in} が十分小さく，テイラー展開の 2 次以上の高次項の寄与がほとんど無視できるものと仮定しました．式 (3.1) の右辺第 1 項はゲート電圧 V_{GS} に相当する直流ドレイン電流成分 I_o を表しています．第 2 項は入力信号 v_{in} に対する出力ドレイン電流 i_d です．増幅回路の解析をする場合に信号電圧 v_{in} がきわめて小さいと仮定すれば，回路動作がすべて線形（直線近似）となるので，計算が簡単になることを覚えておいてください．

式 (3.1) において，増幅に関与する信号成分（右辺第 2 項）だけを考えると，ソース端子を接地した MOSFET は，入力の小信号電圧 v_{in} を小電流成分 $i_d = g_m v_{in}$ に変換する機能を持つ素子と考えられます．

次にこの信号成分を出力電圧として取り出す方法を考えてみましょう．オームの法則から，抵抗 R に小信号電流 i_d を流すと，抵抗の両端には電圧 $i_d R$ が現われます．この原理を使えば増幅された信号を取り出すことができます．

例えば図 3-2 のように，電圧-電流変換素子である MOSFET と負荷抵抗 R_{load} を接続し，そこに式 (3.1) に示す電流 I（= 直流成分 I_o + 小信号成分 i_d）を流すと，電圧 $V_{DD} - R_{load}(I_o + i_d)$ が出力されます．このうち，直流電圧成分 $V_{DD} - R_{load} \cdot I_o$ には信号情報が含まれていませんので，あえて取り出して処理する必要はありません．しかし小信号電流 i_d を含む出力信号電圧 $v_{out} = -R_{load} \cdot i_d$ は大きく増幅して出力しなければなりません．オームの法則から，負荷抵抗 R_{load} が大きいと出

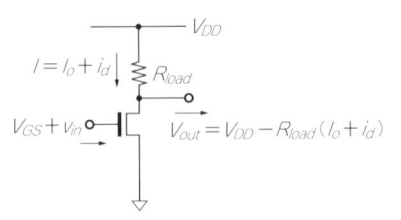

図 3-2　ソース接地増幅回路
図 3-1 の MOSFET（電圧電流変換素子）を出力抵抗 R_{load} に接続した回路がソース接地増幅回路である．ゲートに入力した信号 v_{in} によりドレイン電流が i_d 変化し，出力電圧 $v_{out} = -R_{load} i_d$ が出力される．直流成分 $V_{DD} - R_{out} I_o$ には信号が含まれていない．

力信号 v_{out} も大きくなることは明らかです．なお，R_{load} の前のマイナス符号は，電流信号成分 i_d に対して出力信号が逆位相で出力されることを意味しています．

この回路の入出力信号の関係をまとめると，次のようになります．

$$v_{out} = -R_{load} i_d = -g_m R_{load} v_{in} \tag{3.2}$$

式 (3.2) から，ソース接地増幅回路の電圧利得は，

$$A_0 = \frac{v_{out}}{v_{in}} = -g_m R_{load}$$

となります．この結果から，大きな電圧利得 $|A_0|$ を得るには，大きな相互コンダクタンス g_m を持った能動素子を大きな負荷抵抗 R_{load} に接続すればよいことがわかります．

ここまでの説明では，MOSFET の出力抵抗 r_o と次段の入力負荷抵抗 R_{in} は負荷抵抗に比べて十分に大きいと仮定していました．しかし，後で述べるように，実際のソース接地回路の実効的な出力抵抗は，負荷抵抗 R_{load} と MOSFET の出力抵抗 r_o，次段の入力負荷抵抗 R_{in} の並列接続となります．このような増幅回路で R_{in} の小さな回路を駆動することは得策ではありません．そこで以降は，R_{in} が十分大きく，r_o も現実的な値として考えていきます．

CMOS アナログ集積回路では多くの場合，図 3-2 の負荷抵抗 R_{load} を単純な抵抗素子ではなく MOSFET の出力抵抗 r_o で代用します．これは，

1) 負荷抵抗に MOSFET を用いると駆動 MOSFET に多くの電流を流すことができる．これは第 2 章で示した式 (2.6) からわかるように，駆動素子の g_m が大

きくなることを意味する．
2) 負荷 MOSFET の寸法やバイアス条件を変えて出力抵抗 r_o 値を自由に調整することができる．
3) 抵抗素子より MOSFET の占有面積のほうが小さい．

などの理由があるからです．

図 3-2 の負荷抵抗 R_{load} を p チャネル MOSFET の出力抵抗 r_{op} に置き換えたソース接地増幅回路を図 3-3 に示します．この回路の実効的な出力抵抗 $R_{out}{}^{\mathrm{eff}}$ は，次のような思考実験で求めることができます．

出力端子電圧 v_{out} が上がると，駆動素子の n チャネル MOSFET のドレインに流れ込む電流は v_{out}/r_{on} 増加します．これは出力抵抗の定義である式 (2.4) からわかります．一方，負荷側の p チャネル MOSFET では，逆にドレインから流れ出す電流が v_{out}/r_{op} 減少するので，出力端子に流れ込む実効的な電流 i_{out} と v_{out} との間には次の関係式が成り立ちます．

$$i_{out} = \frac{v_{out}}{r_{op}} + \frac{v_{out}}{r_{on}} \equiv \frac{v_{out}}{R_{out}{}^{\mathrm{eff}}} \tag{3.3}$$

ここで，r_{on} は n チャネル MOSFET，r_{op} は p チャネル MOSFET の出力抵抗です．式 (3.3) から，p チャネル MOSFET を負荷に用いたソース接地増幅回路の実効的な出力抵抗 $R_{out}{}^{\mathrm{eff}}$ は，図 3-3 の右に示すように，出力端子に接続された二つの MOSFET のドレイン抵抗 (r_{on}, r_{op}) を並列に接続した抵抗と等価であることがわかります．すなわち，

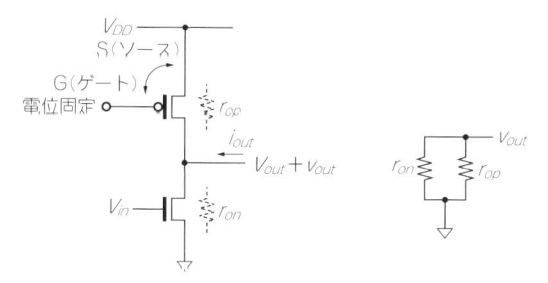

図 3-3　出力抵抗を MOSFET に置き換えたソース接地増幅回路
図 3-2 の出力抵抗 R_{load} を p チャネル MOSFET の出力抵抗 r_{op} に換えた構成のソース接地増幅回路．p チャネル MOSFET のゲート電圧を固定し，n チャネル MOSFET のゲートに入力信号を入れる．二つの MOSFET の出力抵抗 r_{op}, r_{on} の並列接続抵抗が出力抵抗となる．

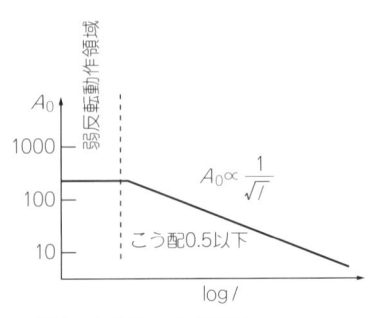

図 3-4　ドレイン電流 I と利得 A_0 との関係
図 3-3 のソース接地増幅回路の n チャネル MOSFET のドレイン電流 I と利得 A_0 の関係．強反転領域動作では電流が少ないほど利得が大きくなる．おおむね電流値の平方根に逆比例する．一方，弱反転領域の増幅利得はほぼ一定となる．

$$R_{out}^{\text{eff}} = \frac{r_{op} r_{on}}{r_{op} + r_{on}} \equiv r_{op} // r_{on} \tag{3.4}$$

です．$r_{op}//r_{on}$ は r_{op} と r_{on} が並列接続された合成抵抗であることを表しています．また，次段の入力抵抗 R_{in} の影響が無視できないときには $R_{out}^{\text{eff}} = r_{op}//r_{on}//R_{in}$ となることもわかるでしょう．

　増幅回路の電圧利得 A_0 は，MOSFET のドレイン抵抗 r_o と相互コンダクタンス g_m の積で与えられます．第 2 章の式 (2.4) で示したように，出力抵抗 r_o は電流に反比例し，駆動側 MOSFET の g_m が $\sqrt{I}$ に比例します（第 2 章の式 (2.6) 参照）．このことから，ソース接地増幅回路の利得 $|A_0| = g_m R_{out}^{\text{eff}}$ は，**図 3-4** に示すように，MOSFET に流れる電流 I の平方根に逆比例します．ただし，高利得を得るために電流 I を絞ると次段の回路を素早く駆動することができないので，実際の増幅回路では消費電力と高速応答を勘案して，適当な妥協が図られます．一般に，CMOS 回路の増幅利得の目安である $g_m r_o$ は数十倍程度の大きさ，と覚えておくと利得などの見積もりが簡単にできます．

3.1.2　ゲート接地増幅回路

　表 3-1 に示したように，ゲート接地増幅回路とはゲート端子を一定の電位に固定した状態でソース端子に入力信号を入れ，ドレイン端子から出力信号を取り出す回路です．

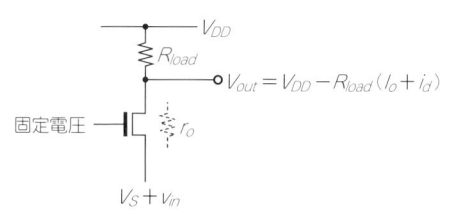

図 3-5 ゲート接地増幅回路
ゲート接地増幅回路は電位を固定している．MOSFET のソースに信号を入力し，ドレイン端子側から出力信号を得る．信号入力時の電流変化 $i_d = -(g_m + 1/r_o)v_{in}$ である．

図 3-5 に示すゲート接地増幅回路のソース電位（入力端子）が v_{in} 上がると，ゲート-ソース間電圧 V_{GS} が小さくなり，ドレイン電流 I_D は $g_m v_{in}$ だけ減少します．さらにソース-ドレイン間電圧も v_{in} だけ減るので，それによる寄与も考慮すれば，出力電圧の変動 v_{out} は次式で与えられます．

$$v_{out} = R_{out}^{eff}\left(g_m + \frac{1}{r_o}\right)v_{in} \tag{3.5}$$

ここで，$R_{out}^{eff} = R_{load} // r_o$ です．

右辺の符号が正なので，出力信号は入力信号と同相で変化することがわかります．直感的には右辺の $(g_m + 1/r_o)v_{in}$ が入力電圧 v_{in} による MOSFET を流れる電流の変化量を表しています．それが実効的な負荷抵抗 R_{out}^{eff} を流れるので，式 (3.5) に示す出力電圧の変動となって現れるのです．詳しい導出方法についてはコラム G を参照してください（コラム G の式 (G.8) において，$Z_S = Z_d = 0$ とおけば，式 (3.5) と同じ式であることがわかる）．

3.1.3 ドレイン接地増幅回路

ドレイン接地増幅回路は，ドレインを電源電位（n チャネル MOSFET の場合）もしくは接地電位（p チャネル MOSFET の場合）に接続し，ゲート電極に入力信号を入れてソース電極から信号を取り出す回路です．

図 3-6 に示すドレイン接地増幅回路の電圧利得 A_0 は，

$$A_0 = \frac{g_m R_{out}^{eff}}{1 + g_m R_{out}^{eff}} \tag{3.6}$$

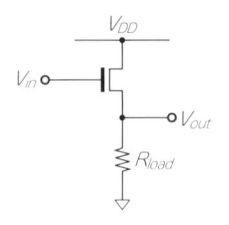

図3-6 ドレイン接地増幅回路

ドレイン電位を固定したのがドレイン接地増幅回路．MOSFET のゲートに信号を入力し，ソース端子側から出力信号を得る．利得はほぼ1程度であるが，出力抵抗が小さいので出力バッファ回路として用いられる．

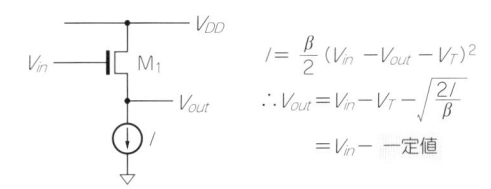

$$I = \frac{\beta}{2}(V_{in} - V_{out} - V_T)^2$$

$$\therefore V_{out} = V_{in} - V_T - \sqrt{\frac{2I}{\beta}}$$

$$= V_{in} - \text{一定値}$$

図3-7 レベル・シフタ（電位変換）

ドレイン接地回路をレベル・シフタ（電位変換）として使う場合の回路構成．計算式から明らかなように，出力電圧 V_{out} と入力電圧 V_{in} の差 ΔV_{shift} は一定である．

で与えられます（コラム G の式 (G.10) を参照）．式 (3.6) から明らかなように，ドレイン接地増幅回路の電圧利得は1より若干小さくなりますが，$g_m R_{out}^{\text{eff}} \gg 1$ であれば増幅利得はほぼ1とみなすことができます．

　ドレイン接地回路は，レベル・シフト回路としての機能も兼ね備えています．出力負荷抵抗 R_{load} の代わりに定電流源を出力に負荷すると，図3-7 に示すように，入力電位を一定の電圧 $\Delta V_{shift}(=V_T+\sqrt{2I/\beta})$ だけシフトした電位が出力端子 V_{out} から出力されます．ただし，図中の MOS 素子 M_1 のソース端子は接地されていないので，そのしきい値 V_T は基板バイアス効果を考慮した値に変更しなければなりません．

　このレベル・シフト回路は，
- 次段の入力バイアス電圧を適正な値に設定する（直流電位レベルを移動させる）機能
- 前段の信号を次段に伝達する機能

を兼ね備えた回路として利用されます．

3.2 カスコード増幅回路

一般的な増幅回路であるソース接地増幅回路の電圧利得は，最大でも $g_m r_o$（MOSFETの真性利得）です．すなわち数十倍程度にすぎません．「真性」とは，r_o に比べて十分大きな負荷抵抗 R_{load} を持つ増幅回路の電圧利得が負荷抵抗の値によらず，MOSFET固有の値で決まることを意味しています．アナログ回路の中にはこの程度（$g_m r_o$）の利得では不十分な回路も多く，利得をさらに高めるためのくふうが必要となります．

増幅回路の電圧利得 A_0 を上げる方法としては，
1) 実効的な出力抵抗を r_o より大きくする
2) MOSFETの相互コンダクタンス g_m を大きくする

などがあります．その中で1)の「出力抵抗を r_o より大きくする」は，表 3-1 に示す基本増幅回路では実現不可能です（コラムGを参照）．しかし，次に示すカスコード構造にすれば，実効的な出力抵抗を大きくすることができます．つまり，ソース端子に抵抗 Z_S を接続してドレイン側から見た抵抗が真性利得 $g_m r_o$ 倍大きく見せかけるのです（コラムGの式 (G.6) を参照）．具体的には，ソース接地増幅回路とゲート接地増幅回路とを縦積みにし，出力端子側から見たMOSFETの抵抗を大きくするのです．

このカスコード増幅回路の原理を理解するため，図 3-8 に示すMOSFETのソース端子に抵抗 Z_S を付加した回路の出力抵抗を見積もってみましょう．この回路で出力端子電圧が少し上がると，出力端子に流れ込む電流は少し増加します．それらを v_{out} と i_d とし，MOSFETのゲート-ソース間の電圧が $Z_S i_d$ だけ減少す

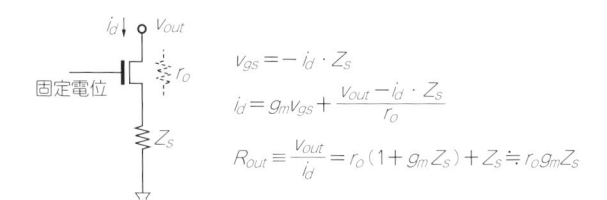

$$v_{gs} = -i_d \cdot Z_S$$
$$i_d = g_m v_{gs} + \frac{v_{out} - i_d \cdot Z_S}{r_o}$$
$$R_{out} \equiv \frac{v_{out}}{i_d} = r_o(1 + g_m Z_S) + Z_S \fallingdotseq r_o g_m Z_S$$

図 3-8　ゲートを固定してソースに抵抗を接続したときの MOSFET の動作
ゲート電極を固定した MOSFET のソース端子に抵抗 Z_S を接続した場合のドレイン側から見た出力抵抗．MOSFET のフィードバック効果により，出力抵抗は実効的に $r_o g_m$ 倍大きく観測される．

ることを考慮すれば，MOSFET のドレイン出力抵抗 r_{out} は，

$$r_{out} \approx g_m r_o Z_S \tag{3.7}$$

> ## コラム F ◆ MOSFET の真性利得の意味を理解する
>
> 　図 F-1 (a) に示す定電流源 I_o に接続したソース接地増幅回路を使って MOSFET の真性利得を計算してみましょう．
>
> 　ゲートにバイアス電圧 V_{in} を印加した n チャネル MOSFET のドレイン電流 I_D は，図 F-1 (b) 中の点線で示すように，ドレイン電圧 V_{DS} の関数となります．このとき電流源から流れ込む電流 I_o と MOSFET から引き抜く電流とが等しくなる点 a が出力電圧 V_{out} となります．ここで入力電圧を V_{in} から $V_{in}+v_{in}$ に上げると，ドレイン電流は少し増加して実線で示すドレイン電流特性に乗ってきます．ドレイン電流の増加量 i_d は，定義式 $g_m = i_d/v_{in}$ より $g_m v_{in}$ となります．出力端子に流れ込む電流は相変わらず I_o，MOSFET から引き抜かれる電流が $I_o + g_m v_{in}$ となるので，出力電位 V_{out} は点 b まで低下して安定します．点 a から点 b への移動が出力電圧の変動分 v_{out} です．さらに，実線のこう配が $1/r_o$ であることを考慮すると，
>
> $$g_m v_{in} = \frac{v_{out}}{r_o} \quad \rightarrow \quad A \equiv \frac{v_{out}}{v_{in}} = -g_m r_o \tag{F.1}$$
>
> が成り立ちます．
>
> 　電流源以外の負荷抵抗 R_{load} を用いた増幅回路では $R_{out}^{\text{eff}} = R_{load}//r_o$ ですから，式 (F.1) が MOSFET を用いた回路の最大利得であることがわかります．このような MOSFET 固有の最大電圧利得を真性利得 ($g_m r_o$) と呼んでいます．
>
> (a) 電流源負荷型ソース増幅回路　(b) 飽和領域における MOSFET の電流電圧特性
>
> **図 F-1　電流源負荷型ソース接地増幅回路と飽和特性領域における MOSFET の電流電圧特性**
> 　(b) の点線と実線は，それぞれ入力電圧が V_{in} のときと $V_{in}+v_{in}$ のときの電流電圧特性である．入力電圧が v_{in} 増加すると動作点は a から b に移動し，出力電圧が v_{out} 低下する．

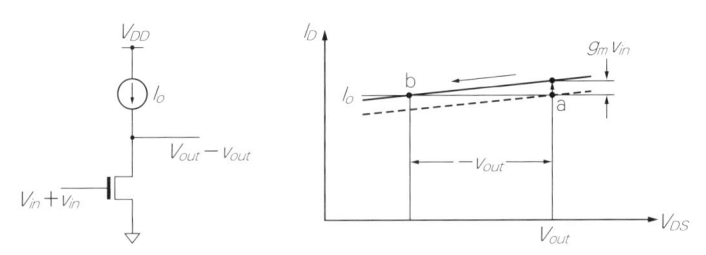

となります．$g_m r_o$ は MOSFET の真性利得です．このようにゲート接地 MOSFET のソース端子に抵抗 Z_s を付加すると，MOSFET の利得である $g_m r_o$ 倍された電圧が抵抗にフィードバックされて，ドレイン出力抵抗 r_{out} が MOSFET の利得倍 $g_m r_o$ だけ大きく見えるのです．この回路の特徴を生かしたものがカスコード増幅回路です．もちろん，ソース端子に接続した抵抗 Z_s は MOSFET の出力抵抗 r_o を用いても同じ効果が得られます．図 3-9 に，カスコード接続した n チャネル MOSFET と負荷抵抗からなる増幅回路を示します．

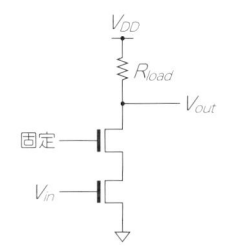

図 3-9 ソース接地増幅回路とゲート接地増幅回路を積み重ねたカスコード増幅回路
出力端子に対して接地側に n チャネル MOSFET をカスコード接続して大きな出力抵抗を得ている．負荷抵抗 R_{load} は $(g_m r_o) r_o$ 程度あればカスコード構造にした意味がある．

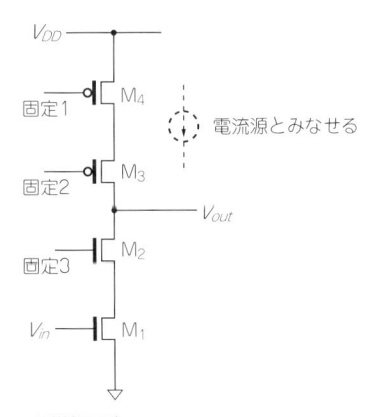

図 3-10 カスコード増幅回路
ソース接地増幅回路とゲート接地増幅回路を積み重ねたのがカスコード増幅回路．出力端子に対して電源側に p チャネル MOSFET，接地側に n チャネル MOSFET をカスコード接続して大きな出力抵抗を得ている．M_3，M_4 は定電流源として機能している．

増幅回路の電圧利得は負荷抵抗で決まるので，この方式では特に大きな負荷抵抗 R_{load} を用いる必要があります．この高抵抗負荷を p チャネル MOSFET のカスコードで実現した回路を図 3-10 に示します．出力端子の両端に p チャネル MOSFET と n チャネル MOSFET をそれぞれ 2 段縦積みにしています．この回路の出力抵抗については，図 3-8 の結果より，ソース接地 MOSFET のドレイン抵抗が $g_m r_o$ 倍だけ大きくなるので，利得 $|A_0|$ もそれに応じて増大します．つまり，カスコード増幅回路の利得はソース接地増幅回路の数十倍，すなわち 1000 倍 (60 dB) 程度になるのです．

第 3 章のまとめ

アナログ回路で使われているすべての増幅回路は，最初に述べた 3 種類の基本増幅回路の組み合わせからできています．例えばカスコード増幅回路は，ソース接地増幅回路とゲート接地増幅回路の複合回路です．こう考えると，複雑な構造の増幅回路の動作原理を個別に勉強するなんて時間の浪費としか思えません．

例を挙げてみましょう．アナログ回路で使われる増幅回路は 1 段～3 段構成となっています．これらの増幅回路の中で使用される基本増幅回路のすべての組み合わせの数は 100 にも達します．これら 100 種類の増幅回路をすべてマスタする気で勉強を始めようものならば，増幅回路の勉強が終わるまでに数年経ってしまいます．

アナログ増幅回路をマスタする近道は，基本回路ブロックを徹底的に勉強することです．これが理解できると，最初に述べた 3 種類の増幅回路を徹底的に勉強しようという気持ちが湧いてくることでしょう．

本章で説明したように，CMOS アナログ回路の特性は入力 MOSFET の相互コンダクタンス g_m，出力インピーダンス r_o，飽和ドレイン電圧 V_{Dsat} ($=\Delta_{ov}$；オーバドライブ電圧) で決まりますから，この素子パラメータの物理的な意味を十分に理解しておいてください．表 3-2 にこれらのパラメータとドレイン電流 I_D との関係をまとめておきます．

また，実際の増幅回路で使用される負荷 MOSFET の実効的な抵抗値は増幅回路の電圧利得を決める大きな要因で，ゲート電極の接続状況によって大きく違っ

表 3-2　CMOS アナログ回路解析においてよく用いられる素子パラメータと電流との関係式

左は CMOS アナログ回路解析においてよく用いられる素子パラメータと電流との関係式．右側の(a)のダイオード接続の MOSFET の抵抗は $1/g_m$，(b)のゲート・バイアスを印加した MOSFET の抵抗は r_o である．

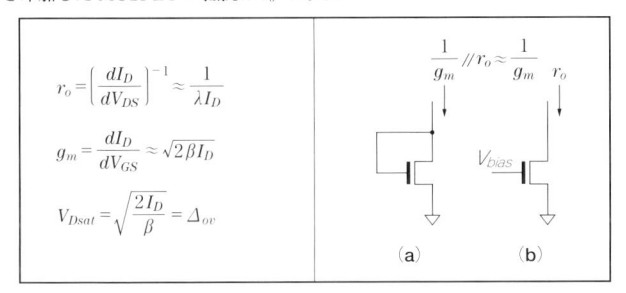

$$r_o = \left(\frac{dI_D}{dV_{DS}}\right)^{-1} \approx \frac{1}{\lambda I_D}$$

$$g_m = \frac{dI_D}{dV_{GS}} \approx \sqrt{2\beta I_D}$$

$$V_{Dsat} = \sqrt{\frac{2I_D}{\beta}} = \Delta_{ov}$$

$\dfrac{1}{g_m} // r_o \approx \dfrac{1}{g_m} \qquad r_o$

(a)　　　(b)

てきます．例えば表 3-2(a)のようにゲート電極とドレインとが共通の場合(ダイオード接続)，ドレイン電極側から見た抵抗値は $1/g_m$ と低くなりますが，ゲート電極をバイアス電圧に接続した表 3-2(b)の場合には，MOSFET のドレイン側から見た抵抗は出力抵抗 r_o だけとなります．このようなゲート電極の接続の違いが回路の電圧利得や高速応答性などに大きく影響するので，素子配置だけでなく素子配線の接続状態にも十分配慮して回路設計に臨んでください．

コラム G ◆ 増幅回路の利得

増幅回路の出力抵抗が R_{out} であるとき,電圧利得 A_0 は次式で定義されます.

$$A_0 \equiv \frac{v_{out}}{v_{in}} = \frac{v_{out}}{i_d} \cdot \frac{i_d}{v_{in}} \equiv R_{out} \frac{i_d}{v_{in}} \tag{G.1}$$

すなわち,入力端子の電圧変動 v_{in} がドレイン電流 i_d に影響を及ぼし,それが出力抵抗 R_{out} を介して電圧利得 A_0 に反映されるのです.言い換えると,各種増幅回路の入力電圧を電流に変換する係数 (i_d/v_{in}) と出力抵抗 R_{out} がわかると利得は計算できます.

ここでは一般の増幅回路について議論するため,図 G-1 に示すような MOSFET のソース端子に Z_S,ドレイン端子に Z_D のインピーダンスを接続した回路を想定します.図 G-1 からわかるように,三つの端子電圧 $(v_s{}^*, v_g, v_d{}^*)$ と真性 MOSFET の端子電圧 (v_s, v_g, v_d) との間には,次の式が成り立ちます.

$$v_s = v_s{}^* + i_d Z_S$$
$$v_d = v_d{}^* - i_d Z_D$$
$$i_d = g_m(v_g - v_s) + \frac{v_d - v_s}{r_o} \tag{G.2}$$

なお,上記の計算に際しては計算式を簡略化するため,ソース電位が上昇することによって発生する基板バイアス効果は無視しています.式 (G.2) から v_s,v_d を消去すれば次式が得られます.

$$i_d = \frac{g_m v_g - \left(g_m + \dfrac{1}{r_o}\right) v_s{}^* + \dfrac{v_d{}^*}{r_o}}{1 + g_m Z_S + \dfrac{Z_S + Z_D}{r_o}} \tag{G.3}$$

この式を利用すれば,一般の増幅回路の電圧利得が計算できます.

(1) 電圧電流変換係数 (i_d/v_{in}) の見積もり

ソース接地増幅回路では,式 (G.3) において微小ゲート電位変動 v_g を入力電圧 v_{in} に置き換え,$v_s{}^* = v_d{}^* = 0$ とすれば,電圧電流変換係数 G_m は次式で表されます.

$$G_m \equiv \frac{i_d}{v_{in}} = \frac{g_m r_o}{r_o + Z_S + Z_D + g_m r_o Z_S} \tag{G.4}$$

この式は,ソース電極に Z_S のインピーダンスを接続したソース接地 MOSFET の等価的な相互コンダクタンスに相当します.

同様にゲート接地増幅回路の電圧電流変換係数は,式 (G.3) において $v_g = v_d{}^* = 0$ と入力信号がソース電極に加えられることを考慮して,

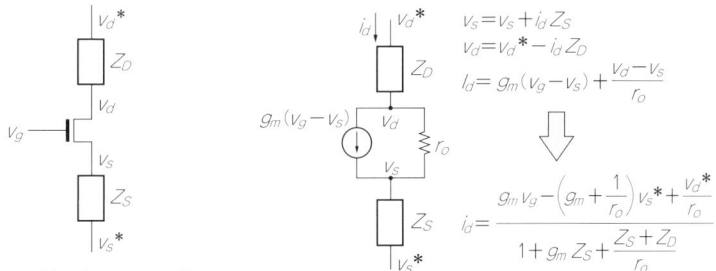

図 G-1　ソース端子とドレイン端子にインピーダンスを取り付けた MOSFET
外部から制御できる端子の電圧を微小量変化(v_s^*, v_d^*, v_g)させた場合のドレイン電流の変化量を見積もる．

図 G-2　図 G-1 の小信号等価回路

$$v_s = v_s^* + i_d Z_S$$
$$v_d = v_d^* - i_d Z_D$$
$$i_d = g_m(v_g - v_s) + \frac{v_d - v_s}{r_o}$$

$$i_d = \frac{g_m v_g - \left(g_m + \frac{1}{r_o}\right)v_s^* + \frac{v_d^*}{r_o}}{1 + g_m Z_S + \frac{Z_S + Z_D}{r_o}}$$

$$v_s^* = v_d^* = 0 \longrightarrow G_m \equiv \frac{i_d}{v_g} = \frac{1}{\frac{1}{g_m} + Z_S + \frac{Z_S + Z_D}{g_m r_o}}$$

$$v_g = v_d^* = 0 \longrightarrow R_S^* \equiv \frac{v_s^*}{-i_d} = \frac{r_o + (g_m r_o + 1)Z_S + Z_D}{g_m r_o + 1}$$

$$v_g = v_s^* = 0 \longrightarrow R_D^* \equiv \frac{v_d^*}{i_d} = r_o + g_m r_o Z_S + Z_S + Z_D$$

図 G-3　図 G-1 の実効的な相互コンダクタンス G_m，外部ソース端子から見た実効抵抗 R_S^*，外部ドレイン端子からみた実効抵抗 R_D^*

$$\frac{i_d}{v_{in}} = \frac{i_d}{v_s^*} = \frac{-(g_m r_o + 1)}{r_o + Z_S + Z_D + g_m r_o Z_S} \tag{G.5}$$

となります．式(G.4)のソース接地の場合より電圧電流変換係数が少しだけ大きくなっていることがわかります．

(2) 出力抵抗の見積もり

一般的な式(G.3)を用いると，外部ソース端子側から MOSFET をみた実効的なソース抵抗 R_S^* とドレイン側からみた実効的なドレイン抵抗 R_D^* を求めることもできます．

$$R_S^* = \frac{v_s^*}{-i_d} \approx \frac{1}{g_m} + Z_S + \frac{Z_D}{g_m r_o}$$

$$R_D^* = \frac{v_d^*}{i_d} \approx r_o + g_m r_o Z_S + Z_D \tag{G.6}$$

式(G.6)からわかるように，ソース側から MOSFET を見ると，ドレイン端子

に付加された抵抗 Z_D が実効的に MOSFET の真性利得 $1/g_m r_o$ 倍だけ小さく見えるのに対し，ドレイン側からはソースに接続された抵抗 Z_S が素子の真性利得 $g_m r_o$ 倍だけ大きく見えるのです．

(3) 増幅回路の利得の計算

以上の結果から，ソース接地増幅回路とゲート接地増幅回路の電圧利得が式 (G.1) を使って計算できます．たとえば，ソース接地増幅回路では式 (G.4) より，

$$A \equiv R_{out}^{\text{eff}} \frac{i_d}{v_{in}} = R_{out}^{\text{eff}} \cdot G_m = \frac{g_m r_o}{r_o + (g_m r_o + 1) Z_S + Z_D} R_{out}^{\text{eff}} \tag{G.7}$$

となります．

ゲート接地回路では，式 (G.5) を考慮して次式の利得が得られます．

$$A \equiv R_{out}^{\text{eff}} \frac{i_d}{v_{in}} = \frac{R_{out}^{\text{eff}}}{R_S^*} = \frac{g_m r_o + 1}{r_o + (g_m r_o + 1) Z_S + Z_D} R_{out}^{\text{eff}} \tag{G.8}$$

なお，式 (G.7) や式 (G.8) に含まれる R_{out}^{eff} は，出力端子から見た実効的な出力抵抗です．この R_{out}^{eff} を MOSFET の出力抵抗以上にすることは簡単にはできません．これは図 3-2 の例を考えるとわかります．出力端子から接地側に MOSFET の実効的なドレイン抵抗 r_o があり，電源 (V_{DD}) 側には負荷抵抗 R_{out} があるので，実効的な出力抵抗 R_{out}^{eff} は次式で与えられます．

$$R_{out}^{\text{eff}} = \frac{r_o R_{out}}{r_o + R_{out}} = r_o // R_{out} \tag{G.9}$$

$r_o // R_{out}$ は r_o と R_{out} が並列接続された抵抗です．このままではいくら負荷抵抗 R_{out} を大きくしても R_{out}^{eff} は r_o に近づくだけで，それ以上にすることはできません．また，図 3-3 の例では，R_{out}^{eff} は p チャネル MOSFET の出力抵抗 r_{op} と n チャネル MOSFET の出力抵抗 r_{on} との合成抵抗として表されます．

ドレイン接地増幅回路では，式 (G.3) において $v_s^* = 0$，$v_d^* = 0$ とおいて $v_{out} = v_s$ を考慮すれば次式が成り立ちます．

$$A = \frac{v_{out}}{v_{in}} = \frac{i_d Z_S}{v_g} \approx \frac{g_m Z_S}{1 + g_m Z_S} \tag{G.10}$$

Z_S は R_{out}^{eff} とみなすこともできます．

ソース接地，ゲート接地，ドレイン接地のいずれの場合でも式 (G.7)，式 (G.8)，式 (G.10) からわかるように，電圧利得は出力端子の実効的な出力抵抗 R_{out}^{eff} にほぼ比例します．このため，出力端子に小さな抵抗 R を負荷すると実効的な出力抵抗 R_{out}^{eff} を通して電圧利得が極端に下がります．問題の根源は負荷抵抗 R が小さいことにあるので，出力端子に負荷する抵抗は利得が極端に下がらないよう，MOSFET の出力抵抗 r_o 程度の大きさにすることが肝要なのです．

第4章
増幅回路の周波数特性

　この章では，基本的な RC 回路を例にフィルタの原理を復習してから，増幅回路の周波数特性を決める要素を分離して説明し，最後にそれらを統合して増幅回路全体としての周波数特性が理解できるようにします．

　ディジタルが全盛の時代になっても，自然界ではアナログ信号の情報が満ちあふれています．昔，スイスのツェルマットから山岳鉄道に乗って標高 3,000 m 以上の高原に出かけたことがあります．足元に広がる長大な氷河に感動しながら，さわやかな風に誘われて高原を降りていくと，その途中の小さな池に白いマッターホルンの山容が映っていました．しかし，こんな美しい山岳の景色もディジタル・データに変換してしまえば，'1' と '0' の無味乾燥な数字の羅列になってしまいます．自然界のいろいろなアナログ情報は，人の心の中にまで入り込んで感動を生みますが，ディジタル信号だと味気のないものになってしまいます．みなさんもコンサート会場で聴いたピアノの繊細な音楽に感動し，もう一度その音楽を聴いてみたい気持ちになったことがあるでしょう．そんなときには CD を購入してオーディオ・アンプで再生することになります．CD に詰め込まれている無味乾燥なディジタル・データでもアナログ信号に戻せば人の心に入り込む信号となるのです．

　オーディオ・アンプには CD のディジタル信号をアナログ信号に変換する D-A コンバータのほかに，スピーカを駆動する増幅回路が入っています．でもオーディオ・アンプだけが増幅器ではありません．最近の携帯電話には GHz の周波数領域で信号を増幅するパワー・アンプや低ノイズ増幅回路（LNA；low noise amplifier）が使われています．このような高周波で使用する増幅器と可聴周波数領域で使用する増幅器（オーディオ・アンプ）とは何が違うのでしょうか．単に

取り扱う信号の強弱の問題ではないようです．同じ名称の増幅器でもオーディオ帯域の増幅器を高周波信号の増幅に使うことはできません．

この章では電圧利得の周波数依存性に隠されたなぞを探る旅に出かけます．

4.1　フィルタ特性を理解する

どのような繰り返し波形の信号も，フーリエ変換してしまえば多数の正弦波の合成として表せます．このことが理解できれば，任意の入力信号の応答特性は個別の正弦波の応答から推測することができます．つまり増幅回路の周波数特性があらかじめわかっていると，どんな入力信号が入ってもその信号がどのように増幅されて出力されるかがわかります．この意味で，増幅回路の周波数特性を知ることはとても重要なことなのです．

増幅回路の周波数特性について話を進める前に準備をしましょう．抵抗とキャパシタを図 4-1 のように接続し，その入出力特性を調べてみます．すると低周波の信号はほとんど減衰せずに出力されますが，高周波の信号は減衰します．

このことは，電気回路の簡単な計算から求めることができます．入力信号を v_{in}，出力信号を v_{out} とすれば，その間には次の関係式が成り立ちます．

$$H(j\omega) \equiv \frac{v_{out}}{v_{in}} = \frac{1}{1+jRC\omega} = \frac{1}{1+j\dfrac{\omega}{\omega_p}} \tag{4.1}$$

式 (4.1) は，図 4-1 の回路の周波数応答特性で，$\omega_p = 1/RC$ は出力端子にある時定数 RC の逆数です．このように，電子回路の周波数応答特性は各節点に存在する時定数で決まります．

横軸に対数表示の周波数，縦軸に dB（デシベル）で表したボード線図で表現す

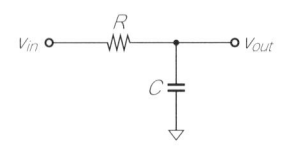

図 4-1　RC 回路
抵抗 R とキャパシタ C で構成されたローパス・フィルタ回路

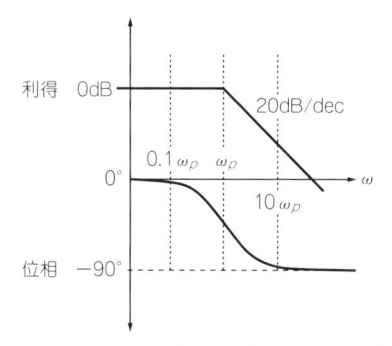

図 4-2　図 4-1 の回路の利得と位相の周波数依存性

ると，電子回路の周波数応答特性の特徴を簡単に見通すことができます．**図 4-2**に示したボード線図からわかるように，低い周波数範囲では $H(j\omega)$ はほぼ 1 (=0dB) ですが，ω_p 以上の高周波領域になると周波数（正確には角周波数）ω の逆数に比例して小さくなります．言い換えると，ω_p 以上の高い周波数領域では，ω が 1 けた高くなると出力される信号は −20 dB (1/10 倍) 下がります．低周波側の特性と高周波側の特性を延長した交点の周波数が ω_p に対応しており，この値が回路の周波数特性を決める重要な値（時定数の逆数）であることがわかります．なお，この ω_p の符号を変えた $-\omega_p$ は極 (pole) と呼ばれています．極の物理的な意味については第 13 章で詳しく述べます．

以上のように，**図 4-1** の回路は低周波信号のみを通過させるローパス・フィルタなのです．実際の増幅回路の入出力端子には多かれ少なかれ寄生キャパシタがありますから，この寄生キャパシタによって増幅回路の周波数特性はローパス・フィルタの特徴を示すことになります．

図 4-2 は，周波数だけでなく位相との関係も示しています．式 (4.1) の複素関数からわかるように，$\omega = \omega_p/10$ 以下の周波数では入出力信号間の位相ずれはほとんどありませんが，$\omega = \omega_p$ では 45°，$\omega = 10\omega_p$ 以上の周波数では 90°位相が遅れて出力されることになります．このことは高周波領域では式 (4.1) の分母の第 2 項（虚数項）が支配的となることからもわかります．

4.2 周波数特性を決める要素

次に，増幅回路の周波数特性を考えてみます．このような回路では，
- MOSFETの増幅機能
- 出力端子側のフィルタ特性

が電圧利得の周波数特性に影響します．なお，ここでは増幅回路の入力側の時定数は考慮しません．

4.2.1 MOSFETの増幅機能を理解する

MOSFETが信号をどのように増幅するのかを考えてみましょう．ここでは図4-3のpチャネルMOSFETを例に理解を深めていきます．

MOSFETを流れる電流を水道栓模型を使って表すことにしましょう．ゲート-ソース間電圧 V_{GS} は水道栓の回転角に相当します．この電圧差 V_{GS} が大きいと水道栓が回転して，蛇口から出てくる水の量（電流）が増えます．水の増加量はゲート電圧の変化量 v_{in} と g_m（蛇口の水供給効率）の積になります．次にこの水道栓模型を用いて増幅の原理を考えます．水道管（V_{DD}）に水道栓（蛇口）を取り付け，そこから流出する水を洗面台で受けます．洗面台の底には排水口があり，そこから一定の水量（一定電流）が排出されています．

このようなイメージを頭に浮かべ，水を電荷，流水量を電流，水位を電圧に置き換えると増幅の原理を簡単に理解することができます．このイメージを実際の

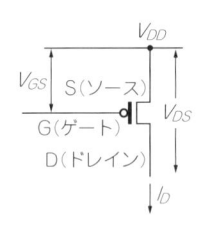

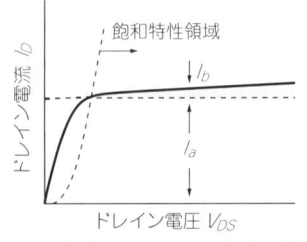

(a) pチャネルMOSFET　　(b) ゲート-ソース電圧一定時の動作

図4-3　ゲート-ソース間電圧 V_{GS} を一定としたときのドレイン電流 I_D とドレイン電圧 V_{DS} の関係
飽和領域ではドレイン電圧 V_{DS} に依存しない電流成分 I_a とドレイン電圧 V_{DS} に比例する電流成分 I_b の和で表される．

4.2 周波数特性を決める要素

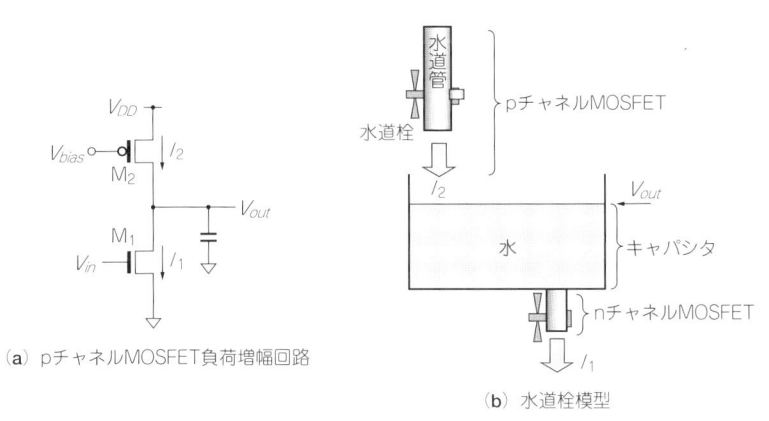

図 4-4　水道栓模型を用いた p チャネル MOSFET 負荷増幅回路
(b) は図 (a) の動作を描いた模式図である．出力電圧 V_{out} は流入量と排出量が等しい $(I_1 = I_2)$ と安定する．

電子回路に対応させたものを**図 4-4 (a)** に示します．

例えば，蛇口（MOSFET）から出てくる水量（電流源の電流 I_2）が排出流量（電流 I_1）に等しければ，洗面台の水位（出力電位 V_{out}）は時間によらず一定となります．ここで，n チャネル MOSFET（M_1）の水道栓を少し回転させて排出口から流れ出す水量 I_1 を少し増やす（$I_1 \rightarrow I_1 + i_1$，ただし，$i_1 = g_m v_{in}$）と，洗面台の水位はしだいに下がってきます．

水位が下がるとその分だけ n チャネル MOSFET（M_1）のソース-ドレイン間電圧が減少して，排出する電流量が減ると同時に p チャネル MOSFET（M_2）側から流入する電流が増加します．結局，排出電流の増分 i_1 は出力電圧の変動 v_{out} による電流と一致したところで再び安定することになります．

$$g_m v_{in} = -\left(\frac{1}{r_{on}} + \frac{1}{r_{op}}\right) v_{out} \qquad (4.2)$$

ここで，r_{on} は n チャネル MOSFET の出力抵抗，r_{op} は p チャネル MOSFET の出力抵抗です．

図 4-4 からわかるように，水道栓の水の供給効率 g_m が大きければ蛇口から流れ出す水量を大きく変動させることができます．また，出力抵抗が大きいと，水面（出力電圧）は大きく変動することになります．すなわち，電圧増幅利得は $g_m v_{in} = -v_{out}/R_{out}^{\text{eff}}$ の関係から，

$$A_0 = \frac{v_{out}}{v_{in}} = -g_m R_{out}^{\text{eff}} \qquad \text{ただし,} \quad R_{out}^{\text{eff}} = \left(\frac{1}{r_{on}} + \frac{1}{r_{op}}\right)^{-1} \tag{4.3}$$

となります．これは第3章で述べたソース接地増幅回路の電圧利得と同じです．

4.2.2 出力端子側のローパス・フィルタ特性を考慮する

次に水道栓の水量が時間的に変化する場合を考えてみましょう．図 4-4 に示した水道栓から供給される水量 I_2 が排水量 I_1 を上回ると，水面はしだいに高くなっていきます．このとき洗面台の容量が大きいと，水面はゆっくりと上昇しますが，小さい洗面台だと水面の上昇は瞬時です．このように水面の上昇速度は，洗面台に供給される実効的な水量 $(I_2 - I_1)$ に比例し，洗面台の大きさに逆比例します．

ここで，洗面台の水位を出力電圧，水量を電流量に対応させると，洗面台の大きさが出力キャパシタンス C に相当することがわかります．もし，洗面台がプールほどの大きさであれば，水道栓からの水が短時間に増減を繰り返しても水位はほとんど変化しません．出力キャパシタンス C が大きいと，高い周波数の信号に対して出力電位は変動しないのです．つまり，図 4-4 の回路の出力端子にある寄生キャパシタと出力の実効抵抗がローパス・フィルタとして機能しているのです．どのような増幅回路でも出力端子に寄生する容量は避けられないので，その周波数特性は高周波側で必ず減衰します．

以下では，増幅回路の周波数応答特性を定量的に求めるため，図 4-5 に示す小信号電圧源（増幅器），出力抵抗 R_{out}^{eff}，寄生出力容量 C_{out} の 3 要素から構成された増幅回路を考えます．この図を見て，いったいどこに MOSFET の小信号等価

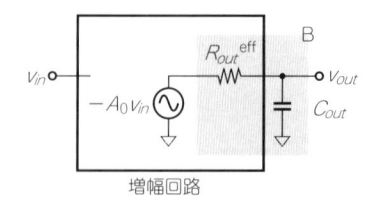

図 4-5　小信号等価回路で表した増幅回路
R_{out}^{eff}，C_{out} はそれぞれ出力抵抗と出力端子に寄生しているキャパシタを表している．

回路があるのか不思議に思われる方がいらっしゃるかもしれません．それでもMOSFETの小信号等価回路は図 4-5 に含まれているのです．つまり MOSFET の小信号等価回路（第 2 章の図 2-10 を参照）を「テブナンの定理」に基づいて小信号電圧源に等価変換すると図 4-5 が得られるのです．

図中の小信号電圧源は入力電圧 v_{in} を正確に A_0（電圧利得）倍する機能を持ち，それには周波数依存性がないものとします．図 4-5 に示す回路の出力端子には出力抵抗 R_{out}^{eff} と寄生出力容量 C_{out} で構成されたローパス・フィルタが取り付けられています．実際の増幅回路では，出力抵抗 R_{out}^{eff} は主に増幅回路を構成するMOSFET の抵抗 r_o と次段の入力抵抗であり，キャパシタ C_{out} は出力容量と次段の MOSFET のゲート入力容量 C_G，配線容量 C_W，ドレイン拡散容量 C_D などです．図 4-1 からの類推で，灰色の部分の回路（B）の減衰特性は $1/(j\omega R_{out}^{eff} C_{out} + 1)$ となることが理解できるでしょう．つまり，高域遮断周波数 $\omega_{po}(=1/R_{out}^{eff}C_{out})$ より低い周波数の信号に対する利得はほぼ A_0 ですが，それ以上の周波数の入力信号（ω）については ω_{po}/ω に比例して利得が小さくなります．言い換えれば，出力端子に寄生する容量 C_{out} と出力抵抗 R_{out}^{eff} の大きい増幅回路ほど高周波領域の信号を増幅することが苦手なのです．このことから，高周波応答に優れた増幅回路を作るには $R_{out}^{eff}C_{out}$ を小さくしなければなりません．

以上の結果をまとめてみましょう．ソース接地増幅回路の電圧増幅利得は，$A_0 = -g_m R_{out}^{eff}$ で与えられます．遮断周波数を $\omega_{po} = 1/R_{out}^{eff}C_{out}$ とすれば，この増幅回路の周波数特性は図 4-6 のようなボード線図で表されます．この図は図

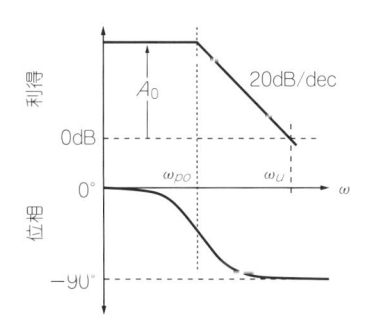

図 4-6　出力端子側のフィルタ特性を考慮した増幅回路の利得と周波数
A_0 は直流増幅利得，ω_{po} は出力端子側のローパス・フィルタ特性の高域遮断周波数．

4-2にきわめて似ており，全体的に電圧利得 $A_0 = g_m R_{out}^{\text{eff}}$ だけ上にシフトしています．これは図 4-5 に示す増幅回路の利得が周波数の関数として次式で与えられることからもわかります．

$$A(\omega) = \frac{-g_m R_{out}^{\text{eff}}}{1 + j\dfrac{\omega}{\omega_{po}}} \tag{4.4}$$

4.2.3　高域遮断周波数 ω_{po} について

　式 (4.4) からわかるように，増幅回路の周波数応答特性は利得 $g_m R_{out}^{\text{eff}}$ と高域遮断周波数 ω_{po} で決まります．これらに含まれる MOSFET に固有のパラメータ g_m と r_o はドレイン電流の関数なので，$g_m R_{out}^{\text{eff}}$ と ω_{po} の間には何らかの関係がありそうです．そのあたりを探ってみましょう．

　飽和特性領域で動作している MOSFET を使った回路では，式 (2.4) と式 (2.6) より $g_m \propto \sqrt{I}$，$R_{out}^{\text{eff}} \propto 1/I$ なので，次式が得られます．

$$(g_m R_{out}^{\text{eff}})^2 \omega_{po} = \frac{g_m^2 R_{out}^{\text{eff}}}{C_{out}} = 一定 \tag{4.5}$$

すなわち，

$$\omega_{po} \propto \frac{1}{A_0^2} \tag{4.6}$$

となります．第 3 章で示した図 3-4 から，MOSFET のドレイン電流を増加させると低周波利得 A_0 が小さくなりますが，式 (4.6) より ω_{po} は高くなることがわかります．その関係を図示すると図 4-7 のようになります．つまり，低周波利得 A_0 を多少犠牲にすれば，増幅回路の高周波応答特性は良くなるのです．

　また，式 (4.4) から電圧増幅利得が 1 となる周波数は，

$$\omega_u \approx g_m R_{out}^{\text{eff}} \omega_{po} = \frac{g_m}{C_{out}} = \frac{\beta(V_{GS} - V_T)}{C_{out}} \tag{4.7}$$

になります．ゲート電圧 V_{GS} を高くするとその電圧に比例して ω_u が高くなりますが，調子にのってゲート電圧を上げすぎると消費電力が増えるので，用途に応じて帯域と消費電力とのトレードオフを考える必要があります．

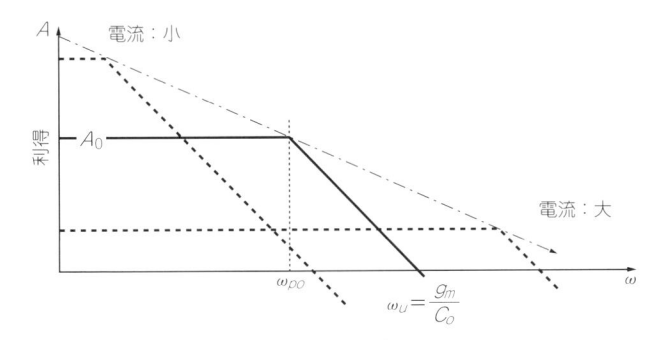

4.2 周波数特性を決める要素　71

図 4-7　MOSFET のドレイン電流と周波数特性
増幅回路に用いた MOSFET のドレイン電流量を増加させると低周波利得 A_0
は低下するが，高域遮断周波数 ω_{po} が増加するので，高周波特性は良くなる．

4.2.4　入力端子側のフィルタ特性

　実際の MOSFET 増幅回路の周波数特性は出力側の容量だけでなく入力側の容量にも強く影響されます．ソース接地増幅回路の入力容量は，MOSFET のゲート容量 (C_{gs}, C_{gd}) ですが，その中でも入力端子と出力端子につながっている C_{gd} は特別な取り扱いが必要となります．実際，入力端子側から見ると，この容量は電圧増幅利得 (A) 倍程度大きく見えます．これが，電圧利得の大きな回路で顕著に表れる「ミラー効果」なのです．

　例えば，図 4-8(a) に示す回路の入力電圧を ΔV 変化させると，出力側の電位は $-A\Delta V$ 変化します．このときキャパシタンス C の両端には電位差 $(1+A)\Delta V$ が生じ，入力端子から $C(1+A)\Delta V$ の電荷が流れ込みます．このことは入力側から見た実効的な容量が入出力端子間キャパシタンス C の $A+1$ 倍となることを意味しています．一方，出力端子側に対して同様な計算を行うと，実効容量は C の $1+1/A$ 倍の大きさになります．すなわち，電圧利得 A の増幅回路の入出力端

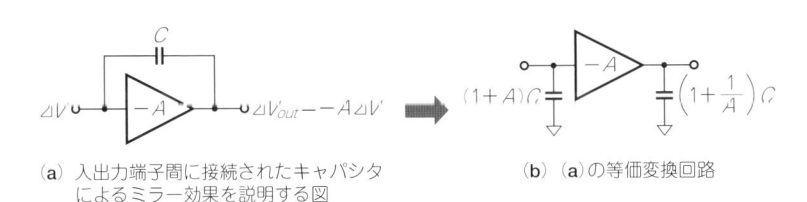

(a) 入出力端子間に接続されたキャパシタによるミラー効果を説明する図

(b) (a)の等価変換回路

図 4-8　ミラー効果

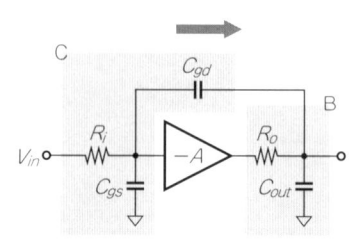

図 4-9　入力側の寄生容量と入力抵抗を考慮した増幅回路の等価回路図
ソース接地増幅回路における C_{gd} は，①ミラー効果によって高域遮断周波数を下げる．また，②入力信号のフィードフォワード経路になる．B，Cの灰色の部分は出力側と入力側のローパス・フィルタの構成を表している．

子間に容量 C が接続されていると，その容量は実効的に**図 4-8（b）**に示す入出力容量に分離して取り扱うことができます．増幅回路の周波数特性を考えるうえでこのミラー効果はとてもたいせつなので，記憶に留めておいてください．

さて，今度は入力側のローパス・フィルタ特性について考えてみましょう．実効的な入力容量は $C_{gd}(1+A)+C_{gs}$ となります．入力抵抗（すなわち前段の電子回路の出力抵抗）を R_i とすれば，入力側に**図 4-9** の枠 C で示すローパス・フィルタが構成されます．このとき，入力側の高域遮断周波数 ω_{pi} は入力容量を AC_{gd} と近似して，ほぼ $1/AR_iC_{gd}$ となります．分母には電圧増幅利得 A が含まれているので，利得の大きなソース接地増幅回路ほど ω_{pi} は小さくなります．

ここまではソース接地増幅回路を前提として話を進めてきましたが，ほかの増幅回路ではどのようになるのでしょうか．増幅信号が入力と同位相となるドレイン接地増幅回路では C_{gs} を経由したミラー効果がほとんど効きません．このため遮断周波数は高域まで伸びます．さらに，入出力端子間容量（ソース-ドレイン間容量は無視できる）と入力抵抗 R_i が小さいゲート接地増幅回路でも同様な議論が成り立ち，ドレイン接地増幅回路，ゲート接地増幅回路とも，入力端子側のフィルタ特性の高域遮断周波数はソース接地増幅回路より高くなります．

4.2.5　入出力間容量を介した信号の伝播

ご存じのとおり，高周波領域ではキャパシタのコンダクタンス（$j\omega C$）が大きくなり，キャパシタの両端は電気的に短絡された状態になります．このため増幅回路の入出力端子間キャパシタ C_{gd} は，

- 出力信号の影響を入力側にフィードバックする

だけでなく，
- 入力端子から出力端子に向かって信号を伝播する

働きをします．前者のフィードバックについてはすでに「ミラー効果」として説明しました．後者のキャパシタを経由して流れる信号電流 $j\omega C_{gd} v_{in}$ は高周波側で顕著になり，MOSFET の電流供給量 $g_m v_{in}$ を上回る周波数になると，出力電圧は C_{gd} を通したフィード・フォワード信号によって支配されることになります．この周波数を零点 $\omega_z (= g_m/C_{gd})$ と呼びます．零点以上の周波数領域では MOSFET の本来の機能で増幅された信号が出力されるよりも，キャパシタを経由した信号（図 4-9 中の矢印）のほうが大きくなります．もちろん，十分高い周波数領域では，出力側のローパス・フィルタ特性によってこのキャパシタを経由した信号も周波数の上昇とともに小さくなります．

4.3 増幅回路の周波数特性

ここでは，前節で述べた，
- 入出力端子に付随したローパス・フィルタ特性
- 入出力間キャパシタを経由した信号伝達
- MOSFET の増幅機能

を総合的にまとめた周波数特性について説明します．

4.3.1 ソース接地増幅回路の周波数特性

入出力端子側のフィルタ特性が効かない低周波領域における電圧利得を，$A_0 = g_m R_{out}^{eff}$ を用いて電圧利得 A の周波数特性を表すと次のようになります．

$$A(\omega) = \frac{-g_m R_{out}^{eff} \left(1 - j\dfrac{\omega}{\omega_z}\right)}{\left(1 + j\dfrac{\omega}{\omega_{po}}\right)\left(1 + j\dfrac{\omega}{\omega_{pi}}\right)} \tag{4.8}$$

この計算では MOSFET の相互コンダクタンス g_m を通して出力端子に流れる電流と，C_{gd} を経由して出力端子に流れる電流の双方が出力電圧に効いてくるこ

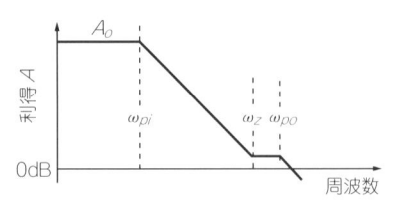

図4-10 ソース接地増幅回路の周波数特性（ボード線図）
ω_{pi}, ω_z, ω_{po} はそれぞれ入力側の遮断周波数，零点周波数，出力側の遮断周波数を表している．

とを考慮しています．式(4.8)の分子に零点が含まれていますが，その物理的な意味については第13章をご覧ください．

出力負荷容量 C_{out} の値にもよりますが，MOSFETのソース接地増幅回路で $\omega_{pi} < \omega_z < \omega_{po}$ と仮定してソース接地増幅回路の周波数特性をボード線図に描くと，**図4-10** のようになります．

4.3.2 カスコード増幅回路の周波数応答特性

ソース接地増幅回路とゲート接地増幅回路を組み合わせて作り上げたカスコード増幅回路は，
1) 電圧利得が大きい
2) 高周波特性が良い

などの優れた特徴を持っています．前者については前の章で説明したので，ここでは後者のカスコード増幅回路の高周波特性について考えていきましょう．

図4-11に示すカスコード増幅回路の信号伝達経路（図中の矢印）には三つのノード（入出力端子と点X）があるので，それぞれの節点（ノード）について遮断周波数を考える必要があります．まず入力端子には M_1 のトランジスタのゲート容量 C_{gd1}, C_{gs1} があります．このうち C_{gd1} はミラー効果によって入力端子からは実効的に $(1+A)C_{gd1}$ の容量として見えます．このため入力抵抗を R_i とすれば，$(1+A)C_{gd1}$, C_{gs1} と R_i で構成されたローパス・フィルタの高域遮断周波数 ω_{pi} は次式で与えられます．

$$\omega_{pi} = \frac{1}{R_i \left[C_{gs1} + \left(1 + \dfrac{g_{m1}}{g_{m2}}\right) C_{gd1} \right]} \tag{4.9}$$

4.3 増幅回路の周波数特性

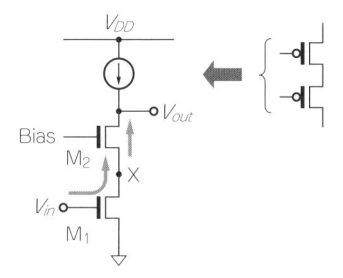

図 4-11 電流負荷型のカスコード増幅回路
M_1 のゲート電極に入った信号は X 点を経由して M_2 のドレイン端子(出力端子)から出力される．矢印は信号の伝播方向を表している．図 3-10 に示したカスコード回路の p チャネル負荷 MOSFET 部(右上)を定電流源として表している．

ソース接地増幅回路の出力端子(M_1 のドレイン)は入力抵抗の小さなゲート接地増幅回路(M_2)に接続されているため，電圧利得 $A_0 ≒ g_{m1}/g_{m2}$ は小さく，C_{gd1} に働くミラー効果の影響はそれほど大きくありません．

次にノード X について考えてみましょう．このノードの容量としては n^+ 拡散層の容量 C_D と C_{gd1}，C_{gs2} があります．このノードにつながる抵抗成分はゲート接地増幅回路(M_2)の入力抵抗 $1/g_{m2}$ です．このことから次式の高域遮断周波数 ω_{pX} が得られます．

$$\omega_{pX} = \frac{g_{m2}}{\left(1 + \frac{g_{m2}}{g_{m1}}\right) C_{gd1} + C_{D1,2} + C_{gs2}} \tag{4.10}$$

出力端子については，M_2 のゲート-ドレイン間のキャパシタ C_{gd2} のほかに負荷容量 C_{out} が接続されているので，

$$\omega_{po} = \frac{1}{{R_{out}}^{\text{eff}} (C_{gd2} + C_{out})} \tag{4.11}$$

となります．一般に，三つの遮断周波数のうち，ω_{pX} はほかの二つより十分大きいので，増幅特性を議論する際には無視してもかまいません．つまり，カスコード増幅回路もほかの増幅回路と同じように二つのローパス・フィルタ特性を持った増幅回路と考えてもまちがいではありません．

残る二つの遮断周波数のうち，入力側の ω_{pi} についてはミラー効果が低減しているのでソース接地増幅回路の場合より高周波側にあります．一方，出力側の

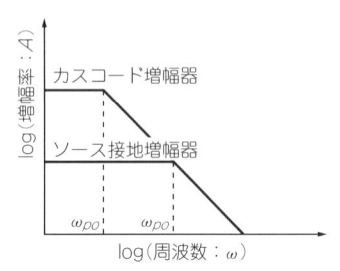

図 4-12 電流負荷型のカスコード増幅回路の周波数特性
カスコード増幅回路の高域遮断周波数 ω_{po} はソース接地増幅回路に比べてけた違いに小さいが，直流増幅利得 A_0 がきわめて大きいので，高周波増幅利得はほとんど同じとなる．

ω_{po} は出力抵抗 $R_{out}^{\text{eff}}(\sim g_{m2}r_{o2}r_{o1})$ が大きいので高域遮断周波数が低周波側に大きくシフト（$1/g_{m2}r_{o2}$ 程度）しています．これではカスコード増幅回路の高周波特性が悪いように見えますが，**図 4-12** に示すボード線図からわかるように，高周波側の周波数特性はソース接地増幅回路とほとんど変わりません．

第 4 章のまとめ

　難しそうに思えた増幅回路の周波数特性も，入出力側のローパス・フィルタと入出力端子間キャパシタを経由した信号の伝達で説明でき，結局は電気回路の問題に帰着しました．つまり入出力端子の RC 時定数から高域遮断周波数を求め，それと零点周波数（g_m/C）をボード線図上にプロットすれば SPICE などの回路シミュレータを用いなくても増幅回路の周波数特性が得られます．このボード線図を用いた解析方法はこれから何度も出てくるので，ぜひ覚えておいてください．また，遮断周波数が増幅回路の負荷容量と関係していることから，配線や素子の容量を小さくすれば回路動作が速くなり，高周波信号も取り扱うことができます．最近の LSI では最小パターン寸法が $0.1\,\mu m$ 程度にまで短くなり，それに応じて負荷容量も小さくなっているので，高速アナログ回路を実現できる素地ができていることがわかります．

　複雑な電子回路も単機能の要素回路の組み合わせでできています．もし，設計した回路の特性が仕様を満たさなければ，個別の要素回路にまで立ち戻ってそれぞれの周波数特性などをじっくりと考えれば，どの素子に問題があるのかがわか

第 4 章のまとめ

ります．しかし，その一方で，「めんどくさいから」とか「回路シミュレータがあるから計算機にがんばってもらおう」と思う方もいるかもしれません．たしかに計算機をぶんまわしても解が得られるでしょうが，すべてのパラメータを変えながら全条件をじゅうたん爆撃的に計算すると，膨大な回数のシミュレーションが必要になります．例えば，パラメータ数が 20 個にもなると計算回数は天文学的な数になってしまいます．本気でそんなことをしていると人生が終わってしまうかもしれません．それだけでなく，会社や学校で使っているコンピュータ資源のむだづかいとなります．これからは全体回路を個別の部分回路に展開してそれぞれの特性から問題箇所を絞り込み，目星のついた素子のパラメータだけを変える効率的な回路シミュレーションを実行してください．

コラム H ◆ 寄生キャパシタ

　信号処理を目的とするアナログ回路では，本文で述べた MOS 素子の小信号相互コンダクタンス (g_m) や出力抵抗 (r_o) のほか，過渡的な回路の応答特性を決めるキャパシタンスが重要となります．アナログ回路特性に影響を与える MOS 素子の寄生容量としては，図 H-1 に示すように，MOS 素子のソース拡散層と基板の間，ドレイン拡散層と基板の間に接合容量（それぞれ C_{ssub}，C_{dsub}）があります．さらにはゲートとドレイン，ゲートとソースの間にゲート酸化膜の関与したキャパシタ（それぞれ C_{gd}，C_{gs}）があります．このうち，pn 接合容量は各端子に印加する電圧に依存し，逆方向バイアスが大きくなるとキャパシタンスは小さくなります．たとえば，ドレイン基板間容量 C_{dsub} はドレイン電圧 V_{DS} に対して，

$$C_{dsub} = C_0 \left(1 + \frac{V_{DS}}{V_{diff}} \right)^{-n}$$

ここで，C_0 はドレイン電圧 V_{DS} が 0 V 時のキャパシタンスで，おおむね接合面積に比例します．pn 接合の拡散電位 V_{diff} は 0.7 〜 0.8 V，n は 0.3 〜 0.5 です．
　一方，ゲート容量の関与するキャパシタに関しては MOS 素子の動作領域と同じく，
① 遮断領域（$V_{GS} < V_T$）
② 非飽和領域（$V_{DS} < V_{GS} - V_T$；$V_{GS} > V_T$）
③ 飽和領域（$V_{DS} > V_{GS} - V_T$；$V_{GS} > V_T$）
の三つに大別できます．図 H-2 に示す電極間容量とゲート電圧との関係図を見ながら考えてみましょう．
　遮断領域ではゲート電圧が変化してもソース拡散層やドレイン拡散層とチャネルとの間で電荷の出入りがほとんどないので，C_{gd}（ゲート電極-ドレイン拡散層

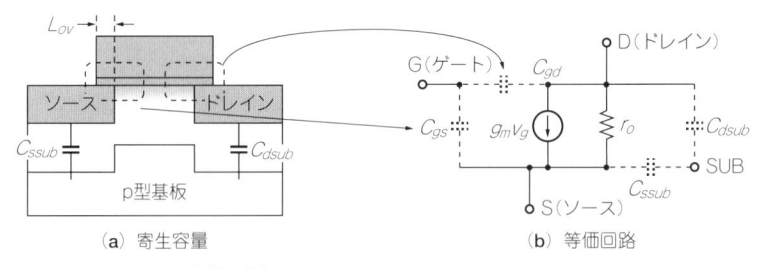

(a) 寄生容量　　　　　**(b) 等価回路**

図 H-1　MOSFET の小信号等価回路
(a)は素子の断面における各種の寄生容量．ソースと基板およびドレインと基板の間の容量は，pn 接合と同様の印加電圧依存性がある．(b)は相互コンダクタンス g_m，出力抵抗 r_o を含めた MOSFET の小信号等価回路．

間キャパシタンス），C_{gs}（ゲート電極-ソース拡散層間キャパシタンス）はゲート電極とソース-ドレイン拡散層との間の小さなオーバラップ容量だけとなります．ソース-ドレイン拡散層とゲート電極とのオーバラップの長さを L_{ov} とすれば，ソース拡散層側とドレイン拡散層側のオーバラップ容量は $WL_{ov}C_{ox}$ で表されます．

ゲート電圧 V_{GS} を $V_{DS}+V_T$ 以上にした非飽和（線形）特性領域では，ソースからドレインまで反転層がチャネル全体に広がります．このとき，ゲート電位を微小量変化させるとチャネル電荷もそれに応じて変化します．その電荷はソース拡散層とドレイン拡散層の双方から供給されるので，ゲート-ソース容量 C_{gs} と，ゲート-ドレイン容量 C_{gd} はほぼ等しく，$C_{gs}=C_{gd}=WLC_{ox}/2$ で近似できます．

飽和特性領域（$V_{DS}+V_T>V_{GS}>V_T$）ではチャネルのドレイン近傍にはピンチオフ点があり，そこからドレイン拡散層までは空乏層になっています．このため，ゲート電圧を変化させてもドレイン電極から電位変動に応じた電荷の出入りはなく，C_{gd} はほとんど無視できる程度の小さな値（$WL_{ov}C_{ox}$）となります．一方，ソース側からピンチオフ点までのチャネルにはソース電極から自由に電荷の出入りがあります．このキャパシタンスの計算は少し複雑なのでここでは省略しますが，$C_{gs}=2WLC_{ox}/3$ となります．

以上の結果をまとめた図 H-2 からわかるように，ゲート電圧によってゲート容量は大きく変化します．また，MOSFETの小信号等価回路は，図 H-1（b）のようにドレイン，ソース，ゲート，基板に寄生する容量のほか，出力抵抗 r_o，相互コンダクタンス g_m などで表されます．しかもこれらの値は端子電圧によって変化するので，アナログ回路特性を正確に予測するには計算ソフトウェア（回路シミュレータ）が必要となります．

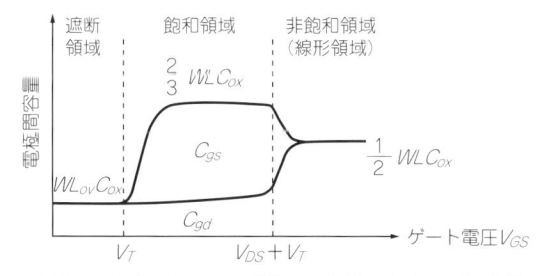

図 H-2 MOSFETのゲート ソース容量 C_{gs} とゲート-ドレイン容量 C_{gd} のゲート電圧 V_{GS} 依存性

ドレイン電流のゲート電圧依存性と同様に三つの領域に分類される．遮断領域ではゲート電極と拡散層とのオーバラップ容量の小さな値である．ピンチオフ点ができる飽和領域では $C_{gs}>C_{gd}$ であるが，非飽和領域では $C_{gs}\sim C_{gd}$ となる．

第5章
アナログ回路のノイズ

　この章ではアナログ回路の天敵であるノイズの発生原因とそれを抑える方法について説明します．

　本書の執筆にあたり，手近にあるアナログ回路の教科書を取り出してみましたが，ノイズについての詳しい解説はほとんどありませんでした．このためでしょうか，アナログ回路の集積回路を設計・試作しても，ノイズが大きすぎて使い物にならないことが多いのです．特に初心者のうちは，ほとんどのみなさんがこの問題で苦労するといっても過言ではありません．

　こんなに人を苦しめるノイズが，なぜ教科書に記載されていないのでしょうか．この章を読み進めていくとわかってくると思いますが，実は教科書にもノイズのことが書かれています．しかし，記述が簡潔であるがためについ見逃してしまうのです．

　アナログ回路のノイズは決して摩訶不思議なものではありません．アナログ回路設計の専門家は「初心者が設計した回路やレイアウトなどを見ると，ノイズが入る経路が見える」と言います．専門家は数多くの失敗した経験から，回路やレイアウトのどこに問題があるかを即座に見抜くことができます．バブル全盛のころは，技術者が多少回路設計に失敗しても大目にみてもらえました．しかし，最近のせちがらい環境では，若手の技術者は先輩が経験したほど失敗を許してもらえません．次から次へと頼まれる回路設計を効率良くこなすことが優先され，失敗を繰り返しているとあっという間にしごとの山に押もれてしまいます．かといって，ノイズの問題を熟知している優秀な技術者は忙しすぎて，なかなか初心者の教育にまで手を貸してくれません．

　企業の幹部からは，「大学でもう少ししっかりと教えてくれていたら…」と不

満が出てきそうです．しかし大学の学生は，アナログ回路の設計よりもっと基礎的な電磁気学や電気回路などを勉強することで精いっぱいなのです．また，電気系の学生が習得すべき技術分野が広くなってきたため，彼らは幅広い応用分野を浅くまんべんなく勉強して卒業していくのです．

　もちろん，アナログ回路に興味を持っている大学院生には専門教育をします．しかし1〜2年の経験しかできないので，卒業してすぐに戦力となるわけではありません．いずれ将来的には教育効果の高いアナログ回路の専門家を養成するカリキュラムが必要となるでしょう．そのときには回路シミュレーションによりやみくもにアナログ回路を経験させるのではなく，回路のエッセンスを系統立てて教え，それを確実に理解させる方法をとらなければなりません．アナログ回路のエッセンスを理解した技術者や学生は，種々の問題に直面したとき，簡単な思考実験を通して問題解決が図れるようになるはずです．

　この章では，初心者にとって泥沼化しやすいアナログ回路のノイズをできるだけ系統立ててお話しします．

5.1　ノイズを伝える三つの要素

　ご存じのとおり，回路内で大きなノイズが発生すると，高精度な信号処理はできません．アナログ回路では，ノイズの大きさによって，処理できる信号の下限が決まります．

　この迷惑千万なノイズは，
- 抵抗やトランジスタのように，回路を構成する素子が発生するノイズ
- 外部から伝播してくるノイズ

に分類できます．前者に関するノイズはコラムJで紹介するとして，ここでは後者のノイズに焦点を絞って系統的に解説していきます．

　外部から伝わるノイズは，マクスウェルの電磁界方程式にまで立ち戻れば完ぺきに理解することができます．しかし電子回路技術者にとっては，電場や磁場などより，もっと身近なキャパシタ，インダクタ，抵抗で表現するほうが理解しやすいに決まっています．例えば，「配線の電圧を変化させると，配線間の電場を介した相互作用によってもう一方の配線の電位が変化します」とか，「配線に電

流を流すと，それによって生じた磁界を打ち消すように他方の配線に電流が流れます」と説明するより，「寄生キャパシタや寄生インダクタによって配線に電圧や電流の変化が起こります」と表現したほうが簡潔でわかったような気になるでしょう．

ノイズは，寄生キャパシタ，寄生インダクタ，寄生抵抗を経由してアナログ回路に伝わります．これらの寄生素子は，電子回路の設計の段階ではまったく見えません．しかしアナログ回路をレイアウト（配置）した途端，その背後に寄生素子が現れてきます．どんなに優れたレイアウトをしても寄生素子成分（L, C, R）を完全に取り除くことはできません．このため，アナログ回路の設計者はどんな場面でも，これらの隠れた寄生素子に配慮して回路設計をしなければなりません．

以下では3種類の寄生素子を個別に取り上げ，それらを介したノイズの伝播について説明します．

5.1.1 寄生キャパシタを介して伝播するノイズ

図5-1は，クロック線がアナログ信号線に直交している配線のレイアウトを示しています．このような配線構造は集積回路の内部のいたるところにあります．

このレイアウトでは，クロック線とアナログ信号線との間に寄生キャパシタンス C_C が存在します．したがって，クロック線の電位が変動するたびにアナログ信号線の電位も変化します．このとき，

$$（キャパシタンス\ C_C）\times（クロック線の電位変動\ \Delta V_{dig}）$$

に相当する電荷量が信号線に即座に供給できれば，信号線の電位は変わりません．しかし実際の回路では，配線の抵抗や駆動回路のインピーダンスがあるため，電

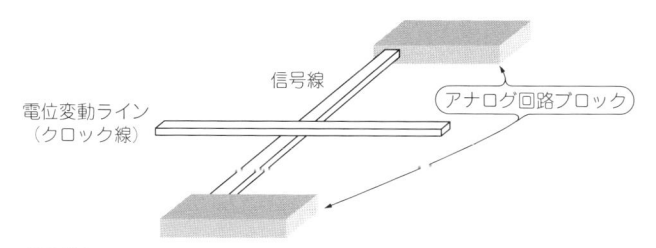

図5-1 信号線とクロック線が交差している箇所の模式図
クロック線の電位が変動すると，キャパシタンス結合によって信号線にノイズが重畳する．

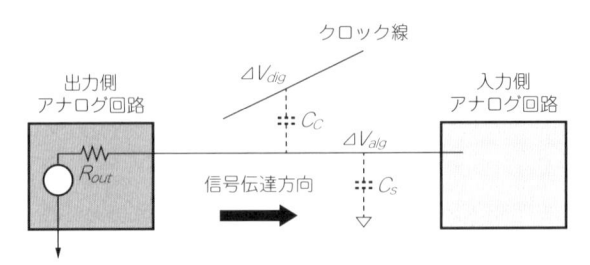

図5-2 図5-1の等価回路
クロック線に ΔV_{dig} の電位変動があると，キャパシタ C_C を介してノイズがアナログ信号線に重畳する．寄生容量 C_C と出力抵抗 R_{out} を小さくすると，信号線の電位変動を抑えることができる．

荷の供給には有限の時間がかかります．それでも信号線を駆動する出力回路が低インピーダンスであれば，クロック線の電位変動によるノイズ伝播量は大幅に低減できます．

ここで過渡応答特性のようすを定量化してみましょう．信号線の出力インピーダンスを R_{out} とすれば，アナログ信号線の電位変動量 ΔV_{alg} は，クロック線の電位変動 ΔV_{dig} と次式で関連付けられます．

$$\Delta V_{alg} = \frac{C_C}{C_C + C_S} \Delta V_{dig} \exp\left(-\frac{t}{R_{out}(C_C + C_S)}\right) \tag{5.1}$$

C_S はアナログ信号線の対地容量です．式(5.1)より，寄生キャパシタによるノイズは，
1) 信号線のインピーダンス R_{out} を小さくする
2) 配線間容量 C_C をできる限り小さくする

ことで大幅に低減することができます．なかでも，**図5-3**に示すように，クロック線（電位変動線）とアナログ信号線との間にシールド（しゃへい）板を入れて，配線間のキャパシタンス C_C を実効的に小さくすれば，キャパシタンス結合によるノイズ伝播を抑えることができます．このとき，シールド板の幅をクロック線とアナログ信号線の層間距離 T（$1\,\mu\mathrm{m}$ 以下）の3倍程度にして，クロック線の端部からはみだした電気力線がアナログ信号線にまで到達しないようにすれば，さらにしゃへい効果を高めることができます．なお，配線間に挟むシールド板は，電源電圧 V_{DD} や接地電圧 V_{SS} などの低インピーダンスの電位に固定しておくことが肝要です．接続したラインが低インピーダンスでなければ，クロック線の電位

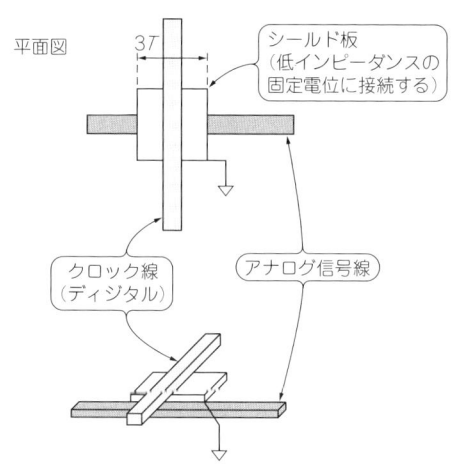

図 5-3 シールド板で配線間容量を抑える
クロック線と信号線との間にシールド板を挿入して寄生キャパシタンス C_c を減らすと，ノイズも低減する．シールド板は低インピーダンスの固定電位に接続し，シールド板の幅は積層配線間距離 T の3倍程度にする．

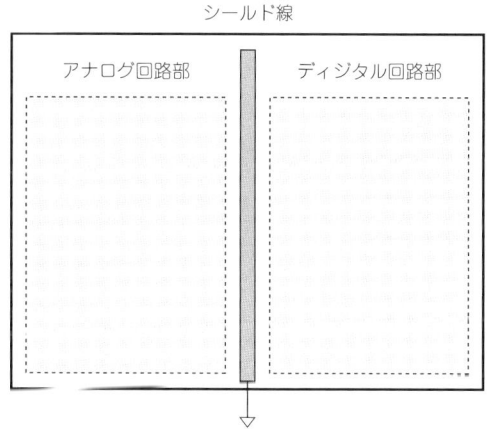

図 5-4 ミックスト・シグナル回路のレイアウト
ミックスト・シグナル回路では，ディジタル回路部とアナログ回路部を分離してレイアウトする．分離領域にはシールド線(金属線や拡散層)を配置して，キャパシタンス結合に起因するノイズの伝播を防止する．

変動に対してしゃへい板の電位も変化し，しゃへい板とアナログ信号線との間のキャパシタンスを介して電位変動が信号線に伝わってしまいます．

　ミックスト・シグナル（ディジタル・アナログ混載）の集積回路では，ディジタル部とアナログ部を分離してレイアウトするのが常識です．しかし，たとえそのようなレイアウトをしても，目に見えない寄生キャパシタを介してディジタル回

コラム I ◆ シリコン基板は誘電体それとも抵抗体？

　本文中ではシリコン基板は抵抗体として働くと述べましたが，本当に正しいのでしょうか．シリコン基板は，ドナーやアクセプタなどの不純物原子濃度に依存した電気伝導を示すだけでなく，シリコン基板固有の誘電率を持った物質であると考えると，かならずしも正しいとは言えないようです．シリコン基板は抵抗としての性質とキャパシタとしての性質の両方を持っているとして基板中の電気伝導を考えてみましょう．

　電気回路の授業で学んだように，キャパシタ（誘電体）を経由して流れる電流は $j\omega C$ に比例することから，どちらの性質が支配的になるかは，伝播する信号の周波数によりそうです．図 I-1 に示すように，断面積 S，長さ l のシリコン直方体を切り出してコンダクタンスを計算すると，次式のようになります．

$$G = \frac{1}{\rho} \cdot \frac{S}{l} \tag{I.1}$$

ρ は抵抗率です．同じシリコン直方体を誘電率 ε の物質と考えたときのキャパシタンスは，

$$C = \varepsilon \frac{S}{l} \qquad R = \rho \frac{l}{S}$$

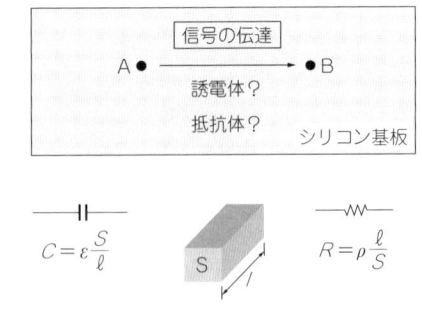

図 I-1　切り出したシリコン直方体のキャパシタンスと抵抗値
点 A から点 B に伝わる信号はシリコン基板を抵抗と感じるのか，それともキャパシタと感じるのか．

5.1 ノイズを伝える三つの要素　87

路部の電圧変動がアナログ回路部にまで影響します．このため，ミックスト・シグナル回路では，図 5-4 に示すように，ディジタル回路ブロックとアナログ回路ブロック間を電気的にシールドして，この影響を軽減する配慮がなされています．図 5-3 の例では上下配線間をしゃへい板でシールドしましたが，図 5-4 では横（平面内）方向のしゃへいが行われています．具体的な方法としては，二つの領域

$$C = \varepsilon \frac{S}{l} \tag{I.2}$$

となりますから，シリコン直方体は，図 I-2 に示すように，抵抗とキャパシタの並列接続とみなすことができます．シリコン直方体のキャパシタ部の実効的なコンダクタンスは周波数 ω の電磁波に対しては，次のようになります．

$$G(\omega) = j\omega\varepsilon \frac{S}{l} \tag{I.3}$$

式 (I.1) と式 (I.3) より，

$$\omega_T = \frac{1}{\varepsilon\rho} \tag{I.4}$$

の周波数を境にして，それより低周波の電磁波に対してはシリコン基板を抵抗体とみなすことができます．逆に，式 (I.4) で与えられる周波数以上の電磁波にとってシリコン基板は誘電体（キャパシタ）と見えるのです．ここで典型的な基板の抵抗率，$\rho = 10\,\Omega\mathrm{cm}$ を代入して遮断周波数を計算すると，式 (I.4) より，15 GHz が得られます．つまり，15 GHz 以上の電磁波を扱う RF 回路ではシリコン基板を抵抗体よりキャパシタと見たてたほうがよいことがわかります．

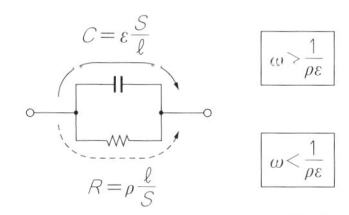

図 I-2　切り出したシリコン直方体は二つの要素（抵抗とキャパシタ）で表される
高周波領域では実線で示すようにキャパシタを経由して電流が流れるが，低周波領域では抵抗を介して流れる電流が支配的となる．

を金属配線で分離したり，シリコン基板に基板と同じ導電型の拡散層を形成してその拡散層を低インピーダンスの電位線で固定するのが一般的です．

電位が変動する配線の周囲には電場の変化があるので，その影響が及ぶ範囲にしゃへい板（上記の拡散層もしゃへい板としての役割を果たす）を置き，寄生キャパシタを介したノイズの伝播を抑えることが，アナログ回路のノイズ低減には不可欠なのです．

5.1.2 寄生インダクタを介したノイズの伝播

ノイズの伝播は，寄生キャパシタを介したものだけではありません．電界と兄弟関係にある磁界を介したノイズの伝播も考慮しなければなりません．

電磁気学で学んだように，磁束が時間的に変化すると，それに応じた起電力が配線の両端に発生します．このような寄生インダクタンスを介した（電磁誘導に起因する）ノイズの典型的な例を**図 5-5** に示します．

配線に電流を流すと，その周りに右回りの磁場が発生し，アナログ信号線や電源線，接地線などに影響を及ぼします．そして影響を受けた線には，周囲の磁場が変化しないように電流が流れます．その結果，

- 電源線と接地線
- 2本の信号線（差動信号方式の場合）

などの2本を対とした配線の組み合わせでは，ループ面積に比例した起電力（相互インダクタンス，電磁誘導に起因するノイズ）が発生します．

電磁気学に基づく計算によれば，配線対のループ面積を小さくするとノイズを

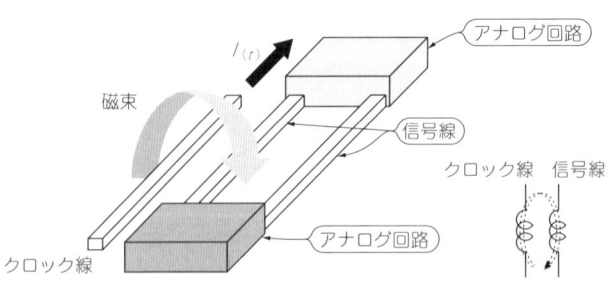

図 5-5 電磁誘導（相互インダクタンス）に起因するノイズの発生のようす
クロック線に電流変化があれば，磁界を介して信号線に電流が誘起される．

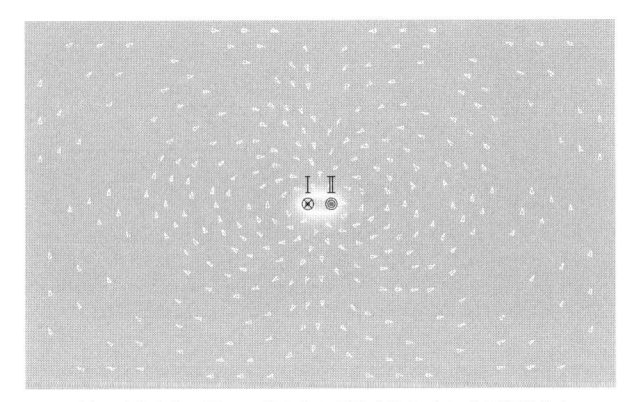

5.1 ノイズを伝える三つの要素　89

図 5-6　紙面垂直方向に互いに逆向きの電流を流したときの磁界分布
2本の配線間には大きな磁界が発生しているが，周辺部では互いに逆方向の磁界のベクトルが打ち消しあって，磁界は小さい．逆方向に流れる配線を隣接配置すると放出されるノイズが減ることを意味している．

被る量が大幅に軽減されます．さらにループ面積が小さいことによって，次のような派生効果も期待できます．

図 5-6 は，互いに逆方向に流れる二つの電流に起因する磁場を，電流に対して垂直な面上で示しています．このような配線対では，右回りの磁場と左回りの磁場がほぼ同じ量発生するので，遠方では磁場のベクトル和が互いにキャンセルされます．つまり逆方向に流れる電流経路を近接配置すると，電流変動に起因するノイズ（磁場変動）の放出が減ります．外部にまきちらす磁場（寄生インダクタンス）は，配線対の間隔が小さいほど少ないので，ノイズ低減には配線間隔をできるだけ狭めてレイアウトすることがたいせつです．

5.1.3　寄生（基板）抵抗を介したノイズの伝播

これまでに寄生キャパシタンス，寄生インダクタンスを介したノイズの伝播を説明しました．ここでは残りの寄生素子である基板抵抗を介したノイズの伝播を説明します．

図 5-7 は，アナログ配線の近傍にあるクロック線がノイズを伝えるようすを模式的に表したものです．図の左端にあるクロック線とシリコン基板の間には，寄生（MOS）キャパシタがあります．クロック線（ノイズ源）の電位が急しゅんに下がると，点線で囲った部分の寄生キャパシタが放電され，配線下に蓄積していた

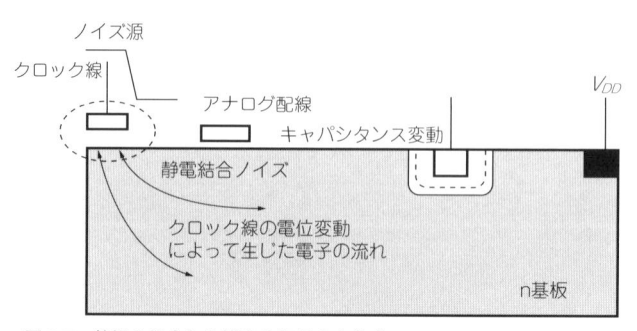

図 5-7 基板を経由した雑音の伝播のようす
クロック線の電位が変動すると，点線で囲まれた寄生容量に捕まっていた電子が放出され，基板内に拡がって流れる．これがシリコン基板中に電位差を生み，基板ノイズとしてほかの素子に影響を与える．

電子が放出されます．この放出された電子はシリコン基板の中に広がり，最終的にはシリコン基板に設けられた拡散層（この例では右端の V_{DD}）から抜き取られます．寄生キャパシタから放出された電子が基板中を流れると，オームの法則によって基板中に電位変動が起こります．この基板電位の変動は，アナログ信号線下の寄生キャパシタを介して信号線にノイズを誘起します．

同様に，シリコン基板を経由したノイズの伝播は，MOSFET のドレイン電圧の変動によっても生じます．ドレインのように電位が変動する端子近傍では，ソース-ドレイン間電圧が変動するたびに pn 接合容量（拡散層-基板間キャパシタ）に蓄積した電子が，まるでバケツの水をひっくり返したように基板中に放出されます．この放出された電子がシリコン基板を移動する際に，オームの法則に沿った電位変動を引き起こすのです．

この寄生(基板)抵抗を介したノイズを低減するため，以下の二つの方法が採用されています．

第 1 の方法は，**図 5-8** に示すように，基板と同じ導電型の拡散層をノイズ発生源の近くに設けることです．この拡散層を低インピーダンスの固定電位に接続すると，拡散層はノイズ源から排出された大半の電子を吸い出し，基板内にはごく一部の電子だけしか広がりません．こうして電子放出量を減らし，シリコン基板の電位変動を抑えるのです．

しかし，この方法を採用しても，わずかな量の電子は基板に流れてしまいます．

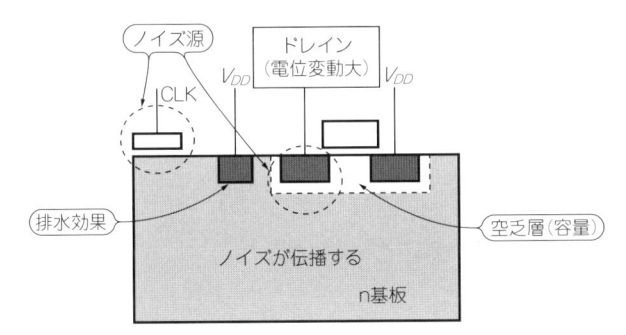

図 5-8 基板ノイズの抑制法
ノイズ源となるクロック線や MOSFET のドレイン近傍に基板と同じ導電型の拡散層を設けて放出された電子を収集する（排水効果）と，基板ノイズの除去に効果がある．

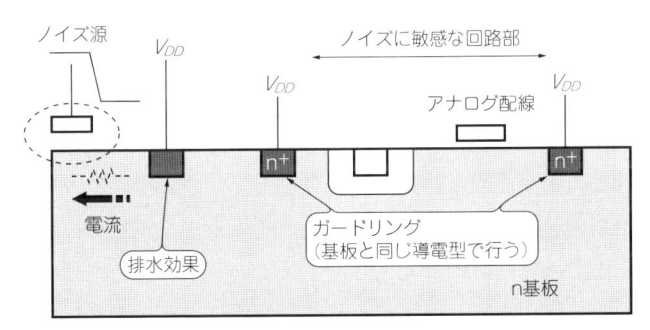

図 5-9 ガードリングによる基板ノイズの抑制
ノイズ源の近傍には排水効果を持つ拡散層を設け，放出された電子を収集するが，それでも一部の電子は漏れて基板内に流れる．この影響を軽減するため，基板電位に敏感な素子の周辺はガードリングで囲う．

このわずかな電子によるノイズの伝播を抑えるのが第2の方法です．微妙な基板電位の変動すら致命傷となるアナログ回路では，回路全体をガードリングで囲います．このガードリングを低インピーダンスの電位に固定する（図 5-9 の例では n + 拡散層が電源電圧 V_{DD} に固定されている）と，ノイズ源近傍では取りきれなかったわずかな電子もガードリングに吸収され，ガードリング内部の素子をノイズから保護します．図 5-9 の例では，アナログ回路で用いる抵抗（p 型拡散層）の周囲に n + 拡散層をガードリングとして配置し，基板電位の変動が拡散層抵抗に伝播するのを防いでいます．

以上のように，シリコン基板を経由したノイズは，

- ノイズ源近傍に基板と同じ導電型の拡散層を設ける
- ノイズに敏感な回路部はガードリングで囲う

それらを低インピーダンスの固定電位に接続することで，大幅に低減することができます．

5.2 ノイズに強いアナログ回路設計

前節では3種類の寄生素子を介したノイズの伝播を抑える方法について説明しました．これはボクシングに例えるとガードを固めることに相当します．しかし，実際の試合ではいくらカードを固めていても顔面にまともにストレートを食らうこともあります．そんなときにも，チャンピオンは平然として試合を続行しなければなりません．殴られても殴られてもダウンしない，強じんな体にしておかなければなりません．

アナログ回路もこれと同じです．突然大きなノイズが入ってきても，所定の処理を続けられることが優れた回路のあかしなのです．実際，アナログ回路は放送局の電波や家庭内の掃除機，電子レンジなどが発生する電磁波に絶えずさらされています．このためチップ内で発生したノイズの伝播を抑えるだけでは不十分です．予期せぬ電磁波がきても回路が正しく動作するように準備しておかなければなりません．

5.2.1 差動信号による処理

そのもっとも効果的な方法は，差動信号によるアナログ信号の処理です．この方式の概念図を図 5-10 に示します．

アナログ信号線の駆動回路部において，信号を出力側で正と負に分け，2本の差動信号線を使って次段に伝達します．次段の入力回路は，2本の信号線の電位差を信号として取り込みます．この差動信号線を近接して配置すると，外部からのノイズ(電界，磁界)は寄生キャパシタンスや寄生インダクタンスを経由して2本の信号線にほぼ等しく伝わります．2本の信号線に重畳した同じ量のノイズ(同相ノイズ，コモン・モード・ノイズ)は，次段の差信号処理で消減します．つまり，差動信号線で伝達されるアナログ信号は2本の差動信号線間の電位差な

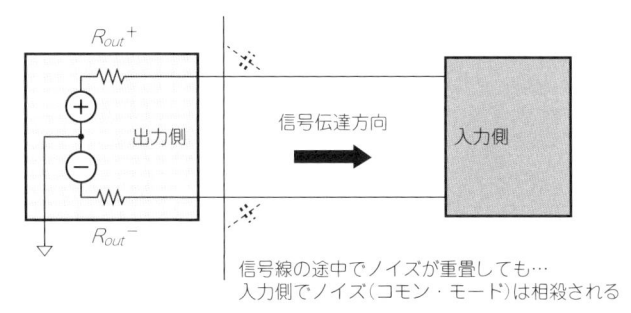

図 5-10 差動信号
クロック線の電位変動は差動信号線に同じ影響を与える．これは差動信号線にコモン・モード（同相）ノイズとして重畳するが，差動回路では次段で除去される．

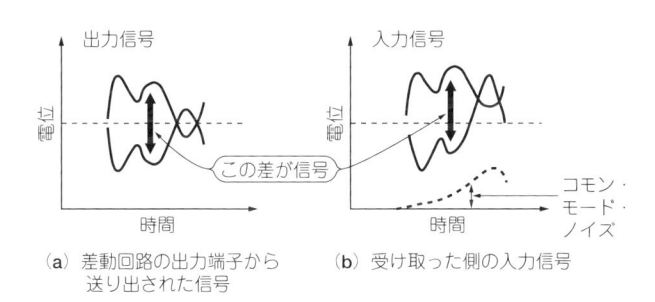

図 5-11 差動信号の効果
(b)にはコモン・モード・ノイズが重畳しているが，差動信号は出力信号と同一である．

ので，信号線上の信号はコモン・モード・ノイズから簡単に分離できるのです．図 5-11 の矢印で示すように，正負のアナログ信号線間の電位差（信号）はコモン・モード・ノイズの有無にかかわらず正確に伝達されていることがわかります．

5.2.2 差動信号利用時の注意

差動信号を用いたアナログ回路では，レイアウトの対称性に細かく気を配らなければなりません．もし回路のレイアウトが非対称であれば，2本のアナログ信号線に重畳されるノイズの量が異なるので，次段でノイズを完全にキャンセルすることができなくなります．

例えば，**図 5-12** のように，クロック線が信号線と交わるときには，あえて等

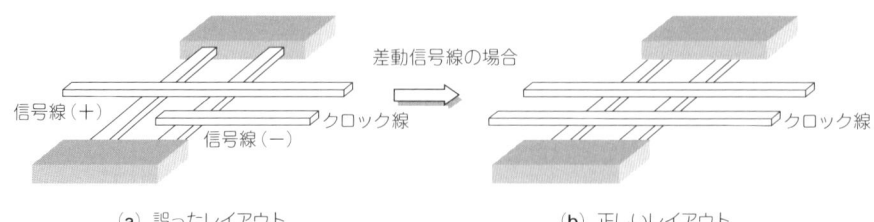

図 5-12 差動信号利用時の注意
差動信号線を用いた回路では，クロック線などの電位変化を伴う配線は必ず双方の配線に重ねてレイアウトする．こうすると寄生キャパシタに起因するノイズ誘起量が同一になり，コモン・モード・ノイズとして次段で除去される．

量のノイズを乗せるように線を配置することがたいせつです．また，完全に対称なレイアウトの信号線であっても，2本のアナログ信号線を駆動する回路のインピーダンスが等しくなければ，ノイズに対する応答特性が2本のアナログ信号線で違ってくることは式(5.1)からも明らかです．

このように差動信号を用いたアナログ回路では，レイアウトの対称性はもちろんのこと，信号線に接続された入出力回路のインピーダンス（**図 5-10** の R_{out}）も完ぺきにマッチング（一致）させる必要があります．すなわち，差動信号線につながる MOSFET や配線抵抗・配線容量なども二つの経路で完全にマッチングさせなければなりません．

第 5 章のまとめ

　同一のアナログ回路でも設計者によって千差万別なレイアウトになります．それを個々に取り上げて説明してもきりがありません．そこでこの章では，各種レイアウトの裏に隠れている共通の問題を寄生キャパシタ，寄生インダクタ，寄生抵抗で代表させてノイズ伝播を理解する方法を採りました．つまり，「ノイズは寄生キャパシタ，寄生インダクタ，寄生抵抗を介して伝播する」という基本的なことさえ理解すれば，ノイズを軽減する方法は自ずと見つかるものなのです．

　どの寄生素子がノイズの伝播に効くのかは，レイアウトごとに違ってきます．しかし，寄生抵抗，寄生キャパシタ，寄生インダクタの値は，レイアウトが決まればある程度予測することができます．その概算値を元に，ノイズ伝播経路をし

ゃへいする方策の優先順位を考えれば，アナログ回路のノイズを大幅に低減することができます．もちろん，差動信号線方式でノイズ耐性の高い回路設計をすることはアナログ回路設計の基本です．

その昔，アナログ回路設計会社の部長さんが「優秀なアナログ回路の設計者は過去に無数の失敗した経験を持っています．こっぴどく失敗して，その原因を考えていく過程でアナログ的なセンスが磨かれ，レイアウトに関するノウハウも身につくのです」と言っていました．アナログ回路設計には，これをやれば完ぺきという王道はありません．しかし失敗を繰り返しながら地道に設計能力を身に付けるというのでは，あまりにも時間がかかりすぎます．

そこで，アナログ回路を要素に分解し，それらを徹底的に理解し，頭の中の引き出しに系統的に整理して入れておくことをお勧めします．そして，何か設計上の問題に直面したときには，引き出しの中身を見ながら論理的な方法で問題解決をする経験を積んでください．こうすることで，アナログ回路の設計能力が格段に向上するはずです．

コラム J ◆ MOSFET が発生するノイズ

　MOS 素子のチャネル内の電子は，それぞれがまったくランダムな運動をしています．このため，ある瞬間を見ると，ドレイン電流が平均値より多くなる場合もあれば，少なくなる場合もあります．このドレイン電流の時間的なゆらぎが MOS 素子のノイズです．

　増幅器に使用する MOSFET のノイズは，信号処理可能な入力信号の下限値を決めます．MOSFET のノイズは増幅回路のダイナミック・レンジを決める重要な要因なのです．

　MOS 素子のノイズは，
1) MOS 素子のチャネル領域を抵抗と見たてたときに観測される熱ノイズ
2) Si/SiO$_2$ 界面にある未化学結合手に電子が捕獲・放出されることによって発生するフリッカ・ノイズ（1/f ノイズ）

とに分類できます．
　以下ではこの 2 種類のノイズについて説明します．

(1) 熱ノイズ

　熱ノイズはジョンソン・ノイズやナイキスト・ノイズとも呼ばれ，MOS 素子中の電子がランダム運動することによって生じています．

　一般に抵抗 R が発生する熱ノイズの量は $4k_BTR$ です．これを使って MOS 素子の熱ノイズも計算できます．しかし，素子の熱ノイズの導出方法は複雑なので，ここでは結果だけを示します．MOSFET の熱ノイズによる等価ノイズ・モデルは図 J-1 のように表現されます．飽和特性領域（$V_{DS} > V_{GS} - V_T$）では，MOS 素子の実効的な電流ノイズ I_n は単位周波数当たり式(J.1a)で与えられます．

$$\overline{I_n^2} = \frac{8}{3} k_B T \cdot g_m \tag{J.1a}$$

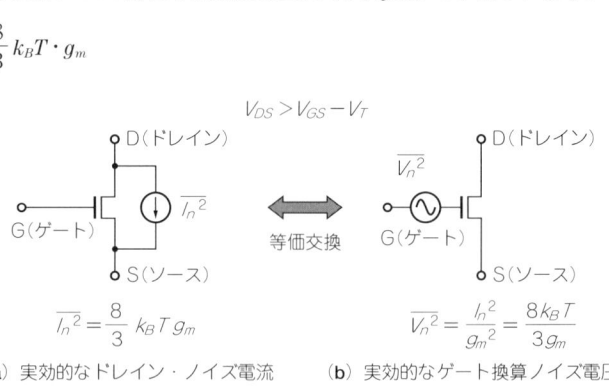

$V_{DS} > V_{GS} - V_T$

(a) 実効的なドレイン・ノイズ電流　$\overline{I_n^2} = \frac{8}{3} k_B T g_m$

(b) 実効的なゲート換算ノイズ電圧　$\overline{V_n^2} = \frac{I_n^2}{g_m^2} = \frac{8k_B T}{3 g_m}$

図 J-1　飽和特性領域（$V_{DS} > V_{GS} - V_T$）における MOSFET の熱ノイズ

これをゲート・ノイズ電圧 V_n に等価変換すると式(J.1b)が得られます．k_B はボルツマン定数です．

$$\overline{V_n^2} = \frac{8}{3} k_B T \cdot \frac{1}{g_m} \tag{J.1b}$$

この式からわかるように，MOSFETのノイズは絶対温度 T に比例します．言い換えると，動作環境温度が低ければアナログ回路のノイズ・レベルは極めて小さくできるのです．その昔，土星や天王星に近づいた惑星探査衛星からの極微弱信号を NASA が極低温で動作する低ノイズ増幅回路を使って信号再生をしたことは有名な話です．

また，式(J.1)に示したノイズ電流とノイズ電圧は，ともに単位周波数当たりの量です．増幅回路のノイズ量をさらに減らすにはアンプの帯域(Δf)を狭めることも有効となります．

(2) フリッカ・ノイズ

MOSFETのノイズには熱ノイズ以外にも，MOS構造に特徴的なフリッカ・ノイズがあります．

電子が流れるチャネル(Si/SiO_2 界面)付近には，シリコン結晶とシリコン酸化膜の格子定数の違いによってできた未結合ボンドがあります．シリコン結晶の原子間隔とシリコン酸化膜の原子間距離とが違うのですから，つなぎ目がちぐはぐになるのは当然です．例え話を使って説明すると，違うメーカのファスナを半分ずつ切り取り，それらのファスナを付き合わせてもうまくかみ合わず，歯がところどころにはみ出てしまうのと同じです．この未結合ボンドはチャネル電子を捕獲したり，捕獲電子を放出したりします．例えば，**図 J-2(a)** のように捕獲準位[注]に運悪く電子が捕まると，捕獲された電子とチャネルを走行する電子との間にクーロン反発力が働き，その近傍には電子が近寄れない領域ができます．こうなるとドレイン電流が少なくなります．逆に**図 J-2(b)** のように捕獲準位に捕まった電子が放出されて空になると，ドレイン電流が増加します．このようにチャネル電子が準位に捕獲されたり放出されるたびにドレイン電流は離散的に変化するため，これがドレイン電流のノイズとなるのです．

これは小川のせせらぎに石ころを投げ入れると水量が減り，石ころを除くと水量は元に戻ることとよく似ています．ドレイン電流は，捕獲準位に電子があるか

注：結晶性が途切れている Si/SiO_2 界面などでは，化学結合手が切れている箇所が無数にある．この化学結合手には電子が2個まで入れる．この化学結合手のように電子を捕獲する微視的構造のことを捕獲準位と呼んでいる．

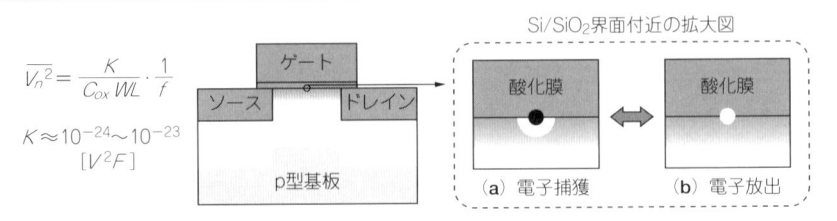

$$\overline{V_n^2} = \frac{K}{C_{ox} WL} \cdot \frac{1}{f}$$

$K \approx 10^{-24} \sim 10^{-23}$
$[V^2 F]$

図 J-2　MOSFET のフリッカ・ノイズ
捕獲準位に電子が捕獲されるとクーロン反発力で周囲にチャネル電子を寄せ付けず，ドレイン電流は減るが，電子が放出されるとドレイン電流は増える．

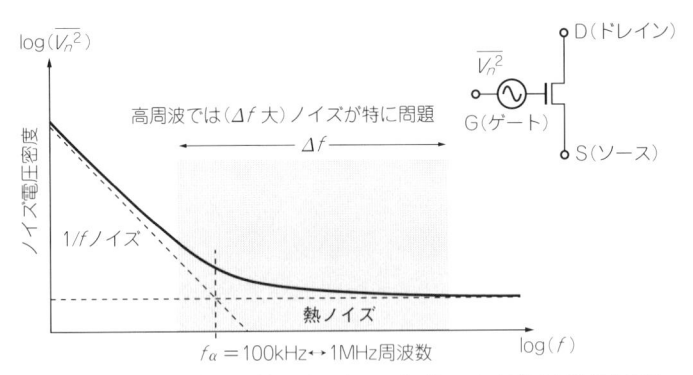

図 J-3　MOSFET の熱ノイズとフリッカ・ノイズ(1/f ノイズ)の周波数依存性
低周波帯域では $1/f$ ノイズが支配的であるが，高周波領域では熱ノイズが支配的となる．

否かによってディジタル的に変動するのです．小川の川幅が狭いほど，石ころを入れることによって変化する水量の割合が大きくなるように，チャネル幅が狭いほどドレイン電流の変化量が顕著になります．それと同じように微小 MOSFET ではランダムに捕獲される電子の数が揺らぐため大きなノイズが観測されることになります．もっとも素子のゲート面積が大きかった過去の MOSFET のチャネルは，多摩川や淀川のようなものでしたから，石ころをいくつ入れようが水量の変動にほとんど影響なかったのです．

実際の MOSFET のチャネル付近には無数の捕獲準位があり，それらが電子の捕獲と放出をランダムに繰り返しているため，外部端子からは $1/f$ に比例した周波数分散を持ったノイズが発生しているようにみえるのです．このノイズは MOS 素子のゲート面積(LW)が小さいときに顕著になります．

このフリッカ・ノイズは n チャネル MOSFET のほうが p チャネル MOSFET よりも 3 倍程度大きいことが知られています．

第6章 差動増幅回路

　差動増幅回路は，アナログ回路の中でももっともよく使用される回路です．OPアンプやフィルタ回路の入力段として利用したり，電位のレベル合わせに気を遣わず回路接続ができる基本回路としてアナログ集積回路で頻繁に使われています．このことは第3章で述べたpチャネルMOSFET負荷のソース接地増幅回路の**図6-1**(a)と差動増幅回路を比較すればよくわかります．

　以下では，MOSFETのドレイン電流 I_D は素子のゲート-ソース間電圧 V_{GS} とドレイン-ソース間電圧 V_{DS} の関数となること（**表2-1**参照）を思い出しながら，差動増幅回路の特徴について考えていきます．

6.1　ソース接地増幅回路の入力許容範囲

　第3章で説明したソース接地増幅回路の入力許容範囲はとても狭く，素子特性

(a) ソース接地増幅回路　　　(b) 入力許容範囲

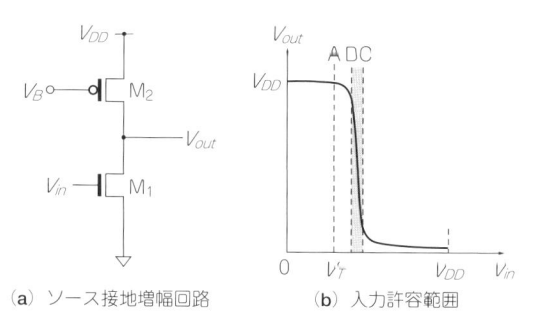

図6-1　pチャネルMOSFETを電流源負荷に用いたソース接地増幅回路と入出力特性
点線BCの間にバイアスされた入力信号のみ増幅される．

のばらつきが避けられない MOS 集積回路ではなかなか使いづらいのです．この点を明確にするため，広範囲な入力電圧に対する出力電圧の変化を詳しく調べてみましょう．

図 6-1(a) に示す回路の M_1 の入力電圧 V_{in} がしきい値 V_T より小さいと，M_1 のドレイン電流はほとんど流れません．M_1 に接続されている M_2 にもそれと同量の電流が流れるように，線形動作領域に入った M_2 のソース-ドレイン間電圧 ($V_{DS} = V_{out} - V_{DD}$) はきわめて小さくなります．$M_2$ のドレイン電流は，**表 2-1** からわかるように，次式で与えられます．

$$\beta_2\left[(V_B - V_{DD} + V_{Tp}) - \frac{1}{2}(V_{out} - V_{DD})\right](V_{out} - V_{DD}) \approx 0 \tag{6.1}$$

つまり，出力電圧 V_{out} は電源電圧 V_{DD} とほぼ等しくなるのです．これが**図 6-1(b)** の点線 A の左側の入出力特性です．

入力電圧 V_{in} を高くすると M_1 は飽和特性領域に入りますが，その電流値が M_2 の飽和ドレイン電流にまで達しない段階では，M_2 は線形特性領域で動作します．このときの M_1 に流れる電流と M_2 に流れる電流が等しいことから，

$$\beta_2\left[(V_B - V_{DD} + V_{Tp}) - \frac{1}{2}(V_{out} - V_{DD})\right](V_{out} - V_{DD}) = \frac{\beta_2}{2}(V_{in} - V_{Tn})^2 \tag{6.2}$$

が成り立ちます．この条件下でも M_2 のソース-ドレイン間電圧 ($V_{DS} = V_{out} - V_{DD}$) は小さく，出力電圧 V_{out} はほとんど電源電圧 V_{DD} 程度です．このようすが**図 6-1(b)** の点線 A と点線 B との間の部分に相当します．

さらに入力電圧を高くして M_1 と M_2 の双方が飽和特性領域に入ると，その電流がほぼ釣り合い，第 2 章の式 (2.2) の λ による効果によって出力電圧 V_{out} が決まる状態になります．

$$\frac{\beta_2}{2}(V_B - V_{DD} + V_{Tp})^2(1 + \lambda_2|V_{out} - V_{DD}|) = \frac{\beta_2}{2}(V_{in} - V_{Tn})^2(1 + \lambda_1 V_{out}) \tag{6.3}$$

式 (6.3) を解けば，出力電圧 V_{out} と入力電圧 V_{in} との関係が得られます．計算が複雑なのでここでは省略し，結果だけを**図 6-1(b)** の点線 B と点線 C の間の範囲に示します．この狭い入力電圧範囲では入出力特性の傾斜が大きく，この領域にある信号だけが大きく増幅されることがわかります．

さらに点線 C より右側の高い電圧が入力されると，M_2 の電流が M_1 の飽和電

流以下になるので，逆に M_1 の動作が線形特性領域に入ります．この条件下では M_1 のドレイン-ソース間電圧 V_{DS1}，すなわち出力電圧 V_{out} がきわめて小さくなります．このように，ソース接地増幅回路で高い電圧利得 A_0 を得るには，入力電圧 V_{in} を点線 B と点線 C の間に設定しなければなりません．この設定値をまちがえるとソース接地増幅回路は入力信号を減衰する回路になってしまうのです．

このように，入力電圧のレベルをきわめて狭い範囲に設定しなければ使えないソース接地増幅回路は，つねに適切なバイアス・ポイントを考えて設計しなければなりません．

6.2 差動増幅回路

入力電圧のレベル合わせをあまり深刻に考えずに回路接続ができる方法が差動回路です．ここでは差動増幅回路の入力段を取り上げて，その機能を説明します．

差動入力段は，**図 6-2** に示すように，二つの等価な MOSFET で構成されています．二つの MOSFET に流れる電流を I_1, I_2 とすれば，

$$I_{SS} = I_1 + I_2 \tag{6.4}$$

が成り立ちます．二つの MOSFET を流れる電流の和 I_{SS} は「テイル電流」と呼ばれています．入力電圧と流れる電流との関係は，**表 2-1** の飽和特性の式より，

$$\begin{aligned} V_{GS1} &= V_T + \sqrt{\frac{2I_1}{\beta}} \\ V_{GS2} &= V_T + \sqrt{\frac{2I_2}{\beta}} \end{aligned} \tag{6.5}$$

なので，差動入力電圧 v_{in} を次式で定義します．

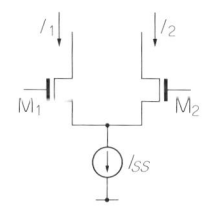

図 6-2 n チャネル MOSFET を用いた差動入力回路

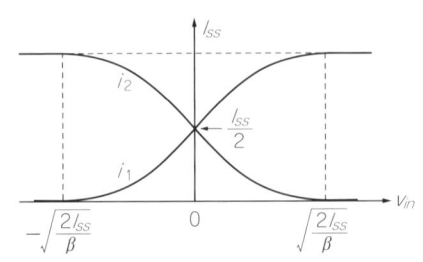

図 6-3 　差動入力信号 v_{in} と M_1 および M_2 に流れる電流との関係
$\pm\sqrt{2I_{SS}/\beta}$ の入力電圧範囲のみ差動入力回路として機能する．

$$v_{in} \equiv V_{GS1} - V_{GS2} = \sqrt{\frac{2}{\beta}}\left(\sqrt{I_1} - \sqrt{I_2}\right) \tag{6.6}$$

式 (6.4) と式 (6.6) から次式の M_1, M_2 のドレイン電流が得られます．

$$I_{1,2} = \frac{I_{SS}}{2} \pm \frac{I_{SS}}{2}\sqrt{\frac{\beta v_{in}^2}{I_{SS}} - \frac{\beta^2 v_{in}^4}{4I_{SS}^2}} \tag{6.7}$$

式 (6.7) をもとに差動入力信号差 v_{in} と入力段の MOSFET に流れる電流 I_1, I_2 との関係を計算すると図 6-3 のようになります．二つの入力電圧に差がなければ，双方の MOSFET にはテイル電流 I_{SS} の半分が均等に流れます．信号差があると $I_1 - I_2$ は入力電圧差 v_{in} にほぼ比例して大きくなります．しかし，入力電位差が十分に大きくなって，

$$|v_{in}| > \sqrt{\frac{2I_{SS}}{\beta}} \tag{6.8}$$

になると，片方の MOSFET が遮断され，もう一つの MOSFET にすべての電流 I_{SS} が流れることになります．

なお，式 (6.7) より，入力電圧差 v_{in} が十分小さいときの相互コンダクタンス g_m は，

$$g_{m1,2} \equiv \left.\frac{\partial I_{1,2}}{\partial v_{in}}\right|_{v_{in}=0} = \pm\frac{\sqrt{\beta I_{SS}}}{2} \tag{6.9}$$

です．

図 6-4 に示すように，差動入力 MOSFET 対に灰色のカレント・ミラー回路を付加すると，差動増幅回路の基本形が得られます．M_3 と M_4 のソース電極とゲート電極とが共通になっているので，双方の MOSFET に流れるドレイン電流は

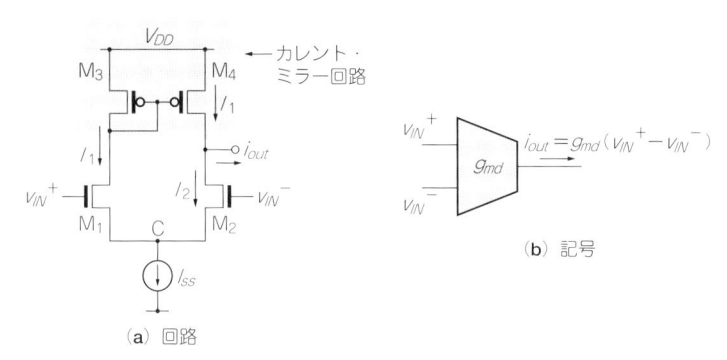

図 6-4 差動入力回路に p-チャネル MOSFET カレント・ミラー回路を負荷した差動増幅回路
(b) は (a) の回路を OTA (Operational Transconductance Amplifier) とみなしたときの記号と入出力の関係.

同一となります.

6.3 差動電圧利得と同相電圧利得

ここでは図 6-4 に示す差動増幅回路の電圧利得について考えていきます.

差動増幅回路の入力に同相(コモン・モード)電圧 V_{CM} と微小逆相電圧を v_{in} を加えると,それぞれの MOSFET には次式の電圧が印加されることになります.

$$v_{in}{}^{\pm} = V_{CM} \pm \frac{v_{in}}{2} \tag{6.10}$$

このうち,差動入力電圧 v_{in} に対する出力電流 i_{out} との関係から,差動増幅回路の相互コンダクタンス g_{md} を次のように導くことができます.

$$g_{md} \equiv \left. \frac{\partial (I_1 - I_2)}{\partial v_{in}} \right|_{v_{in}=0} = \sqrt{\beta I_{SS}} \tag{6.11}$$

この差動回路は電圧を入力して出力端子に電流を取り出す OTA (operational transconductance amplifier) になります.**図 6-4(b)**に示す OTA の記号を記憶にとどめておいてください.

差動信号に対する電圧利得を計算する際,第 3 章で述べたように微小出力信号電流 i_{out} をその出力抵抗 $R_{out}{}^{\text{eff}} = r_{o4} // r_{o2}$ に流して出力電圧 v_{out} を取り出します.

$$v_{out} = g_{md}(r_{o4}//r_{o2})v_{in} \tag{6.12}$$

式 (6.12) より，差動信号の電圧利得 A_{DM} は，

$$A_{DM} \equiv \frac{v_{out}}{v_{in}} = g_{md}(r_{o4}//r_{o2}) \tag{6.13}$$

となります．なお，これらの式を導出するにあたって，微小な差動入力信号 v_{in} が入っても C 点の電位は不変であることから M_1, M_2 のソースは交流的に接地電位であると仮定しました．

次に，テイル電流源を n チャネル MOSFET (M_5) に置き換えた差動増幅回路を図 6-6 に示します．この回路では差信号に対する相互コンダクタンス g_{md} や電圧利得 A_{DM} などの値は変わりませんが，式 (6.10) に示す同相入力 V_{IN} レベルの変動によって出力差信号 v_{out} が影響を受けることになります．

この影響量を見積もるため，図 6-5 の入力 MOSFET のゲート電極に同相入力電圧 V_{IN} を若干変化 ($V_{CM} \rightarrow V_{CM} + v_{CM}$) させてみます．入力電圧を同相で変化させる限り，M_5 を除くすべての MOSFET に流れる電流が等しいことから，A 点と B 点を点線のように短絡しても問題はありません．A と B を短絡した回路では，入力 MOSFET (M_1, M_2) は並列に接続した素子とみなすことができ，実効的にチャネル幅 W が 2 倍の MOSFET とみなせます．

M_5 の MOSFET は r_{o5} の抵抗とみなせるので，入力 MOSFET の電圧-電流変換係数 G_m は，

$$G_m = \frac{i_d}{v_{CM}} = \frac{g_m r_o}{\frac{r_o}{2} + r_{o5} + g_m r_o r_{o5}} \approx \frac{1}{r_{o5}} \tag{6.14}$$

となります（コラム G の式 (G.4) 参照）．g_m と r_o はそれぞれ入力 MOSFET (M_1, M_2) の相互コンダクタンスと出力抵抗です．また，実効的な出力抵抗が，

$$R_{out}^{\text{eff}} \approx \frac{1}{2g_{m3,4}} // \frac{r_{o3,4}}{2} // g_m r_o r_{o5} \approx \frac{1}{2g_{m3,4}} \tag{6.15}$$

であることを考慮すると，同相入力信号に対する電圧利得は，

$$A_{CM} \equiv \frac{v_{out}}{v_{CM}} = \frac{i_d R_{out}^{\text{eff}}}{v_{CM}} \approx \frac{\frac{1}{2g_{m3,4}}}{r_{o5}} \tag{6.16}$$

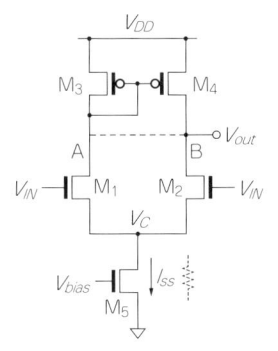

図 6-5 テイル電流源を n チャネル MOSFET に置き換えた差動増幅回路
同相信号を入力したときの入出力特性を求める際，A, B 点を短絡すると計算が簡単になる．

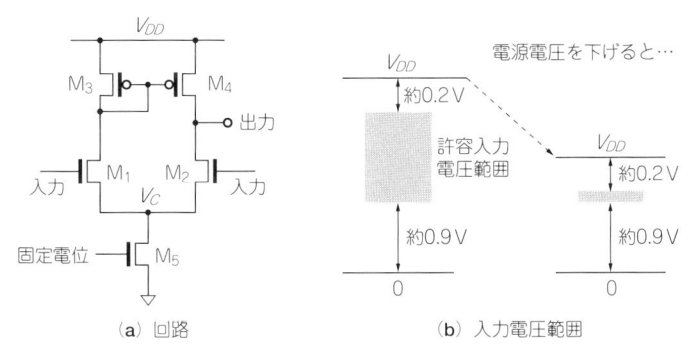

図 6-6 差動増幅回路
(a) は負荷側にカレント・ミラーを用いた差動増幅回路．M_1, M_2 のゲートに差信号を入力して M_2 のドレインから出力する．定電流源 M_5 の働きでコモン・モード電圧の増幅を抑制している．(b) のように電源電圧が低くなると入力の許容電圧範囲が狭くなる問題を抱えている．

となります．以上の結果をまとめると，出力電圧 v_{out} は差動入力電圧 v_{in} に対する利得 A_{DM} と同相入力電圧 v_{CM} に対する利得 A_{CM} を使って，次のように表されます．

$$v_{out} = A_{DM} v_{in} + A_{CM} v_{CM} \tag{6.17}$$

同相分除去比 *CMRR* は，定義により，

$$CMRR \equiv \frac{A_{DM}}{A_{CM}} \approx 2g_{m3,4} r_{o5} g_m (r_{o2} // r_{o4}) \tag{6.18}$$

となります．典型的な MOSFET の動作条件下では $g_m r_o$ の値が数十倍であることから，$CMRR$ の値は 60 dB (1,000 倍) 程度の値となります．つまり差動増幅回路構成をとれば，外部からの同相雑音 v_{CM} が入っても出力にはその影響はほとんどなく，本来の差動増幅の機能である入力電圧差 v_{in} だけを大きく増幅することができるのです．

6.4 差動増幅回路の許容入力範囲

差動増幅回路のコモン・モード入力電圧 V_{CM} の許容範囲は，回路内すべての MOSFET が飽和特性領域で動作する条件から求めます．第 2 章で述べたように，MOSFET が飽和特性領域で動作する最低のドレイン電圧，すなわち飽和ドレイン電圧 V_{Dsat} は，

$$V_{Dsat} = V_{GS} - V_T = \sqrt{\frac{2I}{\beta}} \tag{6.19}$$

で与えられます．

図 6-6(a) に示す差動増幅回路の入力電圧 V_{CM} を下げると M_1, M_2 の共通ソース電圧 V_C も低下します．しかし，MOS 素子 (M_5) のドレイン電圧 (V_C) が下がりすぎると M_5 は線形領域動作に入ります．この動作領域では，M_5 は電流源としての機能を失い，差動増幅回路の機能が果たせません．一方，入力電圧 V_{CM} が高すぎると，V_C も高くなるので，入力素子 M_1 のソース-ドレイン間電位が V_{Dsat} に達せず，線形特性領域の動作に入ります．このときも図 6-6(a) の差動増幅回路は本来の増幅回路として動作していないのです．以上のことをまとめると，許容される入力電圧の範囲は，

$$V_{Dsat1} + V_{Tn} + V_{Dsat5} < V_{CM} < V_{DD} - V_{Dsat3} - |V_{Tp}| + V_{Tn} \tag{6.20}$$

となります．V_T を 0.5 V，V_{Dsat} を 0.2 V 程度と仮定すると，図 6-6(b) に示すように，入力範囲は接地側から 0.9 V，電源側から 0.2 V のほぼ 1.1 V が使えないことになります．これでは電源電圧が 3 V 以上のときには入力範囲がほぼ 2 V です

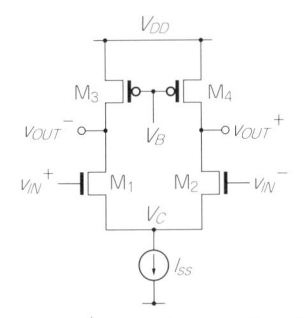

図 6-7　出力端子側も差動構成にした全差動型増幅回路
M_3, M_4 のゲート電極を一定電位に固定した電流源負荷を採用している．

が，電源電圧が 1.5 V 程度にまで下がると許容される入力範囲が 0.4 V にまで小さくなってしまいます．これを回避するために，しきい値 V_T の低いプロセスを使うと漏れ電流が大きくなり，チャネル幅 W の大きな MOSFET を用いて V_{Dsat} を小さくすると差動増幅回路の占有面積が増大します．このようなことを考えると低電圧で動作するアナログ回路を設計することがとても難しいことがわかります．

なお，出力端子側も差動構成にした全差動型増幅回路は，**図 6-7** に示すように，カレント・ミラー回路負荷ではなく，M_3, M_4 のゲート電極電位を固定した電流源負荷を用います．

第7章
バイアス回路と参照電源回路

　バブル最盛期のころには，一戸建て住宅は給与所得者にとって高ねの花でした．にもかかわらず，建売住宅の中には，ボールを置けば部屋の端まで転がっていきそうな床や，閉めた扉と柱の間に三角形のすきまがあるような安普請の家が多かったようです．みなさんが設計するアナログ回路も手抜きをすると，こんな建売住宅のようになってしまいます．量産するころになってめんどうなことが起こらないように，時間をかけて土台固めをしてほしいものです．アナログ回路を建物にたとえると，土台はバイアス回路です．アナログ回路の性能を十分引き出すにはしっかりとした礎石，すなわちバイアス回路が必要となります．本章では，このCMOSアナログ回路の「縁の下の力持ち」を取り上げます．

　あるメーカが販売した電子式はと時計が，真夜中になると低音で「うーん，うーん」と苦しそうな声を出すという話がありました．真っ暗な居間に置いた仏壇の横のはと時計が夜な夜な苦しそうなうなり声をあげていることを想像すると，その深刻さがわかります．これは，夜中になって気温が下がると発振回路のバイアス条件が変化して発振周波数が狂ったからです．こんなことで他人に精神的な苦痛を与えることになれば，笑い話ではすみません．

　長年，回路設計に携わってきた専門家は，回路の安定動作を保証するかぎはバイアス回路にあると言います．回路を設計する際には，例えば電源電圧が変動しても回路動作はだいじょうぶか，チップ製造ラインのプロセスばらつきに対する余裕があるか，使用環境温度が変わっても正常に動作するかなど，バイアス回路をさまざまな角度から検討しています．なかでも高性能アナログ回路や低電圧動作回路を設計するときには，とりわけバイアス回路が重要となります．そのことを念頭において以下の説明をじっくりと読んでいただき，バイアス回路設計の極

意を身に付けられることを期待しています．

7.1 基本電流源回路

バイアス回路には，電流バイアス回路と電圧バイアス回路の2種類があります．CMOSアナログ回路を設計する際には電流バイアス回路がよく用いられます．これはMOSFETの相互コンダクタンス g_m と出力抵抗 r_o が回路動作（増幅利得や周波数特性）を決める基本的な物理パラメータであり，それらが式(7.1)に示すように電流 I を用いて簡単に表現されるからです．

$$g_m = \sqrt{2\beta I}$$
$$r_o = \frac{1}{\lambda I} \tag{7.1}$$

それでは，どのようにして電流バイアス回路を作るのでしょうか．

理想的な電流バイアス源回路は，動作環境温度，電源電圧，出力電圧が変化しても一定の電流を供給し続ける回路です．しかし最初からこんな難しい電流源回路を説明しても頭の中がこんがらかるだけです．まずは簡単なところから出発して，この章を読み終えるころには電流源回路のからくりがわかるようにしたいと思います．

まず，外部から与えられた参照電流をコピーして回路の必要な箇所に電流源を作り込む方法について考えます．電流をコピーするには，参照電流をモニタするしくみが必要です．そのもっとも手軽な方法がダイオード接続のMOSFETです．図7-1に示すように，ダイオード接続素子を使えば参照電流 I_{ref} はゲート電圧

$$I_{ref} = \frac{\beta}{2}(V_{GS1} - V_T)^2$$
$$V_{GS1} = V_T + \sqrt{\frac{2 I_{ref}}{\beta}}$$
$$V_{GS1} = V_T + \Delta_{OV}$$

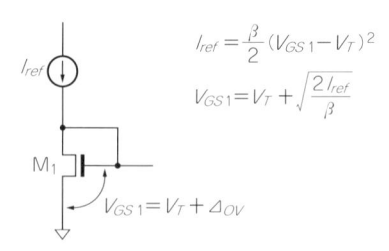

図7-1 参照電流をモニタするダイオード接続のMOSFET
この回路ではドレインに流れる被参照電流 I_{ref} をモニタしてゲート電圧 V_{GS} に変換して出力する．

V_{GS} に変換されます.

$$V_{GS} = V_T + \sqrt{\frac{2I_{ref}}{\beta}} = V_T + \Delta_{ov} \qquad (7.2)$$

ここで，MOSFET に電流が流れ始めるゲート電圧 V_{GS} がしきい値電圧 V_T であることを考慮すると，オーバドライブ電圧 Δ_{ov} は電流 I_{ref} を流すためにゲート電極にさらに余分に印加する電圧であることがわかります．このオーバドライブ電圧 Δ_{ov} はこれから何度も出てくるので，その意味をここでしっかりと理解しておいてください．さらに，MOSFET のドレイン電流はゲート-ソース間電圧で決まる（飽和特性領域 $V_{DS} > V_{GS} - V_t$ 動作が前提）ことを思い出せば，図 7-2 の回路の参照電流 I_{ref} は M_2 のドレイン電流 I_{out} にコピーされていることがわかるでしょう．図 7-2 の回路では，コピーされた電流 I_{out} は素子の寸法比（β_2/β_1）に比例します．これでコピー電源回路の作りかたがわかりました．

CMOS アナログ回路には 2 種類の電流源があります．付加した電子回路に電流を供給する電流源と，逆に電子回路から電流を引き抜く電流源（電流シンクとも呼ばれ，台所にあるシンク「流し」と同じ排出の意味を持つ）とがあります．この 2 種類の電流源は上に述べた方法で作れますが，前者の電流源回路は p チャネル MOSFET，後者は n チャネル MOSFET を用いて実現します．図 7-3 に示す例では，参照電流 I_{ref} を M_1 がモニタしてそれを M_2 にコピーします．さらにこのコピー電流を M_3 がモニタリングして M_4 にコピー電流を作り出しています．

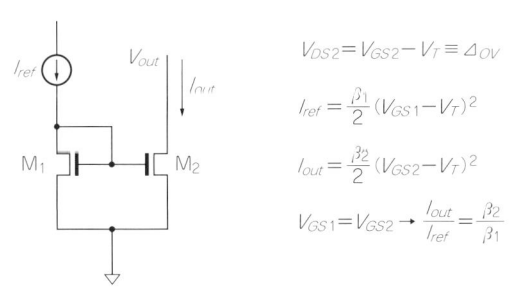

$V_{DS2} = V_{GS2} - V_T \equiv \Delta_{OV}$

$I_{ref} = \dfrac{\beta_1}{2}(V_{GS1} - V_T)^2$

$I_{out} = \dfrac{\beta_2}{2}(V_{GS2} - V_T)^2$

$V_{GS1} = V_{GS2} \rightarrow \dfrac{I_{out}}{I_{ref}} = \dfrac{\beta_2}{\beta_1}$

図 7-2 参照電流がドレイン電流にコピーされる

被参照電流 I_{ref} を M_1 でモニタしてその電流に応じたゲート電圧 V_{GS1} を M_2 に出力すると，M_2 のドレイン（出力端子）には素子の寸法比に比例した電流がコピーされる．M_1 側と M_2 側の電流の流れが「鏡写し」になっているので，カレント・ミラー回路と呼ばれている．

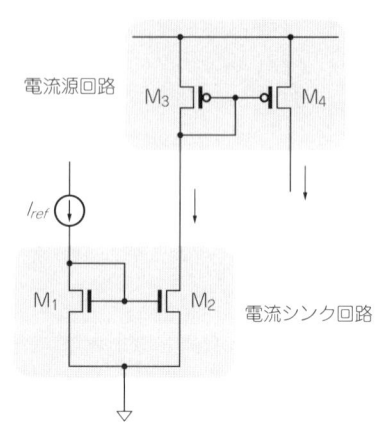

図7-3 被参照電流を基にして電流（供給）源回路や電流シンク
（引き抜き）回路を作る方法

このような方法を用いれば，アナログ回路の任意の箇所にいくつもの電流源を作り込むことができます．

7.2 カスコード電流源回路

図7-2のコピー電流源では出力電圧がΔV_{out}変動すれば，M_2の出力抵抗r_{o2}を介して電流源回路の電流は変化します．この変化量をΔI_{out}とすると次式が成り立ちます．

$$\Delta I_{out} = \frac{\Delta V_{out}}{r_{o2}} \tag{7.3}$$

電流源回路の性能は，出力電圧の変動ΔV_{out}に対する電流量の変化ΔI_{out}で定義され，その値は小さいほど良いのです．式(7.3)からは，電流源回路の出力抵抗r_{o2}を大きくすると電流源の性能が良くなることがわかります．

アナログ回路の出力抵抗を大きくする常とう手段としては，第3章で説明したカスコード増幅回路があります．図7-4に示すように，参照電流をモニタする回路とコピー電流を作り出す回路をともにカスコード構造（素子を縦積みした構造）にすれば，出力抵抗の大きな電流源回路ができます．図7-4のカスコード回路では，M_3のドレイン抵抗r_{o3}がM_4の真性利得$g_{m4}r_{o2}$倍された出力抵抗$(g_{m4}r_{o4})r_{o3}$

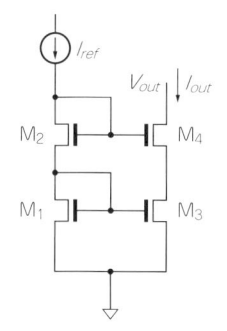

図 7-4　高精度カスコード電流源回路
電流モニタ側（M_1，M_2）と電流コピー側（M_3，M_4）をカスコードで構成した．

となります．増幅回路では電圧増幅利得を上げるために出力抵抗を高くしますが，それと同じ手法が電流源回路の出力抵抗を高くするために利用されているのです．カスコード回路では出力電流の変化量 ΔI_{out} は，式(7.3)よりさらに M_4 の真性利得（$=g_{m4}r_{o4}$）だけ小さく抑えられます．

$$\Delta I_{out} = \frac{\Delta V_{out}}{(g_{m4}r_{o4})r_{o3}} \tag{7.4}$$

しかし，このカスコード電流源には大きな落とし穴があります．飽和特性領域で動作する四つの MOSFET がくせ者なのです．式(7.2)に示したように，飽和特性領域で動作する MOSFET のゲート-ソース間には，しきい値電圧 V_T に加えてオーバドライブ電圧 Δ_{ov} を印加しなければなりません．図 7-5 のカスコード電流源回路では，モニタ側（左側）にある二つの MOSFET のゲート電極電位はそれぞれ $V_T + \Delta_{ov}$ と $2(V_T + \Delta_{ov})$ です．このとき，M_4 に所定の電流を流すためのソース電圧は $V_T + \Delta_{ov}$ なので，出力電圧 V_{out} の下限は M_4 が飽和特性領域で動作する条件から $V_T + 2\Delta_{ov}$ となります．

例えば，MOSFET のしきい値電圧 $V_T = 0.5$ V，$\Delta_{ov} = 0.2$ V とすれば，出力電圧の下限は 0.9 V にもなります．将来的には電源電圧の低下が避けられない以上，電流源回路の出力電圧の下限値をさらに下げて，CMOS アナログ回路が使用できる電圧範囲を広げたいところです．

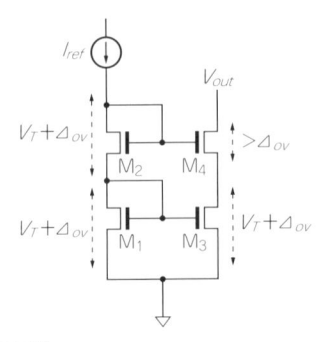

図7-5 出力電圧の下限
ダイオード接続MOSFET（M_1，M_2）のゲート-ソース間電圧は $V_T+\Delta_{ov}$ である．ただし，$\Delta_{ov}=V_{Dsat}$ である．同一電流が流れる M_4 と M_2 のゲート電極が共通なので，ソース電位も同じ値（$V_T+\Delta_{ov}$）となる．このため M_4 が飽和特性で動作することが前提となる出力電圧 V_{out} の下限は $V_T+2\Delta_{ov}$ となる．

7.3 低電源電圧用電流源回路

さて，出力電圧の下限はどこまで下げられるものなのでしょうか．**図7-4**のカスコード電流源回路を振り返ってみましょう．この回路の出力抵抗を高くするには，M_3 と M_4 の双方を飽和領域で動作させなければなりません．そのためには，**図7-6**に示すように，M_3 と M_4 のソース-ドレイン間に最低限それぞれ $V_{Dsat}=\Delta_{ov}$ を印加する必要があり，出力電圧の下限は $2\Delta_{ov}$ となります．

出力電圧を $V_{out}=2\Delta_{ov}=2V_{Dsat}$ としたときの M_3 と M_4 のゲート電極に印加すべき電圧を逆算してみましょう．式(7.2)より，MOSFETに所望の電流を流すにはゲート-ソース間に $V_T+\Delta_{ov}$ を印加します．このことから，**図7-6** の M_3 のゲート電極には $V_T+\Delta_{ov}$，M_4 のゲートには $V_T+2\Delta_{ov}$ を印加すればよいことがわかります．

次のステップは参照電流 I_{ref} から二つのバイアス電圧，$V_T+\Delta_{ov}$ と $V_T+2\Delta_{ov}$ を作り出すしくみを考えることです．ダイオード接続のMOSFETを使えば $V_T+\Delta_{ov}$ が得られることはすでに説明しました．もう一方の $V_T+2\Delta_{ov}$ は，**図7-7**に示す M_5 で作ります．この回路ではMOSFETのW/L比をほかの素子の1/4（$\beta_5=\beta/4$）にするところがみそです．こうすると次の関係式から，M_5 のゲート電極には $V_T+2\Delta_{ov}$ が現われます．

7.3 低電源電圧用電流源回路 115

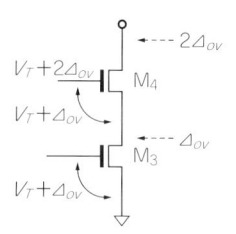

図7-6 出力電圧が下限のときのゲート電圧
出力電圧が $2\Delta_{ov}$(下限値)であるとき，M_3, M_4がともに飽和特性で動作するためのゲート電圧はそれぞれ $V_T+\Delta_{ov}$, $V_T+2\Delta_{ov}$ となる．

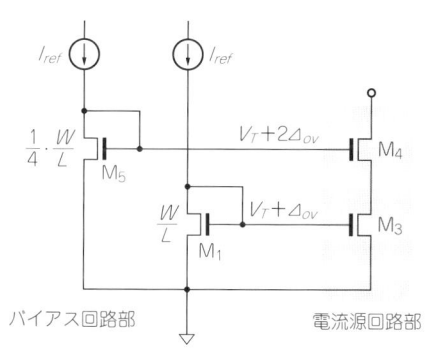

図7-7 出力電圧の下限値 $2\Delta_{ov}$ を持つ電流源を駆動するバイアス回路
M_5 の寸法をほかの MOSFET の 1/4 にすることで $V_T+2\Delta_{ov}$ を作り出している．電流源回路部は出力抵抗の大きな変形カスコード・カレント・ミラー回路とみなせる．

$$V_{GS5} = V_T + \sqrt{\frac{2I_{ref}}{\beta/4}} = V_T + 2\Delta_{ov}$$

$$\sqrt{\frac{2I_{ref}}{\beta}} - \Delta_{ov} - V_{Dsat} \tag{7.5}$$

　電流源回路部の M_3, M_4 のゲート電極に印加すべき電圧が得られました．これで変形カスコード・カレント・ミラー回路ができ上がり…といきたいところですが，この回路にはまだ問題が残っています．それは M_1 と M_3 のドレイン電圧が異なることによって生じる誤差です．これは電流をモニタする回路部(バイアス回路部)の素子構成を出力部(電流源回路部)と同じカスコード接続にすれば解決します．すなわち，**図7-8** に示すように，M_1 の上部に M_2 を設けたカスコード構造を導入し，M_2 のゲート電極を M_5 のゲートと共通にすると，M_1 と M_3 のド

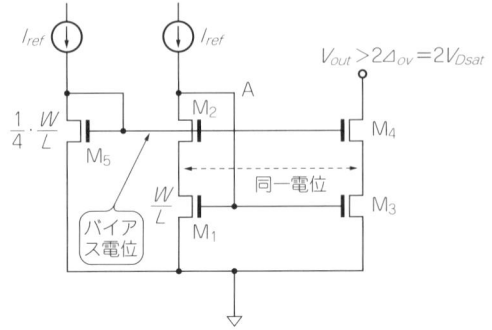

図7-8 M_1 と M_3 のドレイン電圧を同一にする
参照電流を正確にコピーするため M_1 と M_3 のドレイン電圧を同一とする必要がある．この回路では M_1 の上部に M_2 を設けて電源回路部と同じカスコード構成にし，さらに配線 A を M_2 のドレイン側に移すことで M_1 のドレイン電位と M_3 のドレイン電位を等しくしている．

レイン電圧は等しくなります．なお，M_1 のゲート電極は配線 A で示したように M_2 の上部に接続します．このような配線変更を行っても M_1 のゲート電位は図7-7 の M_1 のゲート電位となんら変わりはありません．これは式(7.2) に示したように，ゲート-ソース間電圧は MOSFET に流れる電流だけで決まるからです．

これで出力電圧の下限が $2\Delta_{ov}=2V_{Dsat}$ のカスコード電流源回路(低電圧用カレント・ミラー回路)ができました．この回路は，低電圧 CMOS アナログ回路用の電流源回路としてよく使われますので，忘れないでください．

7.4 参照電圧源回路

今まで説明してきたコピー電流源回路の話には，じつは裏があります．すでに気付かれている方もいるかと思いますが，ここまでの議論には肝心のコピーされる元の参照電流源の作りかたについてはまったく触れていませんでした．ここからは電流や電圧のものさし(参照電流，参照電圧)の作りかたについて説明します．

長さの単位，1 m は地球上のどこで測っても同じです．気温が－50℃になる南極でも，アマゾンの熱帯雨林の中でも 1 m の長さが変わることはありません．アナログ回路で使用する電圧や電流についてもこれと似たものさしが必要となります．例えば，アナログ信号をディジタル・データに変換するとき，環境温度や

7.4 参照電圧源回路

電源電圧，製造メーカなどによって出力値が違っていたらたいへんです．実際のA-Dコンバータなどでは，そんなことが起こらないように電圧のものさし（参照電圧源）が組み込まれています．

参照電圧源は，環境温度が変化しても，製造プロセスが多少変わっても，また電源電圧が変動しても，一定の電圧が出力される回路です．「出力電圧を一定にする回路？うーん，なかなか難しそうだな」と思われるかもしれません．こんなときには，正の温度係数と負の温度係数を持つ二つの電圧を見つけ出して，それらを適当な比率で加算すればよいのです．世の中は不思議なもので，この二つの温度係数が備わったデバイスがあります．それがPN接合ダイオードなのです．

ダイオードに順方向電圧 V_d を印加すると電流 I が流れます．半導体物性の理論によると，電圧 V_d と電流 I との間には次式のような関係が成り立ちます．

$$V_d = \frac{k_B T}{e} \ln\left(\frac{I}{I_S}\right) \tag{7.6}$$

k_B はボルツマン定数，T は絶対温度です．ここで飽和電流 I_S がシリコンのバンドギャップ ε_g の関数であることを考慮して V_d と温度との関係を図示すると，図 7-9 のようになります．この図から，一定の電流を与えたときダイオードの両端に現れる電圧 V_d は，高温になると小さくなる（温度係数は負）ことがわかります．さらに図を詳しく見ると，異なる電流 I_1，I_2 を与えたときに表れる電圧 V_{d1}，V_{d2} は，高温でその差 ΔV_d が広がる傾向がみられます．この ΔV_d が正の温

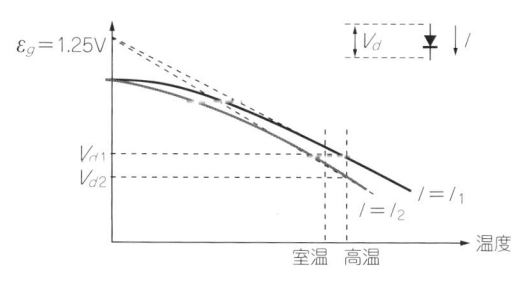

図 7-9 ダイオードの温度特性
ダイオードに一定の電流 I を流したときに表れる電圧 V_d は，高温になると低下する．また，異なる電流（I_1, I_2）を印加したときに現れる V_d の差 ΔV_d は，高温になると逆に大きくなる．この正と負の温度係数を持った電圧を適当な比率で加算すると温度が変化しても一定の電圧を出力する電圧源ができる．

$$\Delta V_d = V_{d1} - V_{d2} = \frac{k_B T}{e} \ln(K)$$

(a) 回路　　(b) ダイオードにかかる電圧

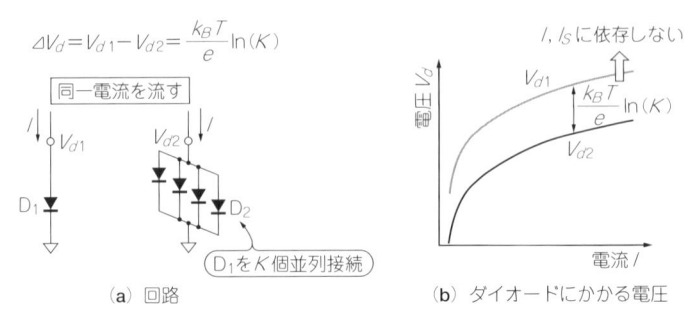

図 7-10　正の温度係数をもつ電圧の生成方法
V_{d1} と V_{d2} の電位差は電流値 I, 飽和電流 I_S によらず一定となる. K はダイオード面積比である.

度係数を持つので, 負の温度係数を持つ V_d と ΔV_d をうまく組み合わせると温度によらない参照電圧が得られます.

図 7-10 では, ダイオード D_1 とそれを K 個並列に配置した D_2 を示しています. ダイオード D_1 とダイオード D_2 に同じ電流 I を流すと, 1個当たりのダイオードに流れる電流の比が $1 : 1/K$ となるため, ダイオード D_1, D_2 の両端にかかる電圧 V_{d1}, V_{d2} は違ってきます. 式(7.6) を使ってその差 ΔV_d を計算すると,

$$\Delta V_d = \frac{k_B T}{e} \ln\left(\frac{I}{I_S}\right) - \frac{k_B T}{e} \ln\left(\frac{I}{K I_S}\right) = \frac{k_B T}{e} \ln K \tag{7.7}$$

となります. おもしろいことに ΔV_d は製造プロセスや電流値が変わってもいつも安定した値が得られるのです. その温度係数は次式で与えられるように, つねに正となります.

$$\frac{\partial \Delta V_d}{\partial T} = \frac{k_B}{e} \ln K \tag{7.8}$$

係数の大きさはダイオードの面積比 K だけの関数となります.

ここで ΔV_d を取り出す方法について考えてみましょう. まず, **図 7-11** のように, ダイオード D_2 に抵抗 R を直列に接続します. オームの法則により, 抵抗の両端の電位差は電流 I に比例することを考慮すると, 上部端子 B の電位は**図 7-11(b)** の曲線 b で表されます. これはダイオード D_2 の電位 V_{d2} と $I \cdot R$ を加算した電圧です. さらに, 点 A と点 B が同電位になるように制御すると, ダイオード D_1 と D_2 に流れる電流は曲線 b と V_{d1} (曲線 a) との交点 P から求められます.

7.4 参照電圧源回路

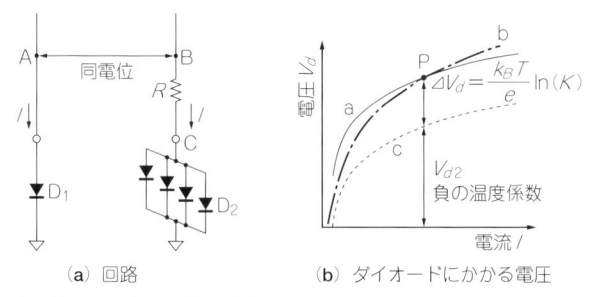

図 7-11 ΔV_d を取り出す方法
(a) のように D_2 に抵抗 R を接続して双方のダイオードに同じ電流 I を流し，A，B の電位を同一にするとその電位は (b) の P で与えられる．(b) は，A，B の電位と電流との関係を表している．グラフ中の a, b はそれぞれ点 A，点 B の電位と電流との関係を表している．

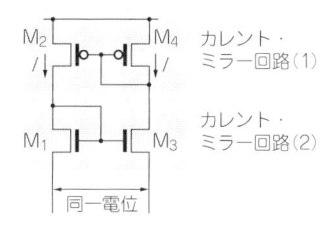

図 7-12 p チャネル・カレント・ミラー回路と n チャネル・カレント・ミラー回路を積み重ねた 2 段カレント・ミラー回路
カレント・ミラー回路(1)は電源線から同一電流を供給する．カレント・ミラー回路(2)に同じ電流を流すと，ゲート電極が共通であることからソース電位が同一電位となる．

このとき，負の温度係数の V_{d2} がダイオード D_2 に，正の温度係数の ΔV_d が抵抗 R の両端に現れます．温度や製造プロセスに依存しない参照電圧を作り出すにはこの符号の異なる温度係数をもつ電圧を適切な比で加算すればよいのです．

二つのダイオード・パスに同一電流を流す方法は，**図 7-12** の M_2，M_4 で構成されるカレント・ミラー回路(1)です．p チャネル MOSFET (M_2，M_4) のゲート電極とソース電極とが共通なので，ほぼ同一のドレイン電流が流れます．次に**図 7-11** の点 A，B を同電位にする方法を考えてみましょう．カレント・ミラー回路の動作原理を逆手にとって，ゲート電極が共通のカレント・ミラー回路(2)（**図 7-12** の M_1，M_3）に同一電流を流せば，M_1，M_3 のソース電位は同じになるはずです．これで，**図 7-11**(a)の二つの経路に同一電流を流した状態で点 A，B

の電位を同一にする条件が整いました．こうして図 7-12 の 2 段カレント・ミラー回路を図 7-11 の回路に接続すると図 7-13 が得られます．

さらに，M_4 に流れる電流 I を M_4，M_5 のカレント・ミラー回路を通して右端の抵抗 R_2 に流すと，出力端子には次式の電圧 V_{out} が現われます．

$$V_{out} = V_{d3} + \Delta V_d \frac{R_2}{R_1} \tag{7.9}$$

右辺の第 1 項が負の温度係数をもつ電圧 V_{d3}，第 2 項が正の温度係数をもつ電圧 ΔV_d ですから，抵抗 R_1，R_2 の比をうまく調整すれば温度に依存しない参照電圧が出力端子に出てきます．出力電圧の温度係数は次式で与えられます．

$$\frac{\partial V_{out}}{\partial T} = \frac{\partial V_{d3}}{\partial T} + \frac{\partial \Delta V_d}{\partial T} \frac{R_2}{R_1} \tag{7.10}$$

この右辺第 1 項の温度係数がおおむね $-1.5\,\mathrm{mV/K} \sim -2.0\,\mathrm{mV/K}$（電流密度に依存する値）であることと，式 (7.8) を考慮すれば，$(R_2/R_1)\ln(K)$ を 20 倍程度にすると，出力電圧 V_{out} は温度によらない参照電圧となります．もちろん，右辺第 1 項の温度係数は電流 I に依存するので，設計パラメータの微調整は必要となります．なお，得られた参照電圧 1.25 V（図 7-9 を参照）は，シリコンのバンドギャップ・エネルギーとほぼ等しいので，図 7-13 は「バンドギャップ参照電源回

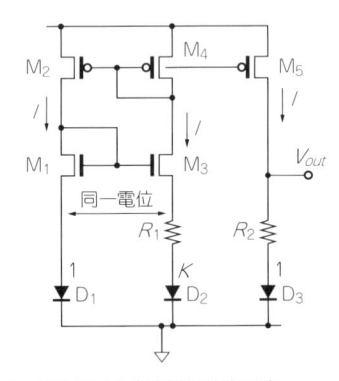

図 7-13　ダイオードを用いた参照電圧発生回路
D_2 は D_1，D_3 のダイオードを並列に K 個接続したもので代用している．M_2，M_4 のカレント・ミラー回路動作で D_1 と D_2 には同じ電流が流れる．M_1，M_3 のソース電位が同じであることから ΔV_d は R_1 の両端に現れている．出力端子には $V_{d3} + \Delta V_d(R_2/R_1)$ が現われており，R_2/R_1 の比を適当に選べば温度によらない電圧源が得られる．

路」と呼ばれています．

なお，図 7-13 の回路では，R_1 にかかる電圧が ΔV_d であることから，取り出される電流 I は絶対温度 T に比例する PTAT (proportional to absolute temperature) 電流になります．

$$I = \frac{\Delta V_d}{R_1} = \frac{k_B T}{e R_1} \ln(K) \tag{7.11}$$

この電流をカレント・ミラー回路で出力する PTAT 電流回路は，半導体素子の温度特性を補償する回路として，バイポーラ・アナログ回路などではよく用いられています．

ここまではダイオードを使った参照電圧源回路について説明してきましたが，実際の CMOS 集積回路ではダイオードの代わりにバイポーラ素子が使われます．「えっ，CMOS 回路にバイポーラ素子があるの？」と驚かれる方がいるかもしれません．図 7-14 の CMOS 回路の断面構造を見ると，たしかに pnp バイポーラ素子があります．n ウェルの表面に設けた p+拡散層がエミッタ，n ウェルがベース，p 基板をコレクタとみなせば立派なバイポーラ素子です．この n ウェルと p+拡散層で作られたダイオードの n ウェル側を接地し，p+拡散層に正の電圧を印加すると順方向バイアスしたダイオードとなります．これが図 7-13 の D_1，D_2，D_3 に相当します．また，図 7-14 に示した p 型基板が接地されているので，この順方向バイアスされたダイオードは，ベース (n ウェル) とコレクタ (p 基板) を接地したバイポーラ素子とみなすことができます．図 7-15 にはこの寄生バイ

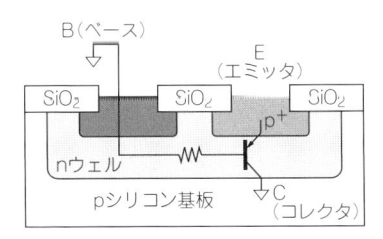

図 7-14　CMOS 構造に作られたバイポーラ素子
p+拡散層がエミッタ (E)，n ウェルがベース (B)，p 型シリコン基板がコレクタ (C) として動作する．ベース抵抗による電圧降下の影響を小さくするためバイポーラ素子を流れる電流量を小さく抑える必要がある．

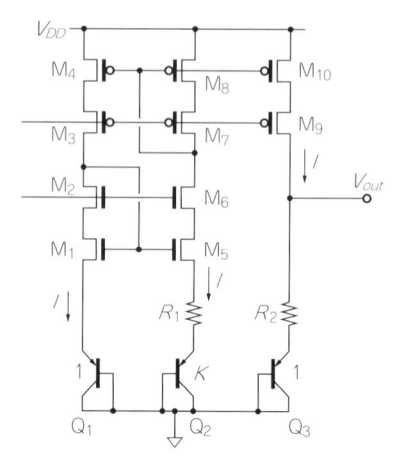

図 7-15 バンドギャップ参照電圧源
カスコード・カレント・ミラー回路を用いた高精度の参照電圧源回路．
出力の参照電圧は絶対温度0℃のシリコンのバンドギャップの値に近い
1.25 V となるため，バンドギャップ参照電圧源と呼ばれている．

ポーラ素子 Q_1, Q_2, Q_3 を使った高精度な参照電圧源回路を示しています．Q_2 は，図 7-10 の回路と同様に Q_1 を K 個並列接続した構造になっています．図 7-15 の回路は低電圧用のカスコード・カレント・ミラー回路（M_3，M_4 と M_7，M_8）で Q_1 と Q_2 に流れる電流を正確に規定しているので，高精度な参照電圧源 V_{BG} が得られます．

7.5 参照電流源回路

温度によらない電流源もダイオード特性から作り出すことができます．それが図 7-16 の回路です．基本的には図 7-13 の回路と同じですが，その外側に抵抗 R_2 を接続しています．抵抗 R_2 に流れる電流が V_{BE1}/R_2，R_1 に流れる電流が $\Delta V_{BE}/R_1$ ですから，それらの和が M_1，M_2，M_3，M_4 で構成したカスコード・カレント・ミラー回路に流れる電流 I となります．V_{BE1}，ΔV_{BE}，抵抗 R の温度係数を A，B，C とすれば電流 I は，

$$I = I_0 + I_1 = \frac{V_{BE1}}{R_2} + \frac{\Delta V_{BE}}{R_1}$$

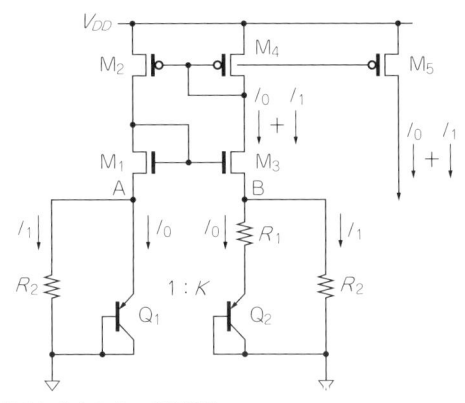

図 7-16　温度に依存しない参照電流

絶対温度に比例する PTAT 電流 I_0 と負の温度係数を持つ電流 I_1 の比を抵抗 R_1 と R_2 で適当に決めることで温度に依存しない参照電流を作り出している．

$$= \frac{V_{BE1}^*(1-A(T-T_r))}{R_2^*(1+C(T-T_r))} + \frac{\Delta V_{BE}^*(1+B(T-T_r))}{R_1^*(1+C(T-T_r))} \quad (7.12)$$

$$\approx \frac{V_{BE1}^*}{R_2^*}\left[1-(A+C)(T-T_r)\right] + \frac{\Delta V_{BE}^*}{R_1^*}\left[1+(B-C)(T-T_r)\right]$$

となります．ここで，T_r は室温であり，＊印は室温におけるそれぞれの値を表しています．一般に $B>C>0$，$A>0$ であることを考慮すれば，式 (7.12) の右辺第 1 項は負の温度係数，第 2 項は正の温度係数を持った電流であることがわかります．つまり，図 7-16 の回路も参照電圧源回路と同じように，抵抗 R_1，R_2 の値を適当に選べば，温度によらない参照電流 I を作り出すことができるのです．

上で述べた参照電圧源回路 (図 7-15) や参照電流源回路 (図 7-16) は，図 7-9 に示したダイオード電圧 V_d の温度特性を直線で近似して，それをうまく補償した回路ですが，実際に出力される参照電圧や参照電流は，わずかですが温度に対して変動します．その変動量は，おおむね，-50 ℃～100 ℃の範囲で 0.01 %/℃程度の温度依存性があると考えればよいでしょう．

第 7 章のまとめ

　建築事務所で家を新築する打ち合わせをするとき，どうしても家の間取りや外

124 第7章 バイアス回路と参照電源回路

からの見栄えに目がいきがちです．しかし，その家で 30 年以上も住み続けるつもりなら，目に見えない床下や屋根裏にも十分気を配っておかなくてはなりません．阪神大震災のときに，バブルのころに建てた安普請の建売住宅がばたばたと倒壊したというニュースがありました．このニュースからも建築の基礎が家の耐震性を決めるとてもたいせつな要素であることがわかります．アナログ回路ではバイアス回路がこの建築の基礎に相当します．通常，回路設計の段階ではその重要性は見過ごされやすいのですが，高精度なアナログ回路であればバイアス回路の重要性はさらに増してきます．少しばかり手抜きの回路を設計したために，システムに組み込んでから誤動作するといった大失態を演じないように，最初の段階からバイアス回路にも十分配慮して設計してもらいたいものです．

コラム K ◆ 新しいシリコン材料

最近，図 K-1 に示すひずみシリコンや SOI(silicon on insulator) を使った MOSFET が注目を浴びています．この理由を半導体の物性に立ち戻って考えてみましょう．

増幅回路の中で使用される MOSFET の相互コンダクタンス g_m と寄生容量 C_p がわかると，その回路は次式で与えられる遮断周波数 ω_T 以上の周波数で増幅機能を喪失します．

$$\omega_T = \frac{g_m}{C_p} \tag{K.1}$$

式(K.1)は，

$$C_p v_{out} = g_m v_{in} \tau \tag{K.2}$$

を使って導くことができます．式(K.2)は，増幅器の出力電流 $g_m v_{in}$ が出力端子

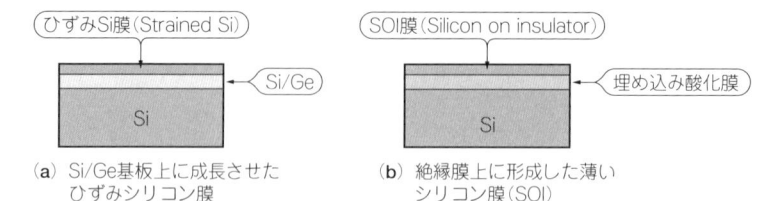

図 K-1　最近注目を浴びているシリコン材料
(a) は Si/Ge 基板上に成長させたひずみシリコン膜，(b) は絶縁膜上に形成した薄いシリコン膜(SOI)である．

(a) Si/Ge 基板上に成長させたひずみシリコン膜
(b) 絶縁膜上に形成した薄いシリコン膜(SOI)

の寄生容量 C_p を充電するのに τ 秒かかることを意味しています．式(K.2)に，増幅機能を喪失する条件，$v_{in} = v_{out}$ を代入すれば，式(K.1)が得られます．

MOSFET の場合，g_m は，

$$g_m = \sqrt{2\beta I_D} \qquad \beta = \frac{W}{L}\mu C_{ox} \tag{K.3}$$

なので，消費電流一定の下では，①電子・正孔の移動度 (μ) と②ゲート寸法の比 (W/L) を大きく，③酸化膜厚 (t_{ox}) を薄く (C_{ox} を大きく) すれば増幅回路の高周波特性が向上します．製造コストをかけず回路の高速化を図るには MOSFET の移動度 μ を大きくすることが手っ取り早いのです．

図 K-2 に示すように，原子半径の大きなゲルマニウムをシリコン基板に導入した Si/Ge 結晶の格子間隔はシリコン結晶より大きくなります．この Si/Ge 基板上にシリコン膜を薄く結晶成長させると，横方向に伸張したシリコン薄膜 (ひずみシリコン膜) ができます．この引き伸ばされたシリコン薄膜中を走行する電子と正孔の移動度 μ は大きく，式(K.3)の β 値もそれに比例して大きくなることで増幅回路の高周波特性が良くなるのです．

さらに式(K.1)から，寄生容量 C_p を下げれば回路の高周波特性は改善することがわかります．**図 K-1(b)** に示すように，誘電率の小さな酸化膜上に形成されたシリコン薄膜上に作った MOSFET のドレインの寄生容量は小さいので，これを使えば簡単です．

SOI 基板の製造方法を **図 K-3** に示します．まずシリコン基板表面に熱酸化膜を形成し，そこに水素イオンを高速で注入しておきます (**図 K-3(a)** 上)．それと

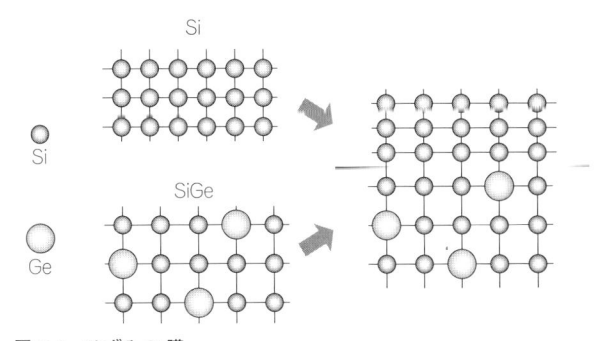

図 K-2　ひずみ Si 膜
原子半径の大きな Ge をシリコン結晶に混ぜて拡張した Si/Ge 結晶上に成長させたシリコン膜は，横方向に引き伸ばされた結晶構造となる．このシリコン膜中の電子や正孔の移動度はシリコン基板中の値より大きい．

表面を酸化しただけのシリコン基板を図 K-3(b) のように貼り合わせて水蒸気雰囲気中で熱処理すると，2枚のシリコン基板が酸化膜を介して融着し，水素イオンを注入した領域がはがれて薄いシリコン膜が酸化膜上に残ります（図 K-3(c)）．この絶縁膜上にあるシリコン薄膜構造を silicon on insulator (SOI) と呼びます．

図 K-4 はこの薄膜層に MOSFET を作った例です．ドレイン拡散層の下にはシリコンより誘電率の低い酸化膜が埋め込まれており，寄生容量が小さいことがわかります．式 (K.1) に示すように，寄生容量 C_p が小さいと増幅回路の高周波特性が良くなるのです．

このように微細化一本槍で進歩してきた MOS 集積回路も，設計ルールが 0.1 μm 以下になってきた最近では製造コストの削減を目的としたくふうがなされています．アナログ回路の性能は，回路技術だけでなく材料や構造のくふうでも向上するので，さまざまな分野の技術者の協力が必要となってきているのです．

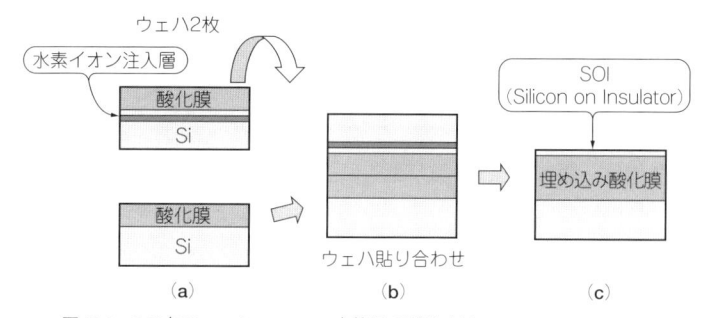

図 K-3　SOI (Silicon On Insulator) 基板の製造方法
(a) のようにシリコン基板表面を酸化し，水素をイオン注入する．(b) のように2枚の表面を酸化したシリコン基板を高温で融着させると，水素注入層がはがれて，(c) のように酸化膜の埋め込み層を有する SOI 基板ができあがる．

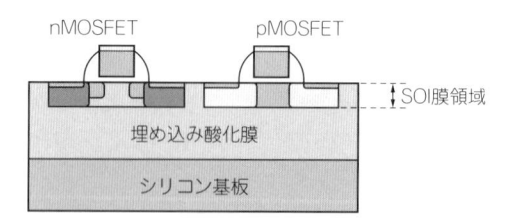

図 K-4　SOI 基板上に作られ MOSFET の断面構造
ソース・ドレイン拡散層の下は酸化膜が埋め込まれており，寄生容量が小さい MOSFET が得られる．

第8章
コンパレータ回路

　インターネットで航空機の客室乗務員の応募要項を見ていると，応募資格として身長160cm以上という条件を付けている会社がいくつかありました．会社側としても試験当日，会場に次々とやってくる受験者がこの条件を満たしているかどうかを調べるのに，いちいち巻尺を取り出して身長を測っていては時間がかかりすぎます．会場に最初から基準となる身長160 cmの棒を立てておいて，それと一人ひとりの身長を比べるだけで資格ありと判定をするほうが効率的です．

　このように基準値に達しているかどうかを判断してディジタル論理('1'または'0'，"V_H"または"V_L")を出力する回路が図8-1に示すコンパレータ(比較器)です．コンパレータは，A-Dコンバータやスイッチング電源回路，Δ-Σ変調器などの中で使われています．

　コンパレータは，連続時間データを取り扱うものと離散時間データを取り扱うものとに分類できます．連続時間コンパレータは，入力データが基準値に近い場合，少しばかりのノイズが重畳するだけで出力値(ディジタル論理)がばたばたと入れ替わってしまい，安定した出力を出すことができません．このため，データ比較を高精度で行うには，入力データの瞬時値をサンプリングし，それを基準

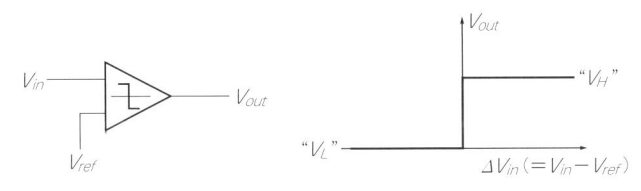

図8-1　コンパレータ動作の概念図
二つの入力端子の電圧を比較して，その大小に応じて出力に論理値のビット・データ("V_H"，"V_L")を出力する．

128 第 8 章 コンパレータ回路

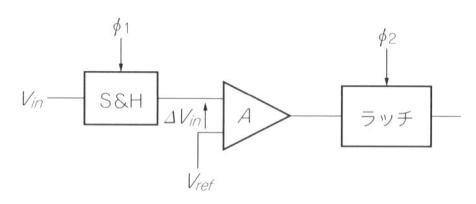

図 8-2 基本的なコンパレータの構造
サンプル&ホールド回路で入力電圧をサンプリングし，それと参照電圧 V_{ref} との差 ΔV_{in} を増幅して，最終的にラッチ回路で論理値を出力する．

値と比較する離散時間コンパレータがよく利用されています．

図 8-2 は，離散時間コンパレータ内の機能ブロックを概念的に示したものです．入力データはクロック ϕ_1 の期間中にサンプル&ホールド (S&H) 回路でサンプリングされ，クロック $\overline{\phi_1}$ の期間はサンプル&ホールド回路がサンプリング・データを保持します．その間に増幅器 (A) がサンプリング・データと基準値との差 ΔV_{in} を増幅してラッチ回路に伝達します．ラッチ回路は増幅回路から送られてくる信号をもとに最終的にディジタル判定信号を出力します．

最近の高速電子回路は，コンパレータの判定速度にも高速性が求められています．その一方で，高精度な A-D コンバータなどでは微妙な電位差までを区別する高い分解能を持つコンパレータが要求されています．このように，最先端アナログ回路で使用されるコンパレータには，高精度と高速性の両立が求められているのです．

この章では，最初にコンパレータに関する基本的な事項について述べ，後半では最先端コンパレータの実現方法について説明します．

8.1 サンプル&ホールド回路

図 8-3 はスイッチト・キャパシタ型コンパレータです．実際の高速アナログ回路では，このようなサンプル&ホールド回路はあまり使用されていませんが，コンパレータ機能の概念を理解するうえではつごうの良い回路例なのです．

8.1.1 理想的なサンプル&ホールド回路の基本動作

図 8-3 をもとにしてサンプル&ホールド回路の動作を考えてみましょう．図の

8.1 サンプル&ホールド回路   129

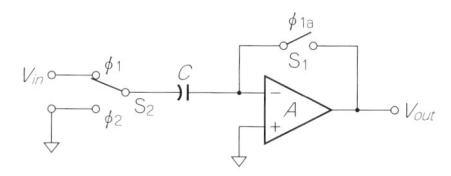

図 8-3 スイッチト・キャパシタ型のコンパレータ
時間 ϕ_1 では，入力信号をキャパシタ C でサンプリングする．ϕ_2 でスイッチを切り替えて，OP アンプの反転入力端子側に印加される入力電圧（$-V_{in}$）と接地電圧とを比較して論理値を出力する．OP アンプの高インピーダンス端子（反転入力端子）はシリコン基板からの雑音を受けないよう上部プレートに接続する．基板に近いプレートで入力電圧をサンプリングする．キャパシタの記号の曲線は下部プレート（基板に近い電極）を表している．

　OP アンプは理想的なもの（電圧利得 = 無限大，オフセット入力電圧 = 0 V）と仮定します．クロック ϕ_1 では OP アンプを含む回路がユニティ・ゲイン・バッファの構成をしています．ユニティ・ゲイン・バッファの出力端子は，非反転入力端子（+端子）と同一の電位となっています（コラム M を参照）．スイッチを ϕ_2 に切り替えると，サンプリング・キャパシタ C にかかっていた入力電圧 $-V_{in}$ が OP アンプの反転入力端子に移り，それが ϕ_2 の期間だけ保持（ホールド）されます．非反転入力端子は接地されたままなので，OP アンプからは V_{in} の正負の符号に応じた論理値（"V_H"，"V_L"）が取り出されます．

8.1.2　現実のサンプル&ホールド回路の問題点

　上で述べた理想的なサンプル&ホールド回路の動作説明が，実際の回路でもかならずしも正確であるとはかぎりません．その理由は，実際のサンプル&ホールド回路には，

- OP アンプのオフセット電圧 V_{ost}
- MOS スイッチからの電荷注入 Q_{inj}

などがあり，それらを無視することができないからです．

　OP アンプの出力端子と反転入力端子を接続したユニティ・ゲイン・バッファでは，図 8-4(a) のように，OP アンプのオフセット電圧 V_{ost} がそのまま出力されます．このとき，キャパシタ C の両端には $V_{ost}-V_{in}$ が印加されているので，クロックを ϕ_2 に切り替える（図 8-4(b)）と，その電位が反転入力端子にかかります．非反転入力端子にある実効的なオフセット電圧 V_{ost} と反転入力端子電圧

(a) ϕ_1

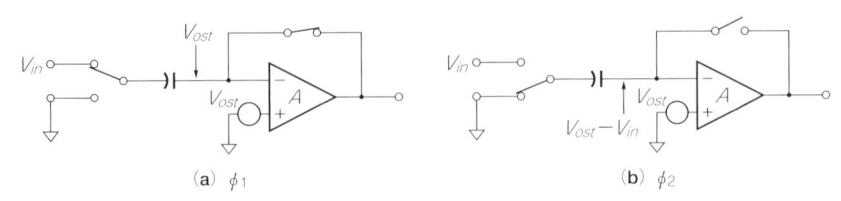

(b) ϕ_2

図 8-4 スイッチト・キャパシタ型のコンパレータの動作

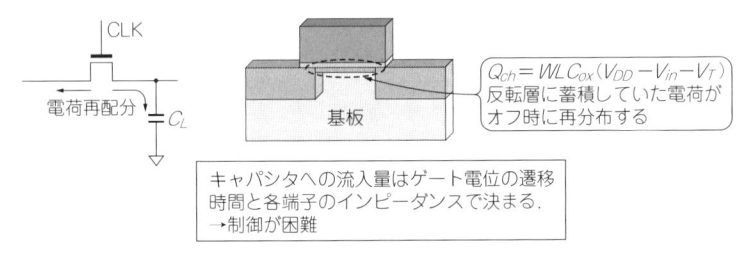

$Q_{ch} = WLC_{ox}(V_{DD} - V_{in} - V_T)$
反転層に蓄積していた電荷がオフ時に再分布する

キャパシタへの流入量はゲート電位の遷移時間と各端子のインピーダンスで決まる.
→制御が困難

図 8-5 電荷注入
導通状態の nMOSFET の反転層領域には $WLC_{ox}(V_{DD} - V_T - V_{in})$ の自由電荷がある. OFF 状態になると, この電荷は左右の電極からはき出される.

$V_{ost} - V_{in}$ の差に相当する $-V_{in}$ の正負の符号に応じて, OP アンプの出力には論理判定結果が出てきます.

おもしろいことに, このサンプル&ホールド動作の間にオフセット電圧 V_{ost} がうまくキャンセルされているのです. OP アンプにオフセット電圧があっても, 上記のサンプル&ホールド動作をすることで最終的には二つの入力電圧の差が V_{in} となり, オフセット電圧が除去できるのです. この方法は「correlated double sampling (CDS)」とか「auto-zero technique」と呼ばれ, 離散時間信号処理技術としてスイッチ・キャパシタ回路などで頻繁に使用されています.

次に, もう一つの問題である電荷注入について考えてみましょう. **図 8-5** に示すように, MOS スイッチを OFF に切り替えると, 反転層に蓄えられていた伝導電荷がソースとドレインからはき出されます. この電荷のうち, OP アンプの反転入力端子側に流れ込む電荷を aQ_{inj} とすれば, クロック ϕ_2 のホールド時に反転入力端子電圧が,

$$V_{in}^- = -V_{in} + \frac{aQ_{inj}}{C} \tag{8.1}$$

と変位します. a は**図 8-3** のスイッチ S_1 が OFF したとき, OP アンプの入力側

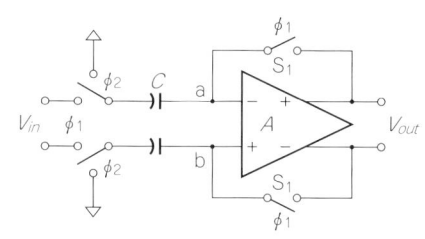

図 8-6　全差動回路構成のコンパレータ
S_1 からの電荷注入がノード a とノード b に同じ影響を与える．それらは OP アンプの同相ノイズとみなせるので，出力にほとんど影響はない．

コラム L ◆ 電荷注入量を入力電圧によらず一定とするくふう

　本文の図 8-3 で ϕ_1 が 2 種類あることに気が付かれたでしょうか．OP アンプの前後にある MOS スイッチは ϕ_1 より少し早めに OFF とするので ϕ_{1a}(a：advance) と名付けています．この理由について考えてみましょう．
　スイッチ S_1 に蓄えられている反転電荷は次式で与えられます．

$$Q_{inj}{}^{S1} = -C_{ox}LW(V_{DD} - V_T) \tag{L.1}$$

この値は入力電圧，出力電圧などによらずいつも一定量です．この電荷がソース，ドレイン側にはき出されても図 8-6 の全差動型回路では同相ノイズとみなすので，OP アンプの出力電圧には影響しません．一方，図 8-3 の入力側のスイッチ S_2 に蓄えられている電荷は，

$$Q_{inj}{}^{S2} = -C_{ox}LW(V_{DD} - V_{in} - V_T) \tag{L.2}$$

であり，入力電圧 V_{in} によって注入電荷量が違っています．この電荷がサンプリング・キャパシタに流入すると，その後の処理で正確に取り除くことはとても難しくなります．
　スイッチ S_2 にある電荷がキャパシタ側に流れないようにするには，スイッチ S_2 の右側のインピーダンスを非常に大きくすればよいのです．スイッチ S_1 を先に OFF してからスイッチ S_2 を OFF する方式にすれば，キャパシタ C に蓄積された電荷はスイッチングの前後で変わりません．この方式はスイッチング回路でよく利用されるので，記憶にとどめておいてください．

にはき出される反転電荷の割合です．式 (8.1) の右辺の第 2 項による電位変動を減らすには，
- サンプリング・キャパシタ C を大きくする
- スイッチ用 MOSFET の寸法をできるだけ小さくして電荷注入量 Q_{inj} を減らす

ことがポイントとなります．前者のキャパシタを大きくするアプローチは，集積回路の占有面積が増えてチップの高コスト化につながるだけでなく，サンプル＆ホールド回路の応答時間が長くなる欠点があるのであまり薦められません．

　もう一つの電荷注入の影響を減らす方法としては，図 8-6 に示す全差動型コンパレータが効果的です．この回路ではスイッチ S_1 が OFF になるときノード a とノード b に同量の電荷がはき出されるので，その影響は差動配線に同相ノイズとして現れます．差動信号線に現れた同相ノイズは全差動型 OP アンプで除去可能なので，図 8-6 の全差動型コンパレータで MOS スイッチの電荷注入による影響はかなり軽減できます．

　このように，実際のサンプル＆ホールド回路における本質的な問題はかなり片付きますが，まだ大きな問題が残っています．それは図 8-3 に示したコンパレータ回路の応答速度がとても遅いことです．これはクロック ϕ_1 時のユニティ・ゲイン・バッファに起因しています．詳しくは第 11 章で述べますが，高い利得の OP アンプをフィードバック系の中で使用すると不安定になりやすいので，OP アンプの出力端子に大きなキャパシタを付加させて動作の安定化を図っているからです．

　このような問題を抱えたスイッチト・キャパシタ型のコンパレータを高速化するためには，低利得（単極）のアンプを多段に接続し，しかもラッチ回路と組み合わせて作ったフィードバックのないコンパレータが適していると言われています．次節ではこの種のコンパレータに焦点を絞って議論を進めていきます．

8.2　増幅器とラッチ回路の過渡応答特性

　増幅回路とラッチ回路の応答特性の違いをオフセット・キャンセル (auto-zero technique) のない回路で考えてみましょう．

8.2.1 増幅回路の過渡応答特性

時刻 $t=0$ で差動入力信号 ΔV_{in} を入力した**図 8-7** の OP アンプの出力応答特性は次式で表されます.

$$V_{out}(t) = \Delta V_{in} g_m R_{out}^{\mathrm{eff}} \left(1 - e^{-\frac{t}{R_{out}^{\mathrm{eff}} C_{out}}}\right)$$

$$\to V_{out}(t) \cong \Delta V_{in} \frac{g_m}{C_{out}} t \tag{8.2}$$

$$t \ll R_{out}^{\mathrm{eff}} C_{out}$$

コラム M ◆ OP アンプの基本動作

OP アンプには,反転端子と非反転端子があります.そして,この二つの入力端子に印加された電圧の差を大きく増幅する機能を持ちます.

OP アンプの電圧利得を A とすれば,出力端子電圧 V_{out} は,

$$V_{out} = A(V_{in}^+ - V_{in}^-) \tag{M.1}$$

となります.A が無限大とみなせる理想的な OP アンプの場合,二つの端子に入力された電圧差の符号に応じて電源電圧もしくは接地電圧を出力します.しかし,**図 M-1** のように反転入力端子と出力端子とを結ぶと,出力電圧は,

$$V_{out} = \frac{A}{A+1} V_{in}^+ \tag{M.2}$$

となり,A が十分大きければ非反転入力端子電圧がそのまま出力されます.電圧利得が 1 となるので,ユニティ・ゲイン・バッファと呼ばれています.

OP アンプの電圧 V_{ost} を考慮すると,たとえ非反転入力端子電圧を接地しても,実効的には V_{ost} だけオフセットがあるので,結局,出力電圧は,

$$V_{out} = \frac{A}{A+1} V_{ost} \approx V_{ost} \tag{M.2}$$

となります.

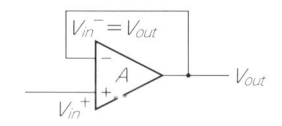

図 M-1 ユニティ・ゲイン・バッファ
反転入力端子と出力端子とを接続すると非反転入力端子の電圧が出力端子に現れる.ただし,電圧利得 A は十分大きいものと仮定する.

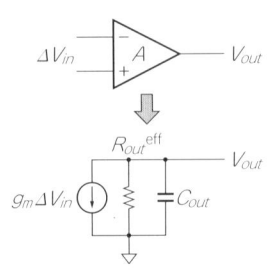

図 8-7 2 入力 OP アンプの過渡応答特性を調べるために
用いた単極 OP アンプの等価回路
出力容量 C_{out}，出力抵抗 R_{out}，相互コンダクタンス g_m．

式 (8.2) より，出力電圧の初期の応答特性はコンパレータ動作を開始後ほぼ直線的に増加することがわかります．しかも OP アンプの利得に関係する実効的な出力抵抗には依存しません．つまり，高速コンパレータの中で使用する増幅回路は電圧利得を稼ぐ必要はないのです．なお，式 (8.2) は出力負荷容量 C_{out} に流れ込む一定の出力電流 $g_m \Delta V_{in}$ によって出力電圧 V_{out} が時間の経過と共に直線的に上昇していくことを意味しています．このとき，コンパレータに入力される電圧 ΔV_{in} が小さければ V_{out} が大きくなるまでに長時間が必要となるので，増幅回路を複数段接続したアンプが使われることがあります．

次に，多段接続増幅回路の過渡応答特性を計算します．式 (8.2) で得られた線形出力信号を 2 段目の増幅回路に入力し，その出力電圧を 3 段目の増幅回路に入れるということを繰り返します．すると n 段目の出力電圧は，

$$V_{out,n}(t) \approx \frac{\Delta V_{in}}{n!} \left(\frac{g_m}{C_{out}} \right)^n t^n \tag{8.3}$$

となります．式 (8.3) から n 段目の増幅回路の出力電圧 $V_{out,n}$ は経過時間 t のべき乗で増加することがわかります．増幅器の段数 n が大きければ，信号遅延の影響で出力が遅れますが，いったん出力が現れ始めるとその出力電圧は時間とともに急激に大きくなります．

各段の出力電圧と経過時間との関係を**図 8-8** に示します．ここで，$n+1$ 段目増幅器の出力電圧が n 段目の出力電圧を越す時間を計算すると，

$$\frac{\Delta V_{in}}{n!} \left(\frac{g_m}{C_{out}} \right)^n t^n = \frac{\Delta V_{in}}{(n+1)!} \left(\frac{g_m}{C_{out}} \right)^{n+1} t^{n+1}$$

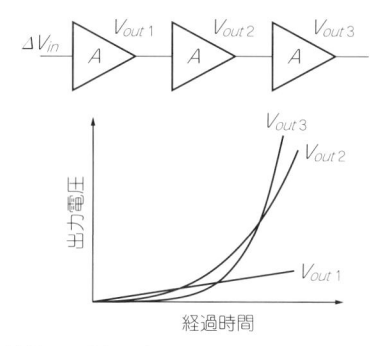

図 8-8 多段に接続した増幅回路の入力端子に ΔV_{in} を印加したときの各段の出力端子

出力電圧は図のようにべき乗で増加する．初段の出力電圧 V_{out1} は経過時間と共にほぼ線形に増加するが，2段目は2乗特性，3段目は3乗特性を示す．

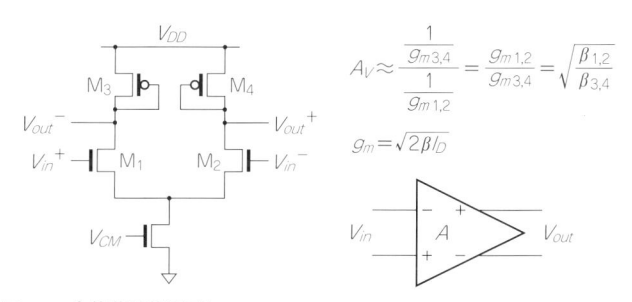

$$A_V \approx \frac{\frac{1}{g_{m3,4}}}{\frac{1}{g_{m1,2}}} = \frac{g_{m1,2}}{g_{m3,4}} = \sqrt{\frac{\beta_{1,2}}{\beta_{3,4}}}$$

$$g_m = \sqrt{2\beta I_D}$$

図 8-9 全差動型増幅回路

高速性を追求するコンパレータでは図のようなダイオード接続 MOSFET を負荷にして利得を抑える．V_{CM} はコモン・モード・フィードバック電圧（第11章を参照）．

$$\rightarrow t = (n+1)\frac{C_{out}}{g_m} \tag{8.4}$$

が得られます．式 (8.4) は各段の出力容量を充電する時定数 $\tau = C_{out}/g_m$ を $n+1$ 倍した値で，各増幅段の遅延時間を順次加算したものに相当します．一方，大きな出力信号を得ようと増幅器の段数を単純に増やすと集積回路の中でアンプが占める面積が大きくなってしまいます．そこで実用的には，増幅器の電圧利得と占有面積とのトレードオフを考えて，最大4段程度で抑えた増幅回路（$n \leq 4$）が多いようです．その際，出力容量 C_{out} の大半を占める次段の増幅回路のミラー容量 $C_{gd}(A+1)$ を小さくするために，電圧利得 A は10以下に抑えるようにくふう

されています．例えば図 8-9 のダイオード接続型 MOSFET を出力負荷に持つ全差動型増幅回路では，電圧利得 ($A = g_{m1}/g_{m3}$) が抑えられている分，出力容量 C_{out} が小さくなって式 (8.2) の勾配が大きくなっています．

8.2.2　ラッチ回路の過渡応答特性

図 8-10 に基本的なラッチ回路を示します．V_x と V_y の電位が全く同じであると回路が対称であるため，理想的には両端子の電位はいつまでたっても変わりません．しかし，V_x と V_y に微小な電位差 ΔV_{out} があると，時間の経過とともに端子電圧の差 $V_x - V_y$ は開いていきます．

さらに $g_m r_o \gg 1$ と仮定すると端子電圧の差は，

$$\Delta V_{out}(t) \equiv V_x - V_y = \Delta V_{out}(0) \exp\left(\frac{t}{\tau}\right)$$

$$\tau \approx \frac{C_{out}}{g_m} \tag{8.5}$$

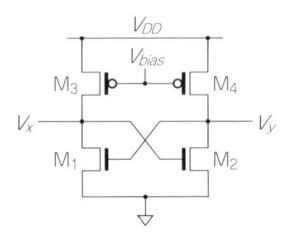

図 8-10　電流源を負荷にしたラッチ回路
ゲートを交差させた MOSFET 構造がラッチ回路の基本構造となる．
ダイオード接続の MOSFET を負荷にしたラッチ回路もある．

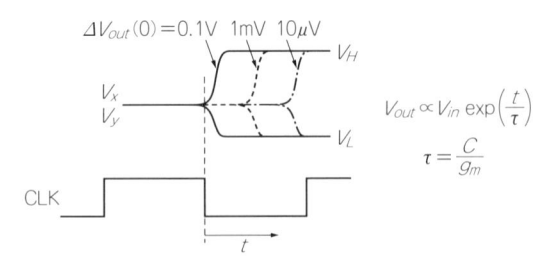

図 8-11　ラッチ特性のイメージ
ラッチ回路では初期値によって論理値が得られるまでの時間に大きな差がある．

となります．$\Delta V_{out}(0)$ は電位差の初期値，g_m は M_1，M_2 の相互コンダクタンス，C_{out} は端子 X，Y の寄生容量です．式 (8.5) より，出力差信号 ΔV_{out} は時間 t とともに指数関数的に増大していきます．ただし，初期値 $\Delta V_{out}(0)$ が非常に小さいと，出力電圧がある程度大きくなるまで長い時間がかかります．**図 8-11** には初

コラム N ◆ $k_B T/C$ ノイズ

抵抗体の内部にある多数の伝導電子は，絶対温度に比例した運動エネルギーをもってランダムに動いています．ミクロな視点から抵抗体をながめると，抵抗体の上部に電子が過剰にある瞬間や，逆に不足する瞬間が見えてきます．このようなランダム・ノイズを「熱ノイズ」と呼んでいます．この熱ノイズはスパイク状のノイズですから，フーリエ変換すると周波数に依存しないノイズとなります．詳しい計算によると単位周波数あたりのノイズ密度は，

$$\overline{v_n^2} = 4k_B TR \tag{N.1}$$

で表されます．k_B はボルツマン定数，T は絶対温度，R は抵抗です．次に抵抗 R にキャパシタ C を接続して出力端子に現れるノイズ電圧を計算すると周波数 ω のノイズ成分は，

$$\overline{v_n^2(\omega)} = 4k_B TR \left(\frac{1}{1+j\omega CR} \right) \tag{N.2}$$

となり，予想どおり低周波ノイズ成分だけが現れてきます．次に，上式を全周波数で積分すると，

$$\overline{v_n^2} = \int_{-\infty}^{+\infty} v_n^2(\omega) \frac{d\omega}{2\pi} = 4k_B TR \frac{1}{2CR} = \frac{2k_B T}{C} \tag{N.3}$$

が得られます．この式から，キャパシタ上のノイズは用いた抵抗の値とは無関係であることがわかります．これは，抵抗 R が大きいとノイズも大きくなりますが，大きな CR 時定数によってノイズが顕在化する周波数領域が狭くなるからです（**図 N-1**）．

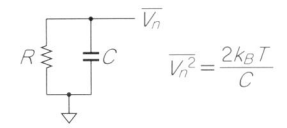

図 N-1　熱ノイズ
抵抗 R とキャパシタ C の並列接続における出力端子ノイズ v_n は，RC による低域フィルタ特性によってキャパシタ C の逆数に比例する．

期電圧 $\Delta V_{out}(0)$ の大小によるラッチ特性のイメージを示しています．図から明らかなように初期値があまりにも小さいと，出力電圧が論理振幅に達するまでに時間がかかり過ぎて最終結果が得られないまま，次のサンプリングに移行することになります．

8.3 前置増幅器とラッチ回路を組み合わせた高速コンパレータ

前節で述べたように，ラッチ回路は初期の電位差 $\Delta V_{out}(0)$ を指数関数的に増加させる機能を持ちますが，そのまま増幅回路に接続するとラッチ時に入力線の電位まで変えてしまうので使用できません．このため，図 8-12 (a) のように，ラッチ回路の前段に低利得の増幅回路を設けて入力信号線と出力信号線の分離を図ります．具体的には図 8-12 (b) に示す回路が使われます．

この回路を要素に分解すると，①の点線枠で囲った増幅回路，②の利得段，③

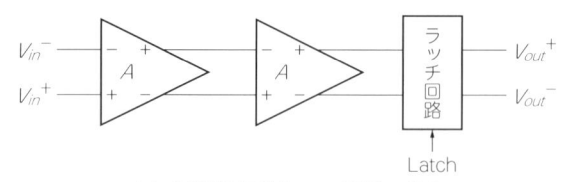

(a) 前置増幅回路とラッチ回路で構成

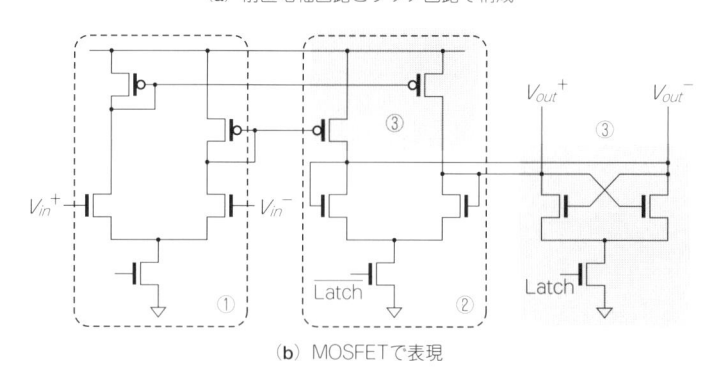

(b) MOSFETで表現

図 8-12 前置増幅回路とラッチ回路で構成される高速コンパレータ
(a) は前置増幅回路とラッチ回路で構成される高速コンパレータ．Latch 信号を入力すると，そのタイミングでの入力信号の大小を比較する．(b) は MOSFET を使って表した (a) の高速コンパレータ．①と②は利得を抑えた増幅回路，③はラッチ回路である．Latch 入力がないときには③のラッチ回路は機能せず，前置増幅回路だけが動作している．

のラッチ回路となります．初段の増幅回路①では，差動入力段にダイオード接続のMOSFETを負荷して利得を抑えているので，入力MOSFETのゲート-ドレイン間容量のミラー効果による影響が少なく，高速な応答が可能となります．

まず増幅回路①で入力信号V_{in}の差信号が増幅され，その信号がカレント・ミラー回路を通して利得段のpチャネルMOSFETに伝わります．増幅回路②でさらに大きく増幅された信号は，ダイオード接続されたnチャネルMOSFETのドレインに出力されます．ラッチ信号Latchが入ると，②のテイル電流がOFFとなって，利得段②が機能喪失すると同時に③のラッチ回路の動作が開始します．出力端子電圧は指数関数的に上がり，最終的にはディジタル論理値に相当する大きな電圧が出力されます．このように前段の増幅回路で入力信号の差をある程度増幅してからラッチ動作に入ると，ラッチ回路の入力信号が大きい分，急速に増幅されて短時間に論理振幅にまで達することができるのです．なお，前置増幅回路を設けた図8-12のコンパレータ回路では，ラッチするときの大きな電位変動の影響が入力端子まで戻る（キックバック効果）ことはありません．

8.4　高速ラッチ回路のオフセット・キャンセル法

差動入力対のMOSFETの特性は，実際には微妙にずれています．これが原因で，差動入力対には，素子のミスマッチによるオフセット電圧が避けられません．このオフセット電圧を軽減する方法として前述したauto-zero techniqueがあります．

この方式を図8-12(a)の回路に組み込むと図8-13が得られます．ϕ_1のユニティ・ゲイン・バッファ構成にしたときにキャパシタンスにオフセット電圧が保存され，それがϕ_2にスイッチを切り替えたときに補正されて，自動的にオフセット・キャンセルが行われます．このクロックの切り替えのタイミングをうまく調整して電荷注入が大きく影響しないように制御することが重要となります．

ただし，OPアンプの入力側でオフセット・キャンセルする上記の方法には二つの問題点があります．
- 増幅する前の小さな信号が蓄えられるキャパシタのk_BT/Cノイズが無視できない

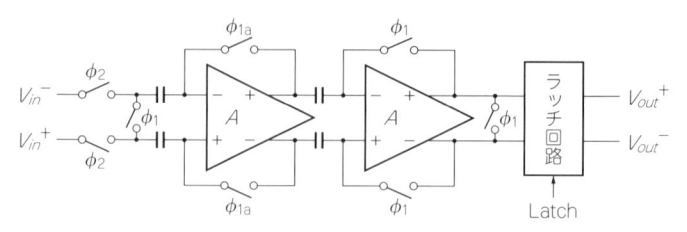

図 8-13 入力オフセット・キャンセルを取り入れたコンパレータ回路

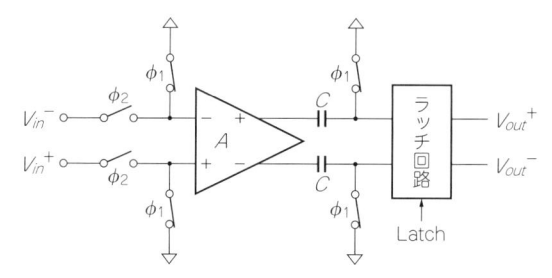

図 8-14 出力側でオフセット・キャンセルをするコンパレータ

- 正しくオフセット・キャンセルをするには利得の高い前置増幅回路が必要となる

　これらの問題を回避する一つの方法として，**図 8-14** に示すような出力側でオフセット・キャンセルをする方式が提案されています．この回路では，ϕ_1 で入力端子とキャパシタの出力を同時に接地するので，OP アンプのオフセット電圧 V_{ost} を利得 A 倍した電圧がキャパシタに蓄えられます．その後，ϕ_2 に切り替えるとオフセット電圧のない理想的な $A\Delta V_{in}$ が正確に出力端子から出てくるのです．この出力側のオフセット・キャンセル方式は，入力端子のキャパシタが小さいため，高速のフラッシュ A-D コンバータなどで使われています．

8.5　コンパレータの出力バッファ回路

　二つの入力電圧の差を比較した結果を出力する際，出力端子に大きな負荷容量 C_{out} があると，ラッチ回路の過渡応答が極めて遅くなることは式 (8.5) からわかるでしょう．このような場合，ラッチ回路の後段に出力バッファ回路を設けます．ただし，ラッチ回路で直接，大きなバッファ回路を駆動すると，バッファ回路の

8.5 コンパレータの出力バッファ回路

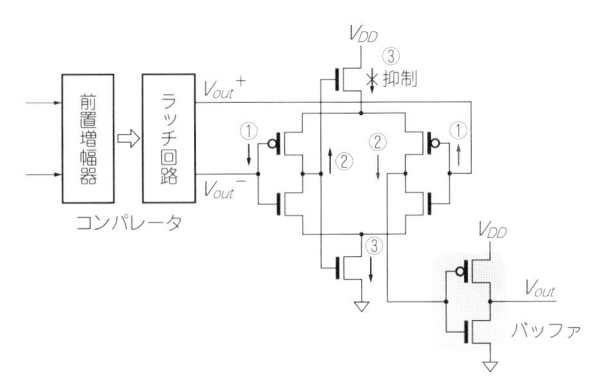

図 8-15 自己バイアス型差動出力バッファ回路

ゲート-ドレイン間容量がラッチ回路の出力容量として見えるので，応答特性が遅くなります．この点を改善するための回路が**図 8-15** です．

図 8-15 の回路の動作原理は以下のとおりです．例えば，ラッチ回路の出力が矢印①で示す方向に電位変動すると，二つのインバータの出力電圧は矢印②のように変化します．この電位を上下二つの MOSFET のゲートに伝えると，矢印③の方向に電位が変移することで上部の p チャネル MOSFET は遮断状態に，下部の n チャネル MOSFET は逆に放電を促すように動作します．このように電源ラインからの電流が抑制され，接地ラインへの電流が増加するので，インバータの出力電圧は加速度的に電位が変化するのです．なお，最終出力段にインバータ構成の大きなバッファ回路を使えば大きな負荷を駆動することができます．

第9章
素子マッチングとレイアウト

　一卵性双生児の兄弟がいます．一見とても似ているのですが，ジックリと見ると微妙に違うことに気がつきます．その昔，筆者が高校入学間もないころだったでしょうか，隣の席の同級生と話をしていると，突然，その友だちが窓の外を歩いているのです．一瞬，頭がおかしくなったのかと思い，何度も目をこすりました．やはり友だちは教室にも窓の外にも存在しているのです．よく考えれば双子であることはわかるはずですが，そのときは気が動転していて現実を理解するまでに少し時間がかかってしまいました．

　アナログ回路では，このような双子のデバイスが数多く用いられています．第6章で説明した差動入力回路や第7章のカレント・ミラー回路などでは，双子のMOSFETの対が重要な役割を果たしていることがわかります．それらの回路では，使用する二つのMOSFETの特性が少しでも違っていると，それを使ったアナログ回路の性能は低下するのですから，できるだけ特性がそろった素子を作り出すことがとてもたいせつとなってきます．

　この章ではこのような双子のデバイスの作りかたについて考えていきます．前半はよく似た双子のデバイスの作りかたを，後半では性格（電気的特性）までよく合ったデバイスの作りかたについて説明します．

9.1　MOSFET特性のばらつき

　まず第7章で説明した基本的なカレント・ミラー回路を図9-1に再掲します．この回路はM_1とM_2のゲート電極が接続されているので，二つのMOSFETが飽和特性領域で動作している限り，同一の電流が流れます．しかし，実際には

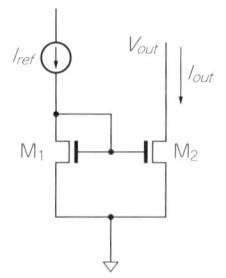

図 9-1 基本的なカレントミラー回路
M_1 と M_2 のゲート電極が共通であり，双方の経路には同じ電流が流れるしくみとなっている．厳密には，しきい値や β 値のばらつき，ドレイン電圧の違いなどで流れる電流は微妙に違っている．

MOSFET のしきい値 V_T や β 値のばらつきが原因で，二つの MOSFET に流れる電流は微妙に違ってきます．このような素子特性のばらつきは，カレント・ミラー回路だけでなく，差動入力回路ではオフセット電圧となって反映されます．このためアナログ回路設計では，素子ばらつきの影響の少ない回路設計が重要なポイントとなります．

また，第 5 章では，アナログ回路を差動信号線方式で組み上げると外来ノイズによる影響を回避できると説明しました．その際，
- 使用する素子のマッチング（双子の似ぐあい）
- アナログ集積回路のレイアウトの対称性

がとてもたいせつなのです．後者については，この章の後半で説明することにして，まずは MOSFET 対特性のばらつきとマッチングについて解説しましょう．

9.1.1 ウェハ内の特性ばらつき

MOS 素子の電気的特性は，パラメータ β としきい値 V_T で規定されます（第 2 章の**表 2-1** を参照）．これらの値は，ゲート酸化膜厚 t_{ox} やチャネル長 L などの関数なので，製造プロセス工程時の酸化膜厚のウェハ面内ばらつきやパターン転写精度などによって MOSFET の特性が微妙に変動します．実際にゲート酸化膜やチャネル長のウェハ面内ばらつきやロット間ばらつきは 10％程度あります．素子特性がある程度ばらつくことを前提として回路を設計しないと，製造したチップの歩留まりが悪くなります．

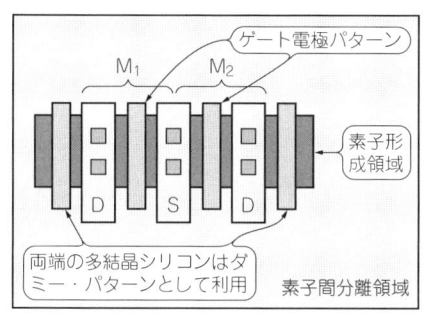

図 9-2　MOSFET 対のレイアウト
二つの MOSFET (M_1, M_2) のレイアウト例である．D はドレイン電極，S は共通ソース電極である．エッチング時に周辺パターンの影響を受けないように，ダミー・パターンを置くことは MOSFET 対をレイアウトする際の鉄則である．

　企業のアナログ回路設計部門はこのような素子特性のばらつきを考慮して，多少余裕をもった回路設計をすることが要請されています．

9.1.2　隣接する MOSFET 対の特性ばらつき

　何度も繰り返し述べているように，差動信号方式のアナログ回路では，2 個の MOSFET をペアにした回路が用いられます．このペア素子の電気的特性のばらつきは小さいものですが，それでも無視するわけにはいきません．とくに高精度なアナログ回路では，ペア MOSFET のばらつきが回路性能を決めていると言っても過言ではありません．そこで以下では，隣接する MOSFET 対の特性ばらつきの原因について考え，そのばらつきを少なくする手だてを説明しましょう．

　MOSFET 対のゲートの多結晶シリコン膜を反応性イオン・エッチング装置で切り出すとき，多結晶シリコン・パターンの密度が高い領域ではエッチング粒子の消耗が激しく，多結晶シリコン膜をエッチングする速度が遅くなります．この現象を「ローディング効果」と呼んでいます．このため，二つの MOSFET のゲート形状を同一にするには，素子近傍のパターンに十分配慮してレイアウトしなければなりません．

　MOSFET 対 (M_1, M_2) のレイアウトを**図 9-2** に示します．素子間分離領域で囲まれた素子形成領域には M_1 と M_2 の二つの MOSFET が配置されています．図中の多結晶シリコン・パターンは 4 本ありますが，両端のパターンはエッチン

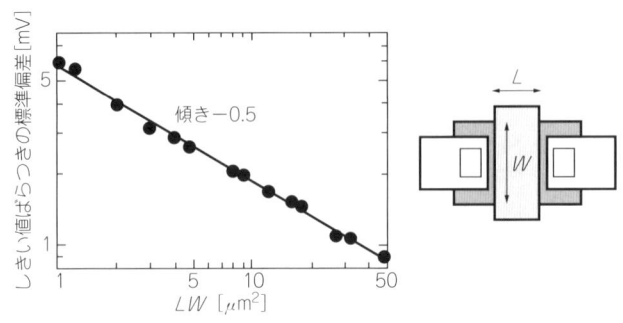

図 9-3　MOSFET のゲート面積 (LW) としきい値のばらつきの標準偏差
ゲート面積の大きな MOSFET のしきい値は比較的そろっているが，面積が小さくなるとしきい値のばらつきは大きくなる．

グ粒子の流入が左右の MOSFET で等価となるよう配置したダミー・パターンです．ダミー・パターンがあると，その外側にあるパターンに依存せず，M_1 と M_2 のゲート領域には等量のエッチング粒子が到達します．

こうして作られた MOSFET 対のチャネル長はほぼ同一となり，素子特性もほとんど差が認められないと考えられます．しかし実際には，作製した MOSFET 対のしきい値ばらつきは図 9-3 のようになっています．横軸は MOSFET のゲート面積，縦軸は MOSFET のしきい値 V_T のばらつきの標準偏差 ΔV_T を対数表示したものです．数多くの実測データが傾き－0.5 の直線付近に集まっていることから，しきい値のばらつき ΔV_T は，ゲート面積 LW の平方根に逆比例することがわかります．言い換えると，特性マッチングの良い MOSFET 対を作るには大きなパターンの素子が必要であることを示しています．

しきい値電圧のばらつき ΔV_T がゲート面積の平方根に逆比例する原因は，MOSFET のゲート直下の空乏層に含まれる不純物数のゆらぎだと考えられています（コラム O を参照）．実験によると ΔV_T は次式で与えられます．

$$\Delta V_T = a \frac{t_{ox}}{\sqrt{LW}} \tag{9.1}$$

比例係数 a は，製造プロセスによらず，ほぼ 1 V であることが経験的に明らかになっています．もちろん，最小パターンに近い寸法の MOSFET では，ゲート多結晶パターン形状の微妙な乱れも影響してくるので，式 (9.1) で表現できるほど簡単ではありません．このため，アナログ回路で使用する MOSFET 対のパタ

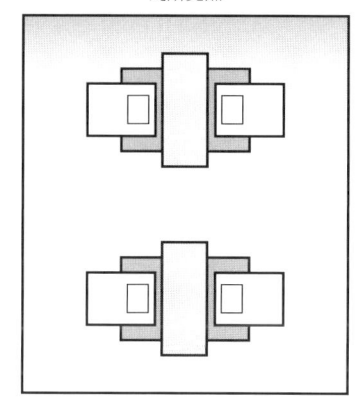

図 9-4 基板に温度むらがあると MOSFET 対の特性が違ってくる
MOSFET のしきい値 V_T および β 値に温度依存性があるため，基板に温度むらがあると同一形状の MOSFET でも電気的な特性が違ってくる．

ーン面積はパターン形状の乱れによる影響を少なくするように，比較的大きくレイアウトするのが鉄則です．

MOSFET の特性を決めるもう一つのパラメータの β 値のばらつきもゲート面積の平方根に逆比例すると言われていますが，その原因はしきい値電圧のばらつきほどははっきりしていません．一説によると，シリコン/酸化膜界面付近の未結合手による界面準位の数が関係しているとのことです．

9.1.3 回路動作時の特性ばらつき

上述のように，MOSFET 対の特性ばらつきは空乏層中に含まれる不純物原子数と界面準位数のゆらぎが最大の原因です．しかし回路動作中には，MOSFET 対の周辺回路における発熱むらにより，対になる二つの MOSFET が別々な温度を感じて動作することがあります．

例えば，**図 9-4** に示すように，MOSFET 対を消費電力の大きな回路ブロックの近傍に配置すると，基板温度の局所的な違いによって素子の特性が異なってきます．一般に，MOSFET のしきい値 V_T と β 値の温度係数は，

$$\frac{\Delta V_T}{\Delta T} = -1\,\mathrm{mV/^\circ C}$$
$$\frac{\frac{\Delta \beta}{\beta}}{\Delta T} \approx -0.5\,\%/^\circ\mathrm{C} \tag{9.2}$$

となります.基板温度が1℃上昇すると,しきい値 V_T はほぼ1mV低くなり,β 値も0.5%低下します.

広範囲に温度を変えたときの,nチャネルMOSFETのドレイン電流 I_D とゲート電圧 V_{GS} との関係を図9-5に示します.式(9.2)からわかるように,低いゲート電圧ではしきい値電圧が負の温度係数を持つので,ドレイン電流は温度とともに増加する傾向が認められます.一方,高いゲート電圧では,β 値の低下による影響が支配的になり,温度の上昇とともにドレイン電流は減少します.図9-5からは,ドレイン電流の温度依存性がほとんどないゲート電圧の領域が認められます(丸い灰色の領域).このようなゲート電圧を印加してドレイン電流の温度依存性を回避する回路設計の方法も提案されていますが,万能なわけではありません.

MOSFET対を発熱回路ブロックの近くに配置するときには,次の点に注意しなければなりません.
- MOSFET対を消費電力の大きな回路ブロックから離してレイアウトする
- MOSFET対を等温度線上に配置する
- 素子対を分割してコモン・セントロイドに配置する

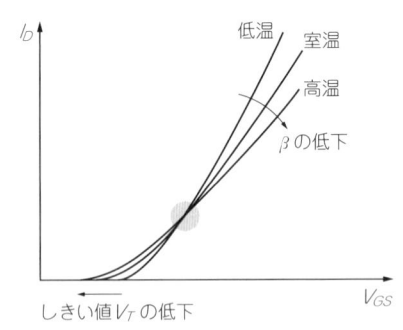

図 9-5 電圧-電流特性の温度による変化
温度が上昇するとしきい値が低下し,同時に β 値が低下する.
このため,温度が違うと図のような電圧-電流特性となる.

9.1 MOSFET 特性のばらつき　**149**

　コモン・セントロイド配置とは，MOSFET 対をそれぞれ複数に分割してその重心が一致するように素子を配置する方法です．図 9-6 の例では，図 9-6(a) に示す対の MOSFET をそれぞれ二つに分割し，A と B の素子を図 9-6(b) のように交互配置しています．図 9-6(b) からわかるように，重心が一致しています．こうすれば，分割した A 素子と B 素子の合成特性は実効的に同一となります．なお，三つ以上に分割した MOSFET のコモン・セントロイド配置の方法についてはいくつかの方法があります．例を図 9-7 に示します．A と B はそれぞれ分割した MOSFET の配置を表しています．どのケースも A と B の重心が一致していることがわかります．

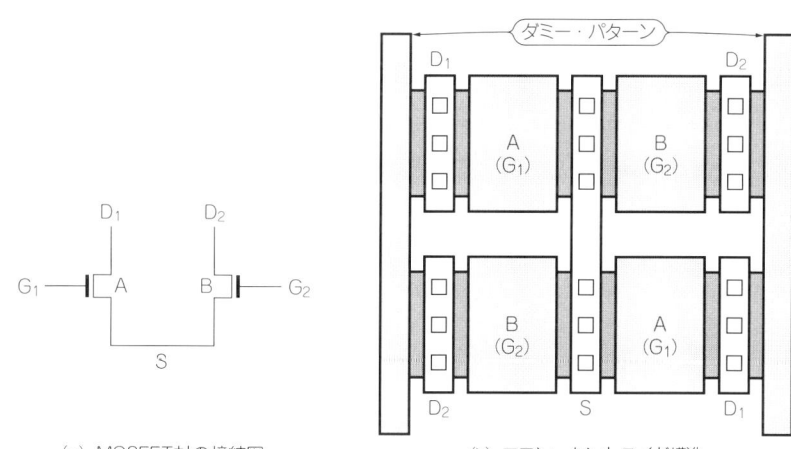

(a) MOSFET対の接続図　　　　　　(b) コモン・セントロイド構造

図 9-6　コモン・セントロイド構造の MOSFET 対の例
(b) では，MOSFET 対を分割し重心が一致するように配置した．また，ゲート・パターンの精度を確保するため，ダミー・パターンが両端に配置されている．

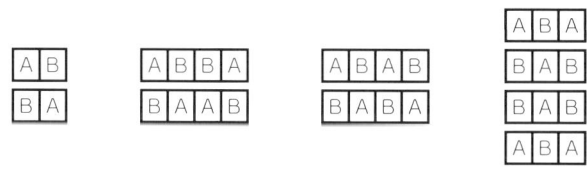

(a) 2分割　　(b) 4分割(その1)　　(c) 4分割(その2)　　(d) 6分割

図 9-7　MOSFET 対のコモン・モード配置の例
MOSFET 対を A，B で表している．

9.1.4 製造工程特有の特性ばらつき

MOSFETの特性のばらつきは，不純物原子のランダムなゆらぎや基板温度のむら以外に，製造プロセスにも大きく依存します．

MOSFETを作成するプロセスに特有な特性のずれは，製造工程の特徴をレイアウトに反映させて回避することができます．図9-8(a)は，MOS素子のソース-ゲート間オーバラップ容量が非対称になる例を示しています．一般に，ソース-ドレイン領域にドナーやアクセプタ・イオンを打ちこむ際，イオンがシリコン基板の結晶軸に沿ってチャネリングしないように，ウェハを約7°傾けます．このとき，ゲート電極の影になる側の不純物原子分布は，その逆側の分布と異なります．つまり，図9-8(a)のソース領域とドレイン領域をよく見ればわかるように，ゲート電極と両拡散層との間にできるオーバラップ面積が左右で違うのです．

コラム O ◆ 微小MOSFETの電気的特性のばらつき

では，なぜ電子の数(言い換えると不純物イオンの数)がMOSFETごとに違っているのでしょうか．この疑問に答える前にMOSFETの作りかたを簡単に復習してみましょう．

一般に，ドナーやアクセプタと呼ばれる不純物イオンは，イオン注入法によってシリコン基板中に導入されます．イオンを注入する深さはイオンの加速エネルギーで調整し，注入するイオンの数はビーム電流を積分して制御します．ただ残念なことに一つ一つのイオンを思いどおりの場所(あの原子の隣といった感じ)に正確に注入することはできません．これは，基板を構成するシリコン原子が絶えず微妙に揺れ動いているため，注入したイオンがシリコン原子と衝突した際に弾き飛ばされる方向がいつもまちまちだからです．このように原子レベルの目でみれば，注入されたイオンの落ち着く場所は全くランダムなのです．

チャネル領域中の不純物原子数のゆらぎを見積もってみましょう．シリコン基板に注入したイオンを雨粒にたとえれば，このゆらぎを理解することがやさしくなります．

地面に小さな箱を置き，そこに落ちてくる雨粒を数えてみます．雨粒が数個しか入らない小箱を複数用意すると，雨粒が5個入る箱もあれば，3個とか4個しか入らない箱もあります．つまり，同じ大きさの箱でも，箱に入る雨粒の数はまちまちなのです．確率統計学によると，平均n個の雨粒が入る大きさの箱の中の雨粒の数は$\sqrt{n}$個程度ばらつくことが知られています．

9.1 MOSFET 特性のばらつき

このため，2個の MOS 素子を対にしてレイアウトし，図 9-8(b) で示す矢印の方向にソース電極とドレイン電極を配置すると，左右の MOSFET のドレイン容量が違うため，双方の過渡応答特性が異なります．このような素子特性のずれを生じるイオン注入プロセスを採用する場合には，特性が同一になるよう MOSFET 対の対称線（鎖線）に平行な方向に電流を流す図 9-8(c) のレイアウトを採用しなければなりません．この図 9-8(c) のレイアウトでは，ゲート-ドレイン間のキャパシタンスは双方で同一となります．

図 9-9 も斜めイオン注入による特性ばらつきを解決するレイアウト上のくふうです．図中の M_1 と M_2 のゲート電極は二つに分割されており，ソースからドレインに向かうチャネルの方向が左右それぞれ一つあるので，斜めイオン注入がどのような方向であっても左右の MOSFET に均等に影響することがわかります．

微小な MOSFET のチャネル領域に注入される不純物原子の数のばらつきも同様に考えることができます．例えば，注入されたイオンの数が平均 9 個しかないきわめて小さなゲート面積の MOSFET では，チャネル中のイオン化不純物原子数は 6 個〜12 個程度にばらつきます．全体の数は少ないもののイオン数のばらつきは 33 ％にもなります．

それでは従来の MOSFET では電気的特性のばらつきは問題にならなかったのでしょうか．少し大きめのゲート面積の MOSFET を例にとってこの問題を考えてみましょう．例えば，ゲート面積を上記の MOSFET の 100 倍にしてみます．そうするとチャネル内には平均 900 個のイオン化不純物原子があることになります．確率統計学によると，そのばらつきは $\sqrt{900} = 30$ 個ですから，同一ゲート面積の MOSFET のチャネルにはイオン化不純物が 870 〜 930 個の範囲でばらつくことになります．イオン数のばらつきとしては 3.3 ％と，1 けた小さくなります．

このように MOSFET のしきい値電圧のばらつきはゲート面積の平方根に反比例して小さくなるのです．言い換えると，MOSFET の寸法が大きかった過去の素子では特性のばらつきはあまり気にしなくてよかったのですが，アナログ集積回路にも微小な MOS 素子を用いるようになってから，その素子特性のばらつきが問題となってきたのです．とくに，チャネル長が $0.2\,\mu m$ を切る最先端の MOSFET では素子特性のばらつきが大き過ぎてアナログ回路では使いにくい状況になっています．

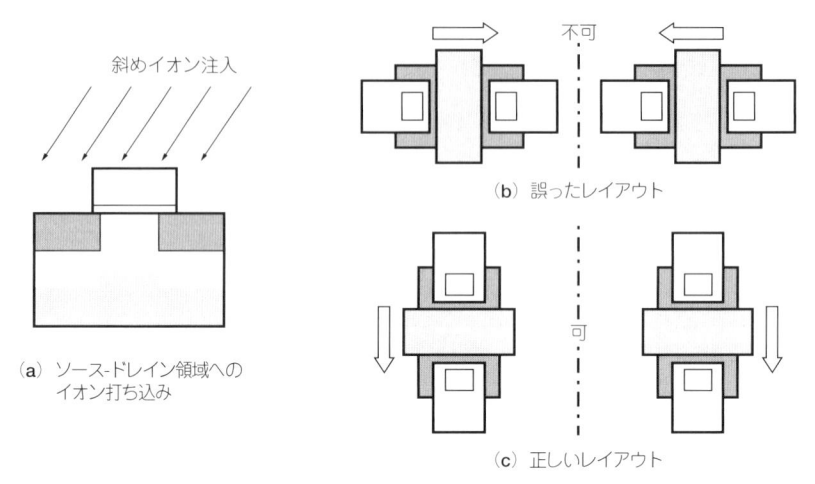

図 9-8 MOSFET 特性のマッチングを崩す要因の例
ソース・ドレイン領域への不純物導入は斜めイオン注入することが多く，MOSFET対をレイアウトする場合はゲート電極とソース，ドレインとのオーバラップ容量の違いを考慮する必要がある．一点鎖線は MOSFET 対の対象線．

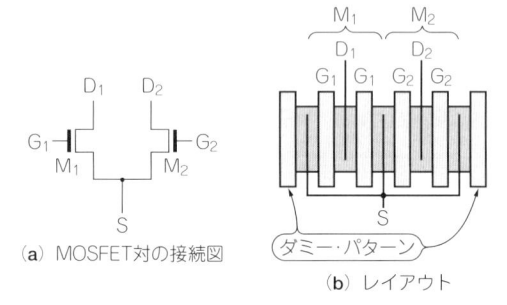

図 9-9 MOSFET 対の特性のマッチングを改善する例
ゲートを G_1，G_2 のように分割し，互いに逆方向に流れる電流経路を作ると，電流値のばらつきは小さくなるとともにゲート-ソース間容量も等しくなって高周波応答も等価となる．

9.1.5 パッケージングで発生する特性ばらつき

　チップをパッケージに融着すると，チップ周辺部には大きなひずみが入ります．この融着ひずみが大きいチップ周辺部に MOSFET 対を配置すると，2 個の MOSFET にかかるひずみが大きく違うことがあり，ドレイン電流が微妙に違ってきます(コラム K 参照)．さらに，ひずみの入りかたは，パッケージへチップを融

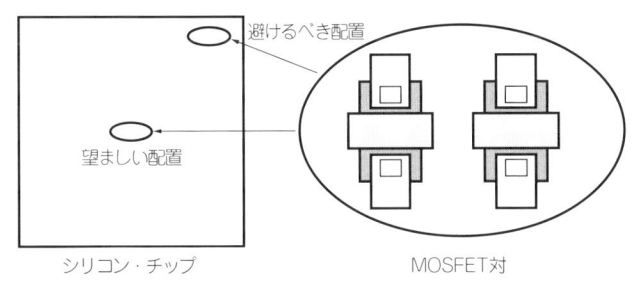

図 9-10　パッケージングで発生する特性ばらつきの低減
MOSFET をチップの端にレイアウトすると，パッケージに接着時に応力むらが入る．応力むらによる影響を回避するため，MOSFET 対は中央部に配置する．

着するたびに違うので，回路設計時にあらかじめこの効果を組み入れて設計することはできません．

この影響を回避するため，図 9-10 に示すように，チップをパッケージに融着しても機械的なひずみの影響を受けにくいチップの中央部に MOSFET 対を配置して，良好なマッチングをとるようにします．

9.2　MOSFET 対のばらつきの影響を軽減する方法

前述したように，MOSFET の対はたとえ隣どうしに素子を配置しても，空乏層中の不純物原子数や界面準位数のばらつきによって，しきい値や β 値がばらつくことが避けられません．アナログ回路を設計する際は，このような素子特性のばらつきがあることを前提として，適切なバイアス設定を行わなければなりません．

9.2.1　差動入力段でのオフセット電圧を低減するバイアス設定

図 9-11(a) に示す差動入力回路のオフセット電圧 V_{ost} は，MOSFET 対のしきい値電圧差 ΔV_T および β 値のばらつき $\Delta \beta$ ($=|\beta_1-\beta_2|$) を用いて次式で与えられます．

$$\frac{\beta_1}{2}(V_{GS1}-V_T-\Delta V_T)^2 = \frac{\beta_2}{2}(V_{GS2}-V_T)^2$$

$$\rightarrow V_{ost} \equiv V_{GS1}-V_{GS2} \approx \Delta V_T - (\overline{V_{GS}}-V_T)\frac{\Delta\beta}{2\bar{\beta}}$$

(9.3)

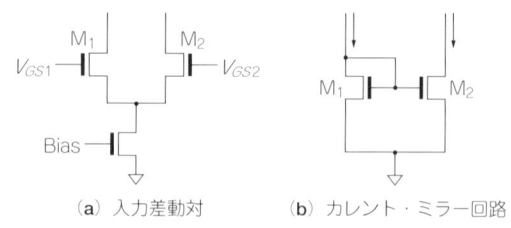

図 9-11 マッチングの改善方法

入力差動対(a)のマッチングを改善するためには，MOSFETのゲート面積を大きくするとともにオーバドライブ電圧を抑える．カレント・ミラー回路(b)のマッチングを良くするには，MOSFETのゲート面積を大きくするとともにオーバドライブ電圧を高くする．

なお，上付きの横棒は平均値を表しています．この式より，オフセット電圧 V_{ost} を小さくするには，ΔV_T と $\Delta \beta$ を小さくするように MOSFET 対のゲート面積 LW を大きくするとよいことがわかります．また，オーバドライブ電圧 Δ_{OV} ($=V_{GS}-V_T$) を小さくすることで，$\Delta \beta$ の影響をさらに軽減することができます．

9.2.2 カレント・ミラー回路における電流誤差を小さくする方法

図 9-11(b)に示すように，隣接 MOSFET のゲート電極電位を共通化したカレント・ミラー回路の電流誤差 ΔI は，

$$\frac{\Delta I}{I} \approx \sqrt{4\left(\frac{\Delta V_T}{V_{GS}-V_T}\right)^2 + \left(\frac{\Delta \beta}{\overline{\beta}}\right)^2} \tag{9.4}$$

で表されます．上の例と同じようにゲート面積を大きくして ΔV_T と $\Delta \beta$ の影響を抑えることができます．さらに，差動入力段とは逆にオーバドライブ電圧 Δ_{OV} ($=V_{GS}-V_T$) を大きくすると，右辺の $\sqrt{}$ 記号の第 1 項の影響が小さくなります．

このように MOSFET 対を高精度カレント・ミラー回路で使用する場合，ΔV_T と $\Delta \beta$ を小さくする努力だけでなく，ゲート電極を適切にバイアスすることでより効果的に問題を抑え込むことができるのです．

最後に，カレント・ミラー回路のレイアウトで注意すべき点について説明しておきます．カレント・ミラー回路では，二つの MOSFET に印加される電圧は完全に一致しなければなりません．図 9-12(a)の例では，左側と右側の MOSFET のソース間に Al の接地ラインがあり，そこに右側の MOSFET からの電流が流れています．この電流 I により，点 A-B 間に $I \cdot R$ の電位差が生じます．R は A-

9.3 MIMキャパシタと多結晶シリコン抵抗　155

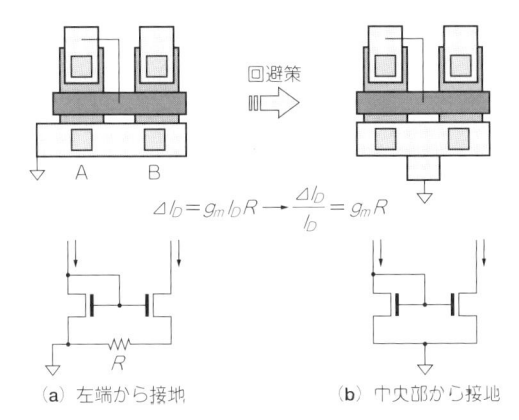

(a) 左端から接地　　　　　　(b) 中央部から接地

図9-12　カレント・ミラー回路のマッチングの改善
レイアウトに配慮するとカレント・ミラー回路のマッチングが改善する．

B間の配線抵抗です．この電位差によって，左右のMOSFETに印加される実効的なゲート-ソース間電圧が異なり，

$$\Delta I = g_m I \cdot R \tag{9.5}$$

だけカレント・ミラー回路のコピー電流が元の電流と違ってくるのです．とくに電流量が多い場合や，二つのMOSFETの距離が離れていると大きな問題となります．この問題を解決してマッチングの良いカレント・ミラー回路をレイアウトするには，図9-12(b)のように，二つのソース電極の中間点から接地ラインをとればよいのです．

9.3　MIMキャパシタと多結晶シリコン抵抗

　アナログ回路で使用するキャパシタは，図9-13に示すように，正方形にパターニングした2枚の金属膜の間に薄いシリコン酸化膜を挟んだサンドイッチ構造（MIM：metal insulator metal）となっています．上部の金属パターンは下部のパターンよりひと回り小さく作り，上部金属パターンからの電気力線が下部電極で終端するようにレイアウトします．
　なお，作成したキャパシタの容量は，設計時の標準値と10％程度ずれることは避けられません．この理由は，金属膜の間に挟む酸化膜厚がウェハ内やロット

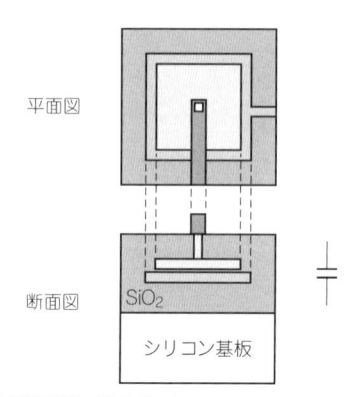

図 9-13　2層金属配線間に酸化膜を挟んだ MIM キャパシタの構造
平面図で示すように，金属の正方形パターンで形成する．また，断面図で示すように，上部のパターンを小さく設計することがポイントである．

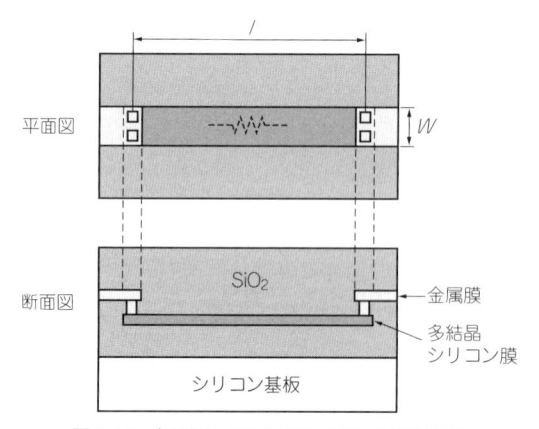

図 9-14　多結晶シリコン膜で作成した抵抗素子

間で多少ばらつくからです．しかし，チップ上の近距離にレイアウトされた同形のキャパシタの容量の相対ばらつきは，1％以下にすることが可能です．この相対誤差がきわめて優れていることを生かして，スイッチト・キャパシタ回路（詳しくは第15章を参照）がフィルタとして多用されています．

　また，プロセスによっては，MIMの代わりに多結晶シリコン電極を用いたキャパシタ（Double Poly-silicon）が使用されます．1層目の多結晶シリコン膜の表面を薄く酸化して所望の膜厚の酸化膜を形成した上に，第2層目の多結晶シリコン膜を堆積・パターニングすることで，ダブル・ポリキャパシタが作られます．

9.3 MIMキャパシタと多結晶シリコン抵抗

MIMとダブル・ポリキャパシタのどちらの構造でも,キャパシタ容量Cは次式で与えられます.

$$C = \frac{\varepsilon_{SiO_2}}{t_{ox}} S \tag{9.6}$$

ここで,ε_{SiO_2}は酸化膜の誘電率,t_{ox}は酸化膜厚,Sはキャパシタ面積です.

このほか,抵抗はnウェル拡散層や多結晶シリコン膜で作ります.**図9-14**に示すように,l,wをそれぞれパターンの長さと幅とすれば,抵抗値Rはシート抵抗を$\rho_\square$として次式で表されます[注1].

$$R = \rho_\square \frac{l}{w} \tag{9.7}$$

この抵抗も上で述べた容量と同様,作成するたびに±10%程度の誤差が避けられません.

注1:正方形にパターニングした多結晶シリコンの抵抗値をシート抵抗$\rho_\square$と呼ぶ.このシート抵抗がわかると任意の長方形の抵抗は長さと幅の比だけで与えられ,長さの絶対値には依存しない.

第10章 フィードバック回路

　この章では，アナログ信号の帰還（フィードバック）について解説します．帰還回路はそれだけでは何の役にも立ちませんが，アナログ回路の特性を変えることができる不思議な回路です．この技術が開発されていなければ，今日のアナログ電子回路はなかったと言っても過言ではありません．増幅回路や電流源回路などを野菜や肉などの素材だと考えれば，帰還回路は素材の旨みを引き出す調味料にたとえることができます．つまり，しょうゆが日本の伝統的な料理に欠かせないように，アナログ回路に帰還回路は不可欠なのです．トマト・ソースのないイタリア料理や，スパイスのないインド料理などを考えると，調味料を使わない料理がどんなに味気ないものであるかが想像できることでしょう．

　電子回路に帰還を取り入れるアイデアは，米国ベル研究所のBlack氏が考案しました．当時，電話線を伝わってくる信号を真空管回路で増幅していましたが，回路の利得を上げると信号がひずんで使いものになりませんでした．Black氏はこの問題を解決する技術の開発に寝食を忘れて取り組みました．そして1921年のある日，彼は通勤フェリーの中でこの帰還というアイデアにたどりついたのです．

　余談ですが，この例のように潜在意識の中に問題点が明確に叩き込まれていれば，リラックスした瞬間に新しい発見が生まれることが多々あります．化学者のケクレがベンゼン環を思いついたのも「しっぽをくわえた蛇」の夢をみたからだと言われています．潜在意識の中にまで染み込むほど考え抜いた問題は，ある偶然のきっかけで解決法が見いだせることが多いようです．このような偶発的な発見を「セレンディピティ（serendipity）」と呼びます．

10.1　帰還回路の概念

　帰還回路は，アナログ回路のさまざまな病気につけられる万能薬です．しかし，帰還量をまちがえると毒になることもあります．まちがった処方をして電子回路をおしゃかにしないように注意しましょう．

　出力信号の一部を入力にフィードバックする帰還増幅回路の概念図を**図 10-1**に示します．この図では，電源やグラウンドなどの信号情報を含まない配線は削除し，信号伝達の経路のみを示しています．

　入力信号をv_{in}，出力信号をv_{out}とすると，帰還回路を通してβ_F倍した出力信号を入力側に戻すことにより，入出力信号の間には次の関係式が成り立ちます．

$$v_{out} = A(v_{in} - \beta_F v_{out}) \tag{10.1}$$

式を変形すると，

$$\frac{v_{out}}{v_{in}} = \frac{A}{1+\beta_F A} \rightarrow \frac{1}{\beta_F} \tag{10.2}$$

となり，増幅回路が十分大きな利得Aを持っていれば，利得の大きさによらず入力信号の$1/\beta_F$倍の値が出力されることになります．帰還増幅回路の利得が帰還量β_Fだけで決まるということは，増幅回路の利得Aが外部温度や製造時のばらつきなどで大きく変動しても帰還増幅回路の利得にはほとんど影響しないことを意味しています．

　とくに大量生産されるアナログ製品の場合には，この「帰還」の効果がとても

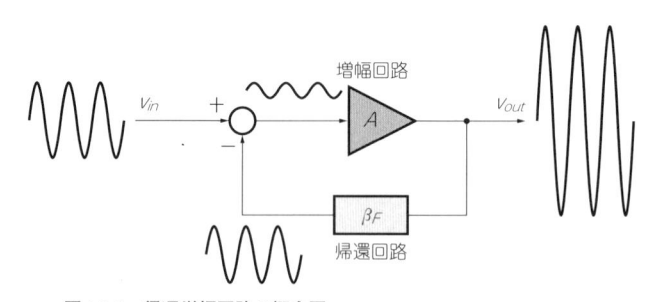

図 10-1　帰還増幅回路の概念図
出力信号の一部を負帰還することによって増幅器の低ひずみ化，高帯域化，インピーダンス変換を実現することができる．

大きくなります．つまり，製品を構成する電子部品の特性にばらつきがあっても帰還を施すことによって性能が均質化されるので，製品検査を多少手抜きしても製品を販売できるのです．しかも，ユーザがその製品を灼熱のサハラ砂漠で使用しても，極寒の南極で使っても性能にはほとんど差が認められません．だからこそ，テレビ，DVDなどの製品が世界中に普及し，さまざまな環境の中でも安心して使用されているのです．

10.2 帰還回路の効用

　帰還回路の効用としては，回路の低ひずみ化，高帯域化，入出力インピーダンスの変換などがあります．これらを順番に説明しながら，帰還増幅回路の原理を理解していくことにしましょう．

10.2.1 出力信号を帰還するとひずみが小さくなる

　1970年代だったでしょうか．ある家電メーカが開発したオーディオ・アンプの宣伝広告に「高調波ひずみ0.007％以下，ひずみ率測定器の測定限界を切る」という表現がありました．たとえアンプのひずみを完全に取り除いても，レコード・プレーヤのピックアップやスピーカで生じるひずみのほうが大きいので意味がないのに…と思ったものです．でもアンプのひずみを低減することはアナログ技術者にとって永遠の課題のようです．最近でも携帯電話の高周波アンプのひずみ低減化に関する技術の研究・開発が盛んに行われています．

　ひずみを低減するには「帰還」がもっとも効果的です．一例として**図10-2(a)**のソース接地増幅回路を思い浮かべてください．このゲート電極にバイアス電圧V_{in}を中心とした正弦波を入力します．入力信号の振幅が小さければ，出力端子には正弦波状の信号が出てきます．しかし入力信号の振幅が大きくなると，**図10-2(b)**に示すように，正弦波と異なる出力信号が得られます．**図10-2(b)**の例では，周期の半分は出力信号が大きく引き伸ばされた形をしていますが，もう一方の半周期では波形が押しつぶされたかっこうとなっています．このように入力信号と出力信号の波形が変わるのは，バイアス電圧V_{in}の近傍で入出力特性のこう配が一定でないためです．逆に，こう配，すなわち利得が一定であれば，出力

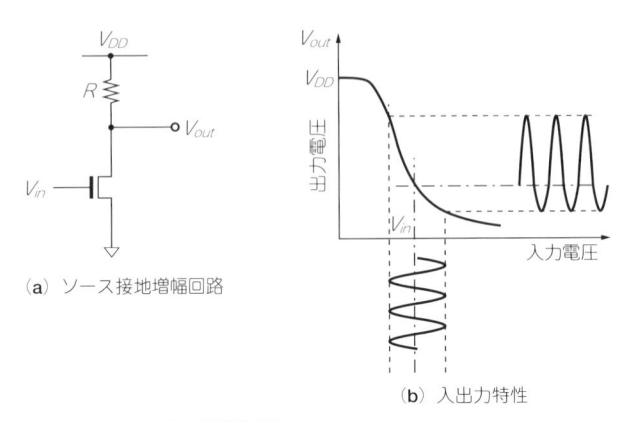

162 第10章 フィードバック回路

図10-2 ソース接地増幅回路
入力バイアス電圧 V_{in} を中心に振動する正弦波を入力すると，出力には入出力特性を反映したひずんだ信号が得られる．

信号はひずまないことは**図10-2(b)**から明らかです．

　極端な例ですが，ここで，帰還による効用を確認するために，入力バイアス電圧付近で利得が2倍も違っている非線形増幅回路を考えてみましょう．例えば，バイアス電圧の上下で，利得 A がそれぞれ100倍と200倍であると仮定します．式(10.2)によれば，出力信号の1％（$\beta_F = 0.01$）を帰還すると，帰還増幅回路の利得はそれぞれ50倍と67倍になります．たった1％を帰還（フィードバック）するだけで，倍も違っていた増幅回路の利得の差が30％まで近付くのです．さらに帰還量を10％にまで増やすと，利得はそれぞれ9.1倍と9.5倍になり，その差は4％まで急接近します．

　このように帰還増幅回路の帰還量 β_F を高めると，バイアス電圧近傍の入出力特性のこう配（利得）が直線に近づくため，出力ひずみも小さくなります．しかし，帰還することによる副作用，すなわち，利得の低下は避けられません．もっとも，帰還による利得の低下は帰還増幅回路を多段に接続することで補うことができます．

10.2.2　帰還するとアンプの帯域幅が広がる

　高速のA-Dコンバータでは，入力信号を高速にサンプリングし，それを瞬時にディジタル・データに変換しなければなりません．このような高い周波数の信号を処理するA-Dコンバータなどでは，高速で応答する増幅回路が不可欠です．

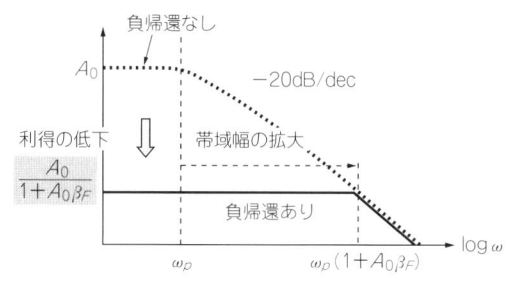

図 10-3 増幅回路の周波数特性
点線は，帰還のない基本増幅回路の周波数特性．実線は，帰還増幅回路の周波数特性．帰還をかけると利得が低下するが，帯域は拡大する．

しかし，第4章で説明したように，増幅回路には各種の寄生容量が存在しています．このため，各節点（ノード）に接続された抵抗と容量で構成されるローパス・フィルタの影響を受け，高周波領域における利得低下が避けられません．増幅回路中には，節点の数だけローパス・フィルタの遮断周波数があります．しかし，一般に増幅回路の安定性を保証するために，一つの遮断周波数を除いてほかの遮断周波数はけた違いに大きく設定されています．

増幅回路の周波数特性は次の式で近似できます．

$$A(s) = \frac{A_0}{1 + \dfrac{s}{\omega_p}} \tag{10.3}$$

ここで，ω_p は最小の遮断周波数で，式(10.3)の特性を**図 10-3** の太い点線で示します．図より，増幅回路の利得は ω_p 以下の低周波側では一定，それ以上の高周波領域では $-20\,\mathrm{dB/dec}$ で低下することがわかります．

さて，この回路を**図 10-1** の増幅器部とみなし，その出力信号の一部を入力に戻すと，帰還増幅回路の利得 A_C は，

$$A_C(s) \equiv \frac{v_{out}}{v_{in}} = \frac{A_0}{1 + A_0 \beta_F} \cdot \frac{1}{1 + \dfrac{s}{\omega_p(1 + A_0 \beta_F)}} \tag{10.4}$$

となります．A_C の C は帰還をかけた回路（閉ループ回路，Closed loop）であることを意味しています．この式の周波数特性を**図 10-3** の実線で示します．図からわかるように，低周波領域の利得は元の増幅回路（基本増幅回路と呼ぶ）の利得

A_0 の $1/(1+A_0\beta_F)$ 倍になりますが，遮断周波数は逆に $\omega_p(1+A_0\beta_F)$ にまで伸びています．帰還による利得の低下は増幅回路を多段接続することで補うことができるので，高速の増幅回路では利得より遮断周波数を高くすることのほうが重要です．そうは言っても，利得 0 dB の帰還増幅回路をいくら多段に接続しても信号の増幅はできないので，結局，増幅回路として使える最大の周波数は，利得×帯域幅 = $A_o\omega_p$ 程度になることを記憶にとめておいてください．

10.2.3 帰還量をまちがえると増幅回路は不安定になる

スピーカの近くでマイクを持ってカラオケを歌っていると，耳をつんざくような大音響がスピーカから出てくることがあります．これは正帰還によってアンプが不安定になったからです．マイクがスピーカの小さな音を拾い，それを電気信号に変えてアンプで増幅すると，スピーカからはさらに大きな音が出てきます．これが再びマイクに入って，同様な増幅が繰り返されるとスピーカの音は雪だるま式に大きくなります．これがあの耳障りな音の原因なのです．

出力信号を入力側に戻す帰還には 2 種類の方法があります．入力信号と同じ位相の信号を帰還する正帰還と，逆位相の信号を戻す負帰還です．上で述べたカラオケの例では正帰還が行われ，アンプが不安定になってしまったのです．正帰還は発振器以外ではほとんど使用されませんので，ここでは帰還と言えば負帰還を意味することにします．しかし，本来なら，安定しているはずの負帰還増幅回路でも不安定になることがあります．では，なぜ負帰還増幅回路が不安定になるのでしょうか．

増幅回路に複数あるローパス・フィルタの遮断周波数のうち，低周波側の二つの遮断周波数 (ω_{p1}, ω_{p2}) を使って基本増幅回路の特性を表すと次のようになります．

$$A(s) = \frac{A_0}{\left(1+\dfrac{s}{\omega_{p1}}\right)\left(1+\dfrac{s}{\omega_{p2}}\right)} \tag{10.5}$$

この式を式 (10.2) に代入して整理すると，帰還増幅回路の利得 A_C は，

$$A_C(s) = \frac{A_0}{\left(1+\dfrac{s}{\omega_{p1}}\right)\left(1+\dfrac{s}{\omega_{p2}}\right)+A_o\beta_F(s)} \tag{10.6}$$

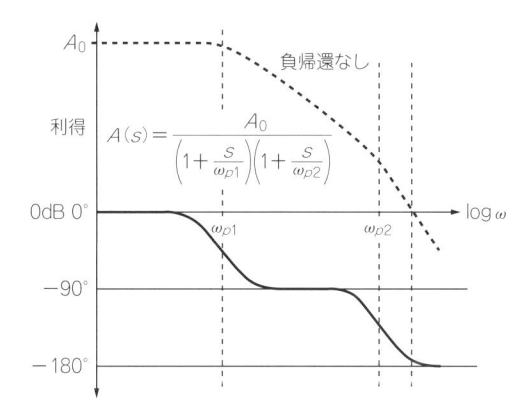

図 10-4 基本増幅回路の利得と位相の周波数特性
高域遮断周波数を 2 個（ω_{p1}, ω_{p2}）持つ増幅回路の周波数特性.

となります.

まず最初に, $\beta_F = 0$, すなわち負帰還を行わない基本増幅回路の周波数特性を調べてみましょう. 式(10.6)の中の s を $j\omega$ に置き換えれば, 基本増幅回路の利得と位相の周波数特性が得られます. その結果を**図 10-4** のボード線図に示します. 遮断周波数 ω_{p1} 以下の低周波数帯域における利得は A_0 ですが, $\omega = \omega_{p1}$ ではその利得が 3 dB 低下して位相は 45°遅れます. $\omega > \omega_{p1}$ の高い周波数領域で, 利得は -20 dB/dec で低下し, $\omega = 10\omega_{p1}$ において位相はほぼ 90°遅れます. さらに高い周波数領域の $\omega = \omega_{p2}$ で位相が $-135°$, $\omega > 10\omega_{p2}$ なら出力信号の位相遅れはほぼ 180°となります. このように複数の遮断周波数を持つ増幅回路では, 2 番目の遮断周波数 ω_{p2} を超える周波数帯域で出力信号は位相が反転します. この位相反転した出力信号が入力側に負帰還されると, 実効的に正帰還となるので, 増幅回路は不安定になります.

10.2.4 帰還量 β_F の周波数依存性を考える

次の例として, 帰還量 β_F が一定の帰還増幅回路を考えてみましょう. この場合, **図 10-3** に示した例と同様に帰還量 β_F を増やすと, **図 10-5** の②のように, 帰還増幅回路の低周波利得は小さくなります. このとき, 式(10.6)の分母を因数分解して得られる遮断周波数 ω^2_{p1} は高域側にシフトします. なお, ω^2_{p1} 以上の周波数領域では閉ループ利得 A_C は, **図 10-5** の①に沿って変化します. 一方, 2

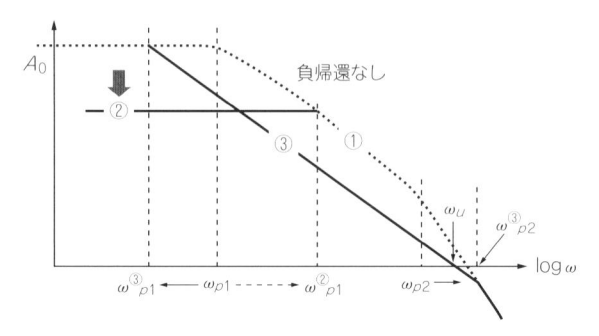

図 10-5　基本増幅回路の周波数特性の変化
2個（ω_{p1}, ω_{p2}）の高域遮断周波数を持つ増幅回路（①）に対して，周波数依存性のない抵抗性帰還 β_F をかけた帰還増幅回路の周波数特性（②）と，周波数に比例する容量性帰還をかけた帰還増幅回路の周波数特性（③）．帰還により遮断周波数が図のようにシフトする．実際には，増幅回路が安定に動作する条件 $\omega_u < \omega_{p2}$ を満たすように回路を設計しなければならない．

番目の遮断周波数 ω_{p2} はほとんど変化しません．

帰還量 β_F に周波数依存性を持たせる方法もあります．例えば，帰還量 β_F が周波数に比例する帰還増幅回路（キャパシタで構成されている帰還回路）の特性は図 10-5 の③のようになります．注目すべき点は，遮断周波数 $\omega^{(3)}_{p1}$ は低域側に，$\omega^{(3)}_{p2}$ は高周波側に移動することです．増幅回路の不安定性を引き起こす $\omega^{(3)}_{p2}$ が高い周波数側へシフトすることによって，安定した動作が期待できます．

第13章の「フィルタの伝達関数」の中でさらに詳しく説明します．

10.3　帰還増幅回路

10.3.1　4種類の帰還回路

ここまでの説明では，帰還する信号の種類が電圧か電流であるかを意図的に明確にしていませんでした．しかし，実際の帰還増幅回路では，モニタする出力信号や帰還信号の種類を明らかにする必要があります．

出力信号の取り出しかたについては，出力端子に現われる信号を電圧として検出するのか電流で検出するのかによって2種類の信号モニタ方式が考えられます．さらにその信号の一部を入力側に戻す際，帰還方式として電流帰還と電圧帰還との2種類の方式があります．出力側のモニタ方式が2種類，入力側への帰還

表10-1 4種類の帰還増幅回路の入出力インピーダンス

帰還によって，基本増幅回路の入出力インピーダンスがK倍ないしは$1/K$倍になる．Kは帰還係数$1+\beta_F$である．

入力	出力	入力抵抗	出力抵抗
直列	並列	Kz_{in}	z_{out}/K
直列	直列	Kz_{in}	Kz_{out}
並列	並列	z_{in}/K	z_{out}/K
並列	直列	z_{in}/K	Kz_{out}

$K \equiv 1 + \beta_F A$

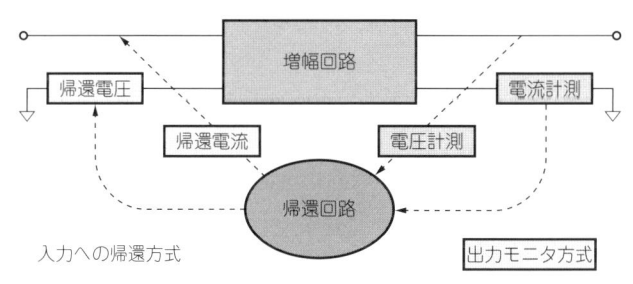

図10-6 増幅回路の出力信号をモニタする方式

帰還増幅回路において用いられる出力信号をモニタする2種類の方式（電圧計測と電流計測）と2種類の帰還方式（帰還電圧と帰還電流）．電流計測と帰還電流方式は増幅回路に対して直列に接続されているが，そのほかの方式では並列に接続されている．

方式が2種類ですから，帰還増幅回路には4種類の方式があることがわかります（表10-1）．

まず，図10-6を使って増幅回路の出力信号をモニタする方式について考えましょう．図中に示した増幅器の出力端子の片方をグラウンド（接地）線とみなせば，出力信号電圧は出力端子から直接モニタできます．一方，出力信号電流は増幅回路とグラウンドとの間に電流計測器（実際の帰還増幅回路では抵抗が使われることが多い）を挿入してモニタします．こうしてモニタした出力信号（電圧，電流）は，帰還回路の中で電圧ないし電流に変換されて入力側に戻されます．CMOS集積回路の場合，帰還回路は抵抗やキャパシタなどの受動素子で作られるのが一般的です．

なお，帰還電流は入力端子を分岐してそこに電流を注入する形で挿入しますが，電圧を帰還する場合には入力側のグラウンド線を切断し，そこに帰還電圧を加えます．出力線や入力線を切断して電流計測器や帰還電圧源をつなぐ方式を「直列

接続」と呼び,そのほかの方式を「並列接続」と呼んで4種類の帰還増幅回路を区別しています.

10.3.2 帰還回路の入出力インピーダンス

アナログ回路の周波数特性や過渡応答特性は,入出力インピーダンスと負荷容量で作られるローパス・フィルタの遮断周波数ω_pに強く影響されます(第4章を参照).このことは入出力インピーダンスが回路特性に大きな影響を及ぼす重要な要素であることを意味しています.以下では,この入出力インピーダンスが帰還増幅回路の帰還量β_Fや利得Aとどのように関係しているかを明らかにします.

まず,入出力インピーダンスの計算に先立ち,信号の伝達には方向性があると仮定します.すなわち,入力信号は増幅器を通して出力されますが,その出力信号は帰還回路を経由してのみ入力側に帰還するものとします.つまり,増幅回路では信号が入力側から出力側にのみ伝わり,その逆はないものと仮定します.それと同様に,帰還回路においても入力側から出力側への信号伝達はないものとします.このような仮定を置くと,帰還増幅回路の入出力インピーダンスは比較的簡単に求めることができます.

出力電圧をモニタし,その一部を入力側に帰還電圧として戻す**図10-7**の直並列帰還回路では,端子電圧間に次の関係式が成り立ちます.

$$
\begin{aligned}
v_{out} &= A v_i \\
v_{in} &= v_i + \beta_F v_{out}
\end{aligned}
\tag{10.7}
$$

この二つの式から次式が得られます.

$$
v_{in} = v_i (1 + \beta_F A) \tag{10.8}
$$

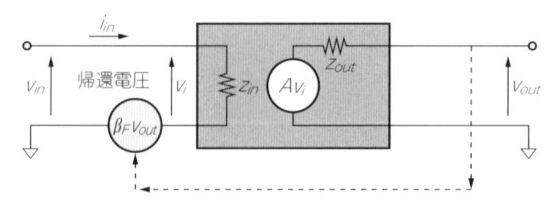

図10-7 帰還増幅回路の入出力インピーダンスを計算する方法を示す模式図
出力信号電圧の一部を帰還電圧として入力側に帰還した直並列帰還回路.

また，基本増幅回路の入力インピーダンス z_{in} と入力電流 i_{in} との間に，次式が成り立ちます．

$$i_{in} = \frac{v_i}{z_{in}} \tag{10.9}$$

以上の結果を用いると，帰還増幅回路の入力インピーダンスは以下のようになります．

$$Z_{in} \equiv \frac{v_{in}}{i_{in}} = (1 + \beta_F A) z_{in} \tag{10.10}$$

つまり，直列帰還増幅回路の入力インピーダンスは，増幅回路インピーダンス z_{in} の $(1 + A\beta_F)$ 倍になるのです．

前述した4種類の帰還回路すべてに対して，このような入出力インピーダンスの計算を行った結果を表 10-1 にまとめました．この表から明らかなように，入力端子，出力端子にかかわらず，並列接続ではインピーダンスが減少して $1/(1+A\beta_F)$ 倍となり，直列接続ではインピーダンスが増加して $(1 + A\beta_F)$ 倍になることがわかります．この結果はとても重要なのでしっかり覚えておいてください．

10.3.3 帰還増幅回路の実際例

次に実際の帰還増幅回路を使い，帰還経路とその帰還方式の見つけかたについて説明します．

帰還経路は，まず，出力信号をモニタしている箇所を見つけることから始まります．図 10-8 の増幅回路を例にして考えてみましょう．電源ライン V_{DD} の電位は一定なので，微小信号成分にとって電源ラインはグラウンドと等価です．このことがわかれば，①は出力信号を電圧でモニタする端子であることがわかります．一方，②は信号電流を電圧に変換して引き出している端子です．このように同じ増幅回路でもモニタする箇所によって検出される出力信号の種類（電圧，電流）が違っています．

次に，入力側の帰還箇所とその帰還方式の簡便な見分けかたについて考えてみましょう．前述した並列帰還，すなわち入力端子に対して並列に電流源が接続される方式の帰還では，図 10-6 から入力端子に帰還用の分岐があることがわかります．その逆に，入力端子に分岐がなければ電圧帰還（直列帰還）なのです．

(a) ソース接地増幅回路　(b) 交流的には電源 V_{DD} はグラウンドと等価

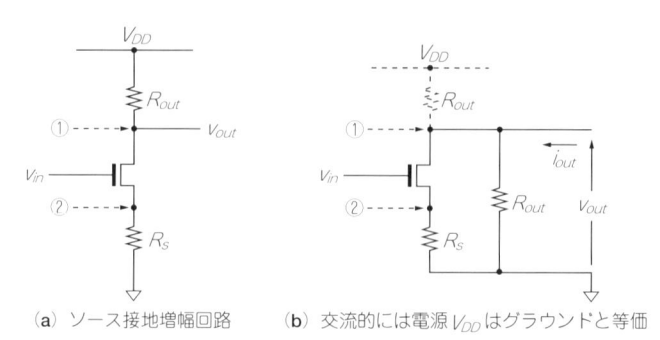

図10-8　ソース接地増幅回路の出力信号を取り出す方式
①は出力電圧モニタ端子，②は出力電流モニタ端子である．

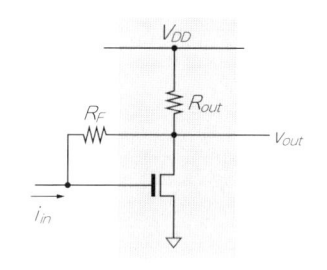

図10-9　並並列帰還増幅回路
灰色の部分のソース接地増幅回路の出力信号電圧 v_{out} をモニタし，それを帰還抵抗 R_F で電流に変換して入力側に帰還する方式の並並列帰還増幅回路．

図10-9の例題を使って帰還経路と帰還方式を確認してみましょう．この図の場合，抵抗 R_F が帰還回路であり，灰色の部分のソース接地増幅回路が基本増幅回路です．帰還抵抗の右端は出力端子に接続されているので，出力電圧をモニタする並列接続方式であることがわかります．一方，抵抗の左端は分岐となって入力端子につながっています．このことからも並列帰還であることがわかります．

さらに，複雑な帰還増幅回路の例として図10-10を考えてみましょう．この回路では，R_F が信号の帰還経路となります．R_F の右端で出力端子電圧がモニタされているので，並列接続です．しかし，R_F の左端は入力端子ではなくMOSFETのソースに接続されていますから，電圧帰還の直列接続であることがわかります．

次に図10-10の帰還増幅回路の入出力インピーダンスを求めましょう．**表10-1**に示したように，帰還増幅回路の入出力インピーダンスは元の基本増幅回路の入出力インピーダンスの $(1+A\beta_F)$ 倍か $1/(1+A\beta_F)$ 倍です．このことは，$(1+$

10.3 帰還増幅回路　171

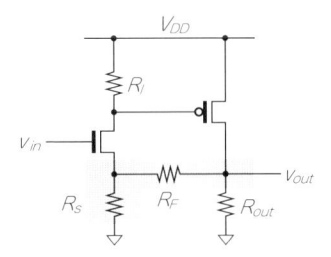

図 10-10　直並列帰還増幅回路
2 段のソース接地帰還増幅回路で構成された帰還増幅回路．灰色の部分は帰還回路を示している．出力信号電圧 v_{out} をモニタし，それを帰還抵抗 R_F でと R_S で電圧に変換して入力側に帰還する直並列帰還方式の増幅回路である．

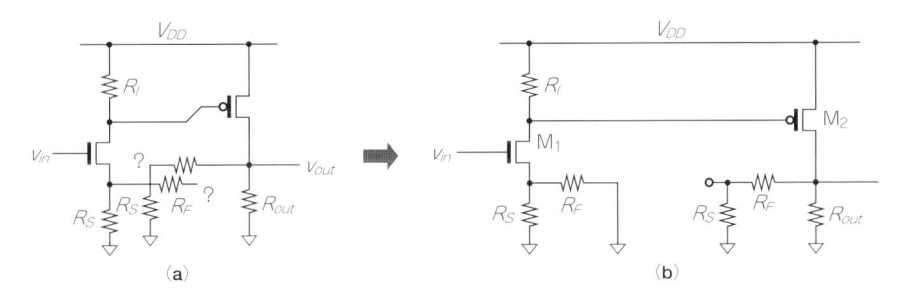

図 10-11　帰還増幅回路を開ループ化する手順
帰還回路を構成する素子とその影武者を作り，それを入力側と出力側に分離する．その際，"？"で示した箇所の取り扱いは，本文中に示したようにグラウンドに短絡もしくは開放となる．

$A\beta_F$) と基本増幅回路の入出力インピーダンスがわかれば，帰還増幅回路の入出力インピーダンスが簡単に求められることを意味しています．まず，**図 10-10** の帰還増幅回路を開ループ化し，その開ループ利得 A を求めます．帰還回路を開ループ化する際，入力側と出力側とをつなぐ帰還素子を切り離さなければなりません．このとき，入力側と出力側が負担すべき帰還回路のインピーダンスを残すために，**図 10-11**(a) のように帰還素子を二つにして，その影武者とします．開ループ化の際，帰還素子とその影武者はそれぞれ入力側と出力側に分離されて行き別れとなりますが，切り離された帰還素子とその影武者の片端子（図中の？マーク）の取り扱いが問題となります．しかし，分離する前に帰還素子が入出力端子に接続されていれば，分離後にはその片端子はグラウンドに短絡しますが，そうでなければ片端子は電気的に開放するというルールに従って開ループにします．この結果を**図 10-11**(b) に示します．この図から開ループ化した初段と次段の合

成利得が，

$$A_o = \frac{R_1}{R_S // R_F + 1/g_{m1}} \cdot \frac{R_{out} // (R_S + R_F)}{1/g_{m2}} \qquad (10.11)$$

となることがわかります．帰還量 β_F も次式で与えられます．

$$\beta_F = \frac{R_S}{R_S + R_F} \qquad (10.12)$$

以上の結果と基本増幅回路の入出力インピーダンスから，**表 10-1** を使って帰還増幅回路の入出力インピーダンスが求められます．

第 10 章のまとめ

アナログ回路にはさまざまな形態の帰還回路が使われています．すべてを紹介していてはきりがないので，後は皆さんの応用力に期待したいと思います．

もし，検討すべき帰還増幅回路が与えられたときには，次のポイントを押さえることが肝要です．まず，
- 帰還増幅回路の中の基本増幅回路
- 出力信号をモニタしている箇所
- 信号の帰還箇所

を見つけ出して帰還方式を明らかにします．そして，帰還増幅回路を開ループ化してその利得 A と帰還量 β_F を求め，**表 10-1** の方法で帰還増幅回路の入出力インピーダンスを計算します．さらに，この入出力インピーダンスと負荷容量，寄生容量からローパス・フィルタの遮断周波数 ω_p を求めて式 (10.6) の閉ループ伝達関数 A_C を得ます．最後に，所望の特性が得られるように出力抵抗と負荷容量を調整して，この帰還増幅回路が安定に動作するよう配慮することが重要です．

この章は，計算式を使った説明が多くてとまどってしまったかもしれません．でも，これは帰還の概念を理解するための欠かせない儀式なのです．帰還増幅回路がアナログ回路の重要な要素回路になっている以上，この章の内容を飛ばして先には進めません．難しいと感じた方は，もう一度，昔の教科書を取り出して制御理論を勉強し直した後，この章を読み返してください．そして「なんだ，そうだったのか」と納得されることを期待しています．

第11章
OP アンプ —基礎編—

　ハリウッド映画の監督のみならず関係者は，スーパスターだけでなく，難しい演技を頼んでもうまくやりこなしてくれる「何でも屋さん」型の俳優もたいせつにしています．とりわけこの種の俳優は，監督が映画のストーリを自在に展開していくうえで，なくてはならない貴重な存在なのです．みなさんのまわりにもそんな人がいるでしょう．そう，頭に白髪がちらほら見えるようになってきたあの人ですよ．あの人は魚釣りがじょうずだし，料理もでき，一輪車にも乗れる，暇さえあれば家でも作ってしまいそうです．そんな人といっしょなら，ジャングルに放り出されても何とか生き延びていけそうな気がします．アナログ回路の中にも，設計に携わるみなさんがとても重宝する「何でも屋」的な回路があります．それが OP アンプです．

11.1　OP アンプとは

　この章では，アナログ回路の中でとても重要な役割を演じている OP アンプについて説明します．OP アンプというのはオペレーショナル・アンプリファイア (operational amplifier) の略で，多くの機能を実現しうる増幅回路です．これは単なる増幅回路にすぎませんが，少しばかりの周辺回路を付加するだけでさまざまな機能を持つアナログ回路に変身するおもしろい回路なのです．
　OP アンプは，今まで解説してきた増幅回路より複雑な構造をしています．しかし，回路図を詳細に眺めてみると，単純な増幅回路を組み合わせて作られていることがわかります．複数の増幅器が含まれているので，もちろん，OP アンプは大きな利得を持っています．あえて OP アンプの利得を無限大と仮定すれば

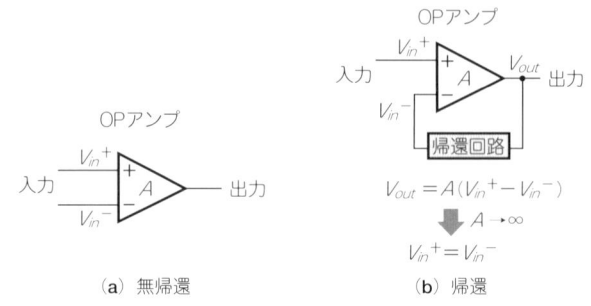

図 11-1　OPアンプの応用例
無帰還のOPアンプでは，二つの入力端子に電位差があると出力電圧は電源電圧か接地電圧に振り切れる．これでは使い勝手が悪い．出力の一部を反転入力端子に帰還させることで出力は安定する．増幅利得が無限大のOPアンプに帰還をかけると，二つの入力端子電圧が等しくなる特徴がある．

（実際にはこんなOPアンプなどあり得ないが…），OPアンプを用いた電子回路の動作を解析することがとても簡単になります．それを図 11-1 に示すOPアンプの応用例を使って説明しましょう．

図 11-1（a）は，差動信号入力端子を持つ理想的なOPアンプ（利得が無限大）です．2本の差動入力電圧に少しでも差があると，出力端子は電源電圧か接地（グラウンド）電圧に振り切れてしまいます．

しかし，これではOPアンプの潜在的な能力を十分に引き出すことができません．そこで，図 11-1（b）のように，出力信号の一部を入力側に負帰還します．すると，帰還回路の働きにより入力信号の差がなくなるように出力端子電圧が変化するのです．このとき，「理想的なOPアンプの電圧利得が無限大」であれば，2本の入力端子間電圧の差と利得 A（無限大）との積が有限の出力電圧 V_{out} になるのですから，

$$V_{out} = A(V_{in}^+ - V_{in}^-) \tag{11.1}$$

より，二つの差動入力の電圧差はゼロであることがわかります．

このように，フィードバックをかけたOPアンプの二つの入力端子はいつも同じ電圧になります．これを「仮想短絡（virtual short）」と呼びます．この仮想短絡の考えかたは，OPアンプを使った電子回路を見て，わかった気にさせてくれる不思議な「おまじない」なのです．

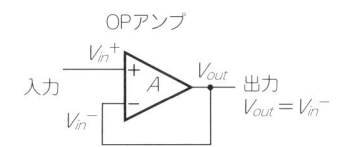

図11-2　出力端子と反転入力端子を接続したユニティ・ゲイン・バッファ
増幅利得が1のアンプ．抵抗性負荷や大きな容量の負荷を駆動するために用いられる．

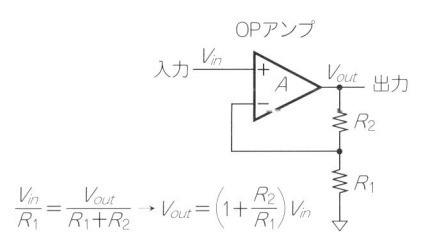

$$\frac{V_{in}}{R_1} = \frac{V_{out}}{R_1+R_2} \rightarrow V_{out} = \left(1+\frac{R_2}{R_1}\right)V_{in}$$

図11-3　OPアンプを増幅器として利用する場合の回路構成（非反転増幅回路）

　図11-2は，OPアンプを用いた「ユニティ・ゲイン・バッファ」と呼ばれる回路です．この回路では，出力電圧V_{out}が反転入力端子V_{in}^-に帰還接続されています．上で述べたように，帰還経路を持つOPアンプの入力端子の電圧は同じですから，この回路は入力電圧V_{in}をそのまま出力する回路であることがわかります．
　増幅機能のない回路をわざわざ使う理由がわからないと思われる方がいるかもしれません．増幅回路は「MOSFETで入力信号電圧を電流に変換し，それを高抵抗で受けて，大きく増幅して出力する」回路ですから，負荷抵抗の値に応じて増幅回路の電圧利得は大きく変動します．しかし，負荷抵抗によって利得が変動するのも設計者にとっては困りものです．このような場面で**図11-2**のようなユニティ・ゲイン・バッファが威力を発揮します．
　ユニティ・ゲイン・バッファのほかにも，信号を増幅するOPアンプの利用法があります．**図11-3**のように，出力端子と接地端子との間に抵抗を2個直列接続してその間から負帰還すると利得が$(1+R_2/R_1)$倍の増幅回路になります．OPアンプを使った電子回路は，このような回路以外にも**図11-4**のように多くの回路例があります．ここでは，OPアンプを使った電子回路をいちいち説明することが目的ではないので，本題のCMOS回路を用いたOPアンプの設計法に話を

```
・電流-電圧変換回路
・四則演算回路
・微分／積分回路
・対数変換回路
・シュミット回路
・サンプル＆ホールド回路
・マルチバイブレータ回路
・AM／FM変調回路
・フィルタ回路
```

図 11-4　OP アンプを用いた電子回路の例

移します．

11.2　OP アンプを構成する要素回路

　最近の回路設計者は，OP アンプをブラックボックスとして取り扱う傾向が強いようです．しかし，自分で OP アンプが設計できれば，アナログ回路の設計がとても楽になります．

　第 1 章で述べたように，アナログ回路の設計者はバランス感覚がとてもたいせつです．要求仕様に適合するアナログ集積回路を設計する際，IP（intellectual property）としてライブラリ登録されている手近な OP アンプを組み込みがちです．しかし，それはひょっとするとオーバ・スペックの高性能な OP アンプかもしれません．そんな OP アンプは電力消費量が大きく，結果的にバランスの悪いアナログ集積回路となってしまうのです．一方，自分で OP アンプが設計できれば，バランスの良いアナログ集積回路を自在に作れます．そして，そばで見ている上司に「おっ，やるな」と思わせることもできるのです．

　さて，利得が無限大に近い OP アンプはどうやって作るのでしょうか．CMOS の増幅回路では，1 段当たりの電圧利得は数十倍程度ですから，増幅回路を 2 段接続するだけで，その利得は 1,000 倍（60 dB）程度にまで大きくなります．一般的な電子回路では，この程度の利得を持つ OP アンプが使われています．

　OP アンプは，図 11-5 に示すように，バイアス回路，入力差動増幅段，利得段，出力バッファの要素回路で構成されています．バイアス回路はすでに第 7 章

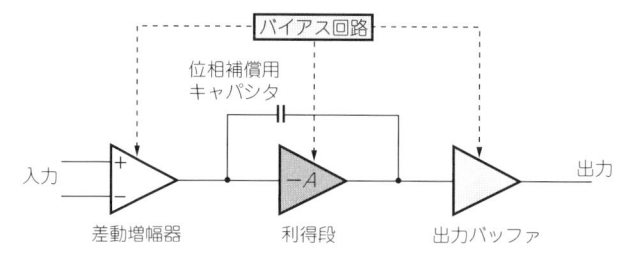

図11-5　OPアンプの内部の要素回路構成
差動入力段，利得段，出力バッファとバイアス回路から構成されている．位相補償用キャパシタはOPアンプが安定に動作するために利得段の前後に接続されている．

で説明しているので，ここではOPアンプの増幅機能に焦点を絞ります．
OPアンプの差動入力段には，
- 大きな入力電圧範囲
- 大きな利得
- 高い入力インピーダンス

などが要求されます．3種類の基本増幅回路（ソース接地，ゲート接地，ドレイン接地）の中で，これらの条件を満たす回路は，ソース接地増幅回路です．これに続く利得段には，利得の大きなソース接地もしくはゲート接地の増幅回路が使用されます．最後の出力段には，ドレイン接地増幅回路（ソース・フォロワ）もしくはソース接地増幅回路が使われます．前者は出力端子に負荷抵抗や大容量がある場合に使用されます．それ以外の負荷に対しては，利得を稼ぐためのソース接地増幅回路が使われます．もっとも，小さな負荷しかない集積回路内のOPアンプでは，この出力段のないものもあります．

いずれにしても，OPアンプは第3章で説明した3種類の増幅回路から構成されているのです．

11.3　差動入力段

11.3.1　基本差動増幅回路

2入力の電位差を大きく増幅して取り出すしくみを図11-6に示します．基本的には第6章で述べた入力差動対，カレント・ミラー，テイル電流源から構成さ

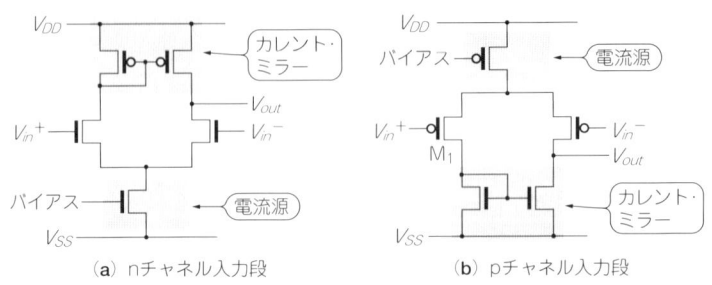

図 11-6　2 入力の電位差を大きく増幅して取り出すしくみ
入力差動対，カレント・ミラー，テイル電流源から構成される OTA (operational transconductance amplifier) である．(b) は，入力差動対，カレント・ミラー，テイル電流源の要素が (a) と比較して上下反転している．

れる OTA です．図 11-6 (a) が，第 6 章で示した図 6-4 (a) と同じ回路であることがわかれば，その動作原理は理解できるでしょう．もう一つの図 11-6 (b) は，入力差動対，カレント・ミラー，テイル電流源の要素が図 11-6 (a) と比較して上下反転しています．これは使用している MOSFET のタイプが違うからです．差動入力段としての動作原理や基本的な機能は図 11-6 (a) とまったく同じです．

細かく見れば，図 11-6 (b) の入力差動対は p チャネル MOSFET で構成されており，図 11-6 (a) の n チャネル MOSFET の入力差動対とは MOSFET のタイプが違っています．それではなぜ動作原理や基本的な機能が同じ複数の OTA を取り上げるのでしょうか．それはおいおいわかってくるでしょうが，用途に応じて適切な回路選択を行えば，より優れた OP アンプができるからです．例えば，図 11-6 (b) に示すように，$1/f$ ノイズの少ない p チャネル MOSFET を入力差動対として使用すれば低ノイズの OP アンプができます．

以下では図 11-7 に示す n チャネル MOSFET を差動対として用いた差動増幅回路の利得を計算してみましょう．

二つの入力電圧の微小な差信号 $\pm v_{in}/2$ を入力 MOSFET のゲート電極に入れると，M_1 には下向きの電流 $g_m v_{in}/2$ が流れ，M_2 には逆に上向きの小信号電流 $g_m v_{in}/2$ が流れます．一方，左側の経路に流れる電流をモニタするカレント・ミラー回路では，検出した電流を M_4 にコピーして電源ラインから $g_m v_{in}/2$ を引き抜き，出力端子に流します．この M_2 と M_4 を流れる電流の方向を考慮して出力電流を計算すると，$g_m v_{in}$ が出力端子へ流れ出すことになります．出力端子に次

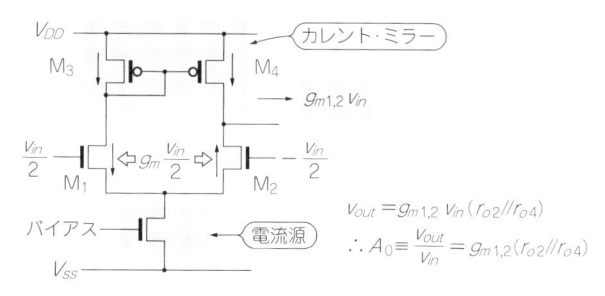

図11-7 nチャネルMOSFETを差動対として用いた差動増幅回路

段の回路を接続しなければ，出力抵抗は M_2 と M_4 の出力抵抗の並列接続となるので，この差動増幅回路の電圧利得は，

$$A_0 = g_{m1,2}(r_{o2}//r_{o4}) \tag{11.2}$$

となります．この A_0 の値はおおむね 30 dB 程度の大きさですから，用途によって利得が不足する場合があります．

11.3.2 カスコード差動増幅回路

電圧利得をさらに高めて 60 dB (1,000倍) 程度にする簡単な手法として，第3章で説明したカスコード増幅回路があります．

カスコード回路を図 11-8 (a) に示します．この回路を差動型カスコード構造にする際，電源ライン V_{DD} 側に低電源電圧用カスコード・カレント・ミラー回路（第7章の図 7-8 を参照）を接続すると図 11-8 (b) の回路ができます．この出力端子側から見た実効的な抵抗は，おおむね $g_{m4}r_{o4}r_{o2}//g_{m6}r_{o6}r_{o8}$ ですから，図 11-8 (b) の差動型カスコード増幅回路の電圧利得は，

$$A_0 \approx g_{m1,2}(g_{m4}r_{o4}r_{o2}//g_{m6}r_{o6}r_{o8}) \tag{11.3}$$

となります．このように差動入力回路をカスコード構造にすることで電圧利得が式 (11.2) に比べてさらに数十倍も大きくなっていることがわかるでしょう．

一方，カスコード差動増幅回路は，電源電圧が低くなると入出力電圧範囲が狭くなるという本質的な問題を抱えています．それを図 11-9 を使って説明しましょう．説明を簡略化するために，二つの入力端子には共通の入力電位 $V_{in,CM}$ を印加

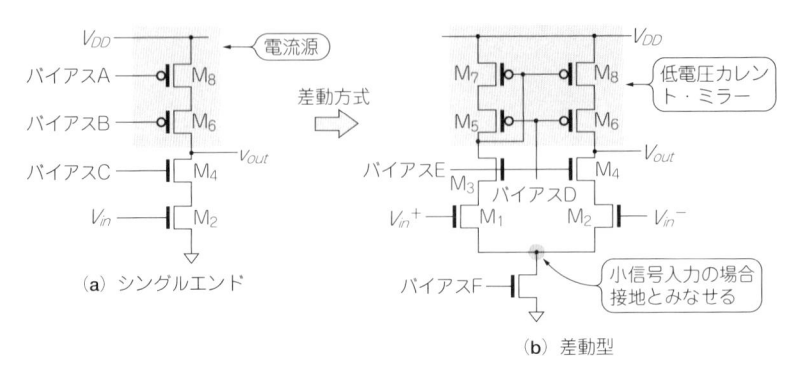

図 11-8 カスコード差動増幅回路

(a) のカスコード回路を差動型カスコード構造にするには，(b) のように．電源ライン V_{DD} 側に低電源電圧用カスコード・カレント・ミラー回路を接続する．

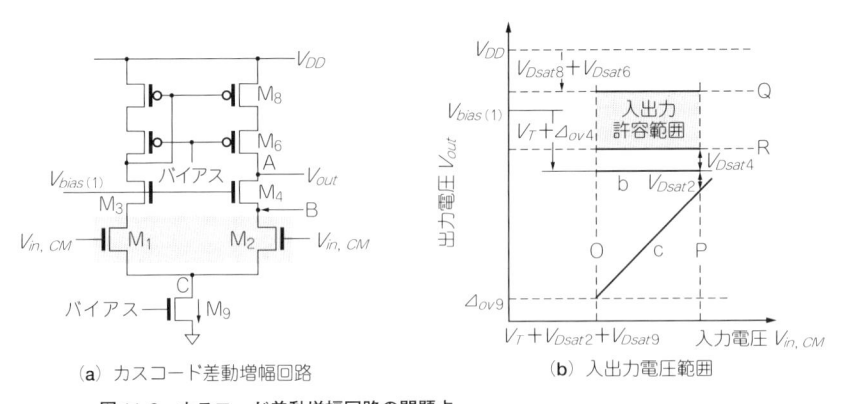

(a) シングルエンド
(b) 差動型

図 11-9 カスコード差動増幅回路の問題点

(a) カスコード差動増幅回路
(b) 入出力電圧範囲

カスコード型の差動入力段は入出力電圧範囲が狭い領域に限られているので，汎用の OP アンプとしては使いにくい．

して出力端子に現れる電圧範囲を調べます．M_2 と M_9 が共に飽和特性領域で動作するには，

$$V_{in,CM} > V_T + V_{Dsat2} + V_{Dsat9} \tag{11.4}$$

の条件を満たさなくてはなりません．これが入力電圧の下限(点線 O)となります．なお，二つの入力対のソース端電圧 V_C は入力電圧と共に変化するので，

$$V_C = V_{in,CM} - V_T - \Delta_{ov2} \tag{11.5}$$

となり，式 (11.5) を図示すると図中の直線 c となります．

一方，$V_{bias(1)}$ がゲート電極に印加されている M_4 のソース電極 B の電位は，

$$V_B = V_{bias(1)} - V_T - \Delta_{ov4} \tag{11.6}$$

となり，入力電圧 $V_{in,CM}$ によらず図中直線 b の一定値で与えられます．直線 b と直線 c との差が $V_{Dsat2} = \Delta_{ov2}$ 以下になると，M_2 が線形領域に入って，カスコード増幅回路としての機能が喪失します．このため入力電圧の許容範囲は O，P の点線で挟まれた領域に限定されます．同様に出力許容電圧の範囲について考えると，M_6 と M_8 が共に飽和特性領域で動作する条件 (Q) と M_4 が飽和特性で動作する条件 (R) を満たす電圧範囲であることから，図中の灰色の狭い領域だけが入出力範囲として許されることになります．

このカスコード型の差動入力回路をユニティ・ゲイン・バッファ回路として入出力を接続してもまともには動作しないことがわかるでしょう．このように，カスコード型の差動入力段は入出力電圧範囲が狭い領域に限られているので，汎用の OP アンプとしては使いにくいことを覚えておいてください．

11.3.3 折り返しカスコード差動増幅回路

この問題を解消する方式として，**図 11-10** の折り返しカスコード型の差動入力増幅回路があります．**図 11-9** に示すカスコード型差動増幅回路における諸悪の根源は，点 C の電位が入力電圧 $V_{in,CM}$ とともに動くことにあります．つまり，入力範囲を確保するために点 B の電位を高く保つと，M_4 が飽和特性領域で動作するために出力電圧は低くできず，出力電圧の範囲が狭くなるのです．

これに対して，n チャネル入力差動対を p チャネル MOSFET 差動入力回路と入れ替えると，M_4 のソース電位を下げることができる入力範囲の広いカスコード増幅回路ができます．入力信号は p チャネル MOSFET のゲート電極からドレイン電極に伝播するので，その信号が点 B を経由して M_4 のソースからドレイン側に伝わります．この信号伝播の経路は，**図 11-9** のカスコード接続の差動増幅回路の場合と同じです．

次に**図 11-10** に示す折り返しカスコード増幅回路の動作について考えてみましょう．例えば M_2 のゲート電位を $v_{in}/2$ だけ下げると，M_2 を流れる電流が

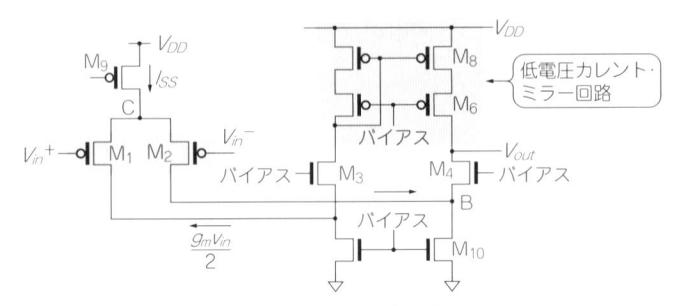

図 11-10　折り返しカスコード差動増幅回路
折り返しカスコード回路は大きな電圧利得を持つだけでなく，入出力電圧範囲も広い．

$g_m v_{in}/2$ だけ増加します．一方，電流源 M_{10} には入力信号によらず一定の電流が流れるので，矢印で示した信号電流は M_4 を経由して出力端子に流れ出すことを意味しています．同様な議論を M_1 側に対して行うと，信号電流 $g_m v_{in}/2$ は矢印の方向に流れます．この電流を供給するため，上部の低電圧カレント・ミラー回路には微小信号電流 $g_m v_{in}/2$ が余分に流れます．これが出力端子側の M_8 に伝わります．結局，出力端子には M_4 と M_8 を経由して流れ込んできた電流 $g_m v_{in}$ が流出することになります．

出力端子に伝わる信号電流成分の大きさがわかりました．実効的な出力抵抗を計算すれば，この回路の電圧利得を求めることができます．

$$R_{out}^{\text{eff}} \approx g_{m4} r_{o4}(r_{o2}//r_{o10})//g_{m6} r_{o6} r_{o8} \tag{11.7}$$

通常のカスコード回路の出力抵抗に比べると半分程度になっていることがわかるでしょう．つまり，折り返しカスコード増幅回路の電圧利得は次式のようになります．

$$A_0 = g_{m2} R_{out}^{\text{eff}} \approx g_{m2}[g_{m4} r_{o4}(r_{o2}//r_{o10})//g_{m6} r_{o6} r_{o8}] \tag{11.8}$$

以上のように，折り返しカスコード回路は大きな電圧利得を持つだけでなく，入出力電圧範囲も広くなっています．いいことずくめの回路のように思えますが，この回路にも問題はあります．それは，

- 動作に関与する MOSFET の数が多いだけに OP アンプの占有面積が大きい
- 電流経路が増えた分だけ消費電力が大きい

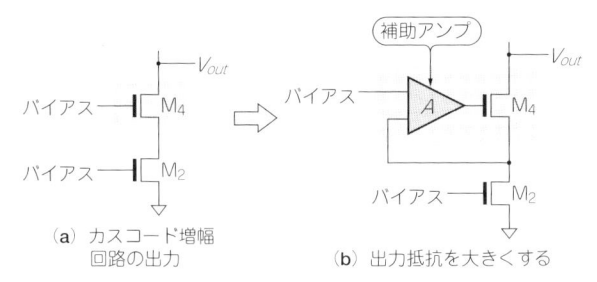

図 11-11 カスコード差動増幅回路の出力抵抗を大きくする
利得をさらに強化したスーパMOSFET（補助アンプ＋M_4）と(a)の M_4 を置き換えれば，さらに出力抵抗を大きくすることができる．

ことです．

11.3.4 利得強化型カスコード差動増幅回路

　カスコード増幅回路には，おおむね 1,000 倍程度の電圧利得があります．しかし，システムによっては，この電圧利得程度ではまだまだ不十分な場合があります．この場合，増幅回路の利得を高めるための有効な手段として，実効的な出力抵抗を大きくすることがとても効果的であることは何度も述べました．

　図 11-11(a) のカスコード増幅回路を見ると，M_4 が出力抵抗を高くしていることがわかります．M_4 がなければ出力抵抗は r_{o2} にすぎません．ゲート接地増幅回路として動作する M_4 を入れることで，その真性利得 $g_{m4}r_{o4}$ 分だけ出力抵抗が大きくなるのです．このことを念頭に置き，利得をさらに強化したスーパMOSFET と M_4 を置き換えれば，さらに出力抵抗を大きくすることができます．その方法が図 11-11(b) です．M_4 のソース電位と参照電圧との差を補助アンプ A で増幅します．それをゲート電極に接続すると，ソース電位の微小変動が M_4 の V_{GS} に A 倍されるので，M_4 の相互コンダクタンスが見かけ上 $A \times g_{m4}$ となります．

　補助アンプ (A) としては，図 11-12 の灰色で示す回路が使われています．通常の差動アンプとは少し違っていることに注意してください．B 点の変動をモニタする補助アンプの M_{11} が p チャネルとなっており，その信号を増幅して M_4 のゲート電極に伝える M_{12} が n チャネル MOSFET なのです．

　図 11-13 は，この利得増強型折り返しカスコード差動増幅回路の構造を示しています．n チャネル側のカスコード接続回路に補助アンプを入れると，p チャ

図 11-12　補助アンプの回路
通常の差動アンプとは少し異なる．B 点の変動をモニタする補助アンプの M_{11} が p チャネルとなっており，その信号を増幅して M_4 のゲート電極に伝える M_{12} が n チャネル MOSFET である．

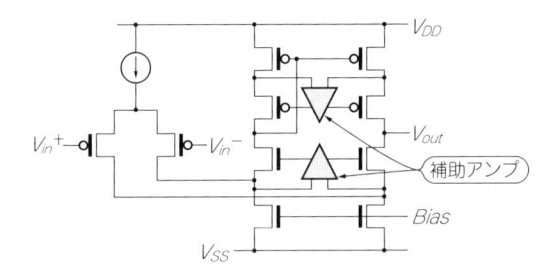

図 11-13　利得増強型折り返しカスコード差動増幅回路
n チャネル側のカスコード接続回路に補助アンプを入れると，p チャネル側のカスコードにも補助アンプを挿入することが必要になる．

表 11-1　カスコード増幅回路の特性の比較
利得を大きくする方法としてよく利用されている．

	利得	高速性	消費電力
標準カスコード回路	○	◎	◎
折り返し型カスコード回路	○	○	○
利得補強型カスコード回路	◎	△	△

ネル側のカスコードにも補助アンプの挿入が必要になります．これは p チャネル側と n チャネル側のカスコード接続部の出力抵抗が並列接続された形で出力端子に現れるため，双方とも同程度の抵抗となることが望ましいからです．並列抵抗の実効値は小さいほうの抵抗に支配されます．

　表 11-1 に，各種カスコード増幅回路の特性をまとめました．標準型のカスコ

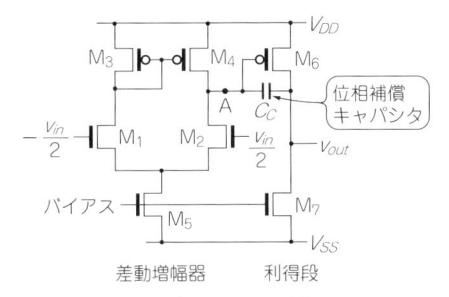

図 11-14　簡単な OP アンプ内部の回路構成
カレント・ミラー負荷型差動入力段（$M_1 \sim M_5$）と電流源負荷型の
ソース接地利得段（M_6, M_7）とで構成されている．

ード増幅回路は高速性，低消費電力などの面では優れていますが，利得面や入出力電圧範囲などでほかより小さくなります．一方，折り返しカスコード増幅回路は入力電圧範囲を大きく取れますが，高速性や消費電力の面で標準型のカスコード増幅回路に劣ります．利得増強型折り返しカスコード増幅回路は，利得はかなり大きくなるものの，高速性や消費電力にやや難点があります．したがって，実際の回路では用途に応じて最適なカスコード構造を選択することがたいせつです．

11.4　2 段構成の OP アンプの設計法

　ここでは OP アンプの設計を簡単に行うため，図 11-14 に示す差動入力段と利得段を例にして，手計算で OP アンプを設計することを考えましょう．

11.4.1　OP アンプを構成する素子が飽和領域で動作する条件

　この OP アンプに微小な差動信号 v_{in} を入力すると，信号は $g_{m1,2} v_{in}$ の電流に変換されます．この信号電流 $g_{m1} \cdot 1/2 \Delta v_{in}$ は差動増幅回路の出力インピーダンス $r_{o2}//r_{o4}$ を通して初段の出力信号電圧 $g_{m1,2} v_{in} (r_{o2}//r_{o4})$ に変換されます．これが次段のソース接地増幅回路の駆動トランジスタ M_6 に入力され，さらに増幅されて出力されます．2 段目のソース接地増幅回路の電圧増幅利得は $g_{m6}(r_{o6}//r_{o7})$ で表されます．結局，OP アンプ全体の電圧増幅利得は $g_{m1,2}(r_{o2}//r_{o4}) g_{m6}(r_{o6}//r_{o7})$ となり，60 dB 程度の利得を持つことがわかります．

　ただし，図 11-14 の回路が OP アンプとして機能するにはすべての MOSFET

が飽和特性領域で動作することが前提となります．なかでも M_4 を飽和特性領域で動作させることは意外に難しいのです．ここでは M_4 が飽和特性領域で動作するための条件を以下の手順で求めてみます．

まず，二つの差動入力電圧が等しいものと仮定します．このとき M_4 の V_{GS4} が，飽和特性領域で動作する M_6 の V_{GS6} と同じであれば，M_4 も飽和領域で動作します．この条件 ($V_{GS4} = V_{GS6}$) の下では，M_4 と M_6 に流れる電流 I_4, I_6 はそれぞれの W/L 比に比例します．同様に，電流源である M_7 と M_5 のゲート-ソース間電圧が共通なので，ドレイン電流 I_7, I_5 の比もそれぞれの W/L 比に比例します．

$$I_6 = \frac{(W/L)_6}{(W/L)_4} I_4 \tag{11.9}$$

$$I_7 = \frac{(W/L)_7}{(W/L)_5} I_5 \tag{11.10}$$

さらに I_4, I_5 と I_6, I_7 の間には，

$$I_6 = I_7 \tag{11.11}$$
$$I_5 = 2I_4 \tag{11.12}$$

の関係があるので，式 (11.9) 〜式 (11.12) の関係から次式が得られます．

$$\frac{(W/L)_6}{(W/L)_4} = 2\frac{(W/L)_7}{(W/L)_5} \tag{11.13}$$

つまり，OP アンプに使用する MOSFET の寸法比を上記のようにすると，すべての素子が飽和領域で動作し，高い利得を持つ OP アンプが実現できるのです．

11.4.2　OP アンプが安定に動作する条件

第 4 章で紹介したように，すべての増幅回路は寄生容量と出力抵抗によるローパス・フィルタ特性を持っています．ローパス・フィルタの遮断周波数以上の高い周波数信号を入力すると，入出力間で信号の位相差が生じます．OP アンプを用いた電子回路では出力信号の一部を入力側に負帰還するので，位相遅れがあると大問題になることがあります．つまり，高い周波数の信号はローパス・フィルタを通過するたびに位相が 90°遅れるので，二つの増幅回路を通過すると信号の位相は反転します．このため，低周波信号に対して負帰還をかけた回路は，高周

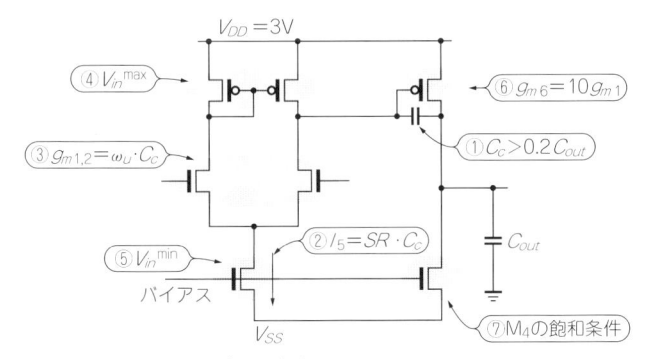

図11-15 OPアンプの設計手順
番号の順に設計していくとMOSFETのすべての寸法が決定する．

波信号に対しては正帰還回路になるのです．この高周波領域の信号に対する帰還増幅回路の利得が1以上だと，信号は帰還するたびに増幅され続け，最終的に発振を起こします．

OPアンプの発振を防止するには，位相反転を起こす周波数における帰還増幅回路利得を0 dB以下に抑える必要があります．実際のOPアンプでは，**図11-15**のように，初段の出力端子と2段目の出力端子の間に位相補償用キャパシタ C_c を接続することにより初段増幅回路の遮断周波数 ω_{p1} を下げ，正帰還する高周波領域の利得を0 dB以下にします．これがミラー容量を利用した位相補償法です．この回路では位相補償用のキャパシタンス C_c が出力段の増幅利得倍（ミラー効果）されて大きく見えるので，小さな容量で大きな効果が期待できます．こうしてアンプの位相余裕を60°以上にすれば，OPアンプの動作はいつも安定したものとなります．

ユニティ・ゲイン周波数 ω_u，出力段の遮断周波数 ω_{p2}，零点 z は素子の相互コンダクタンス g_m とキャパシタ C_c, C_{out} を用いてそれぞれ次式のように表されます．

$$\omega_u = A_0 \omega_{p1} = \frac{g_{m1,2}}{C_C} \tag{11.14}$$

$$\omega_{p2} = \frac{g_{m6}}{C_{out}} \tag{11.15}$$

$$z = \frac{g_{m6}}{C_c} \tag{11.16}$$

最初の式は，位相補償用キャパシタ C_c がミラー効果によって出力段の利得分 $g_{m6}(r_{o6}//r_{o7})$ だけ大きく見えることを考慮して求められます．また，出力段の遮断周波数 ω_{p2} は $1/C_{out}(r_{o6}//r_{o7})$ と書けそうですが，位相補償用の容量 C_C は高周波帯域では M_6 のゲートとドレインは短絡する働きをするので，正しくは $\omega_{p2} = g_{m6}/C_{out}$ なのです．

以上の関係式とユニティ・ゲイン構成で OP アンプの安定動作を保証する二つの条件式，

コラム P ◆ 2段 OP アンプの周波数応答特性

図 11-14 の差動入力段と利得段を小信号等価回路で表すと，電流源 $g_m v_{in}$ と出力抵抗 R から構成される図 P-1 の灰色の部分のようになります．利得段の入力と出力の間に置かれた C_C は，位相補償用のキャパシタです．M_2, M_4 の出力端子容量は，出力負荷容量 C_1 だけでなく，C_C のミラー効果による影響 $C_C(g_{m6}R_{out}+1)$

$$v_1\left(sC_1+\frac{1}{R_1}\right)+(v_1-v_{out})sC_C+g_{m1,2}v_{in}=0$$

$$v_{out}\left(sC_{out}+\frac{1}{R_{out}}\right)+(v_{out}-v_1)sC_C+g_{m6}v_1=0$$

$$\to A_v \equiv \frac{v_{out}}{v_{in}}$$

$$= g_{m1,2}R_1R_{out}\frac{g_{m6}-sC_C}{1+sR_1R_{out}g_{m6}C_C+s^2R_1R_{out}[C_1C_{out}+(C_1+C_{out})C_C]}$$

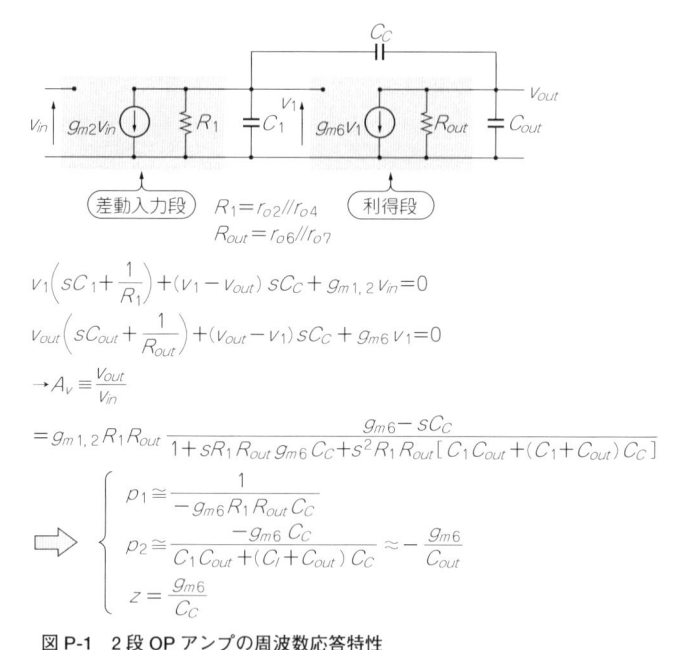

$$\Rightarrow \begin{cases} p_1 \cong \dfrac{1}{-g_{m6}R_1R_{out}C_C} \\ p_2 \cong \dfrac{-g_{m6}C_C}{C_1C_{out}+(C_1+C_{out})C_C} \approx -\dfrac{g_{m6}}{C_{out}} \\ z = \dfrac{g_{m6}}{C_C} \end{cases}$$

図 P-1　2段 OP アンプの周波数応答特性
灰色の部分は増幅回路の小信号等価回路を表している．

11.4 2段構成の OP アンプの設計法

$$\omega_{p2} > 2\omega_u$$
$$z = 10\,\omega_u \tag{11.17}$$

を用いると，次の関係式が得られます．

$$g_{m6} = 10\,g_{m1}$$
$$C_c > 0.2\,C_{out} \tag{11.18}$$

これがミラー補償法に基づく OP アンプを設計する際の制約条件なのです．

を感じます．一般に $C_C \gg C_1$ であるため，差動入力段の出力端子の時定数は，

$$\tau \approx R_1 g_{m6} R_{out} C_C \tag{P.1}$$

となります．この逆数がローパス・フィルタ特性の遮断周波数 ω_{p1} です．低周波利得 A_0 が $g_{m1,2} R_1 g_{m6} R_{out}$ であることを考慮し，上式の逆数との積をとれば，式 (11.14) が得られるのです．

なお，負荷容量 C_{out} がある M_6，M_7 の出力端子の時定数は，

$$\tau_{out} = \frac{C_{out}}{g_{m6}} \tag{P.2}$$

となります．これは，位相補償用キャパシタ C_C が，ω_{p1} より高周波側で M_6 のゲート-ドレイン間を短絡する働きをするので，実効的な出力抵抗 R_{out} は $1/g_{m6}$ となるからです．この逆数が出力端子に付随するローパス・フィルタ特性の遮断周波数 ω_{p2} であり，式 (11.15) と同じ式になっています．

零点は，位相の異なる二つの電流経路があれば発生します．図 11-14 の回路では，M_6 を経由した電流パスと位相補償用キャパシタ C_C を経由して流れる電流があります．この二つの電流パスを流れる電流の値が等しくなる条件，

$$g_{m6} v_1 = s C_C v_1 \tag{P.3}$$

より，零点は，

$$z = \frac{g_{m6}}{C_C} \tag{P.4}$$

となるのです．なお，等価回路を用いて極や零点を求める方法を図 P-1 に示します．極や零点の物理的な意味は第 13 章で詳しく述べます．

表 11-2 設計に使用する OP アンプの仕様

電源電圧	V_{DD}	3.0V
利　得	A	1,000 より大きい
利得帯域幅	ω_u	200MHz
スルー・レート	SR	150V/μs
負荷容量	C_L	1pF
入力範囲	—	1.3 ～ 2.5V
出力範囲	—	0.5 ～ 2.5V

なお，OP アンプの安定動作を補償する方法については，ミラー容量法以外にもいくつかの方法がありますが，きりがないので，本書ではあえて触れないことにします．

以上の簡単な考察から，一応，安定に動作する OP アンプの設計指針が明らかになりました．

次に表 11-2 に示す仕様を与えて，それを満たす OP アンプを設計します．ここではできるだけ回路シミュレータを使わず，簡単な代数計算だけで回路設計が済むように考えました．なお，計算にあたって，p チャネル MOSFET と n チャネル MOSFET の単位相互コンダクタンス（$L = W$ の MOSFET のコンダクタンス）がそれぞれ $\beta_p^* = 10^{-4} A/V^2$，$\beta_n^* = 2 \times 10^{-4} A/V^2$，しきい値 V_T は n チャネル，p チャネル MOSFET ともに 0.7 V とし，基板バイアス依存性はないものとしました．前提としたプロセスは設計ルール 0.5 μm ですが，最小パターンのチャネル長 $L = 0.5\,\mu$m の MOSFET は使わず，チャネル長 $L = 1.0\,\mu$m の MOSFET を基準にして回路設計を行います．なお，このチャネル長のデバイスの λ 値は p チャネル，n チャネル MOSFET ともに 0.1 V^{-1} と仮定します．

仕様表に示すスルー・レート（SR）は，差動入力 MOSFET 対の片側の素子だけが ON となる大きな差動信号を入力した際の出力応答速度です．大信号を入力すると，C_c に接続されたノード A（図 11-14）の電位は一定とみなせるので，出力電圧は C_c を充放電する電流 I_5 に比例して変化することになります．すなわち，

$$SR = \frac{I_5}{C_c} \tag{11.19}$$

が成り立ちます．

11.4.3 手計算による OP アンプの設計

図 **11-15** に示す番号の手順で設計を進めます.まず,位相補償用キャパシタ C_c の値を求めることから始めます.式(11.18)と表 **11-2** の負荷容量 C_{out} = 1 pF より,

$$C_c > 0.2 C_{out} = 0.2 \, [\text{pF}] \tag{11.20}$$

が安定動作を補償する条件となります.ここでは,大きすぎない程度の適当な値として $C_c = 0.3$ pF を採用します.次にスルー・レートの要求仕様から式(11.19)を使って,差動入力段のテイル電流 I_5 が次のようになります

$$I_5 = 150 \times 10^6 \times 0.3 \times 10^{-12} = 45 \, [\mu\text{A}] \tag{11.21}$$

この計算結果より,コモン・モード入力の場合,負荷素子の M_3 と M_4 にはともに 22.5 μA の電流が流れることがわかります.この電流の下で,入力許容最大電圧 V_{in} が 2.5 V (表 **11-2** を参照) になるように M_3 の W/L を決めます.M_3 が飽和特性領域で動作する条件,

$$I_3 = \frac{\beta_p^*}{2} \left(\frac{W}{L}\right)_3 (V_{DD} - V_{in}^{\max} + V_T^n - |V_T^P|)^2 \tag{11.22}$$

に必要な数値を代入すると,

$$22.5 \times 10^{-6} = \frac{10^{-4}}{2} \left(\frac{W}{L}\right)_3 (3 - 2.5 + 0.7 - 0.7)^2$$

$$\rightarrow \left(\frac{W}{L}\right)_3 \approx 2 \tag{11.23}$$

となります.もちろん M_4 のトランジスタの寸法も同じ値です.

次に表 **11-2** に示すユニティ・ゲイン周波数が 200 MHz ($\omega_u = 2\pi \times 200 \times 10^6$) になるように M_1 の相互コンダクタンス g_{m1} を計算します.g_{m1} は式(11.14)から,

$$g_{m1} = C_c \omega_u = 0.3 \times 10^{-12} \times 2\pi \times 200 \times 10^6$$

$$\approx 380 \times 10^{-6} \, [\text{S}] \tag{11.24}$$

となります.g_{m1} の値と電流値 $I_1 (= I_5/2)$ が与えられると,W/L 比は次のようになります.

$$g_{m1} = \sqrt{2\beta_n{}^* \left(\frac{W}{L}\right)_1 I_1}$$

$$\left(\frac{W}{L}\right)_1 = \frac{g_{m1}^2}{2\beta_n I_1} \approx \frac{380^2}{2 \times 200 \times 22.5} \approx 16 \tag{11.25}$$

もちろん M_2 も同じ値です．次に入力電圧の最小値に対する制限式,

$$V_{in}{}^{\min} = \Delta V_{ov5} + V_{Tn} + \Delta V_{ov1} \tag{11.26}$$

から，次式が得られます．ここで，ΔV_{ov} は素子に流れる電流によって決まるオーバドライブ電圧です．

$$1.3 = \sqrt{\frac{2 \times 45 \times 10^{-6}}{\beta_n{}^*\left(\frac{W}{L}\right)_5}} + 0.7 + \sqrt{\frac{2 \times 22.5 \times 10^{-6}}{\beta_n{}^*\left(\frac{W}{L}\right)_1}} \tag{11.27}$$

この式に式 (11.25) で得られた $(W/L)_1$ を代入すれば,

$$\left(\frac{W}{L}\right)_5 \approx 2 \tag{11.28}$$

となります．これで初段の差動増幅回路の素子の寸法がすべて決まりました．

次は出力段のトランジスタの寸法を決めます．零点に対する動作安定条件は，式 (11.18) より g_{m6} は次式を満たさなければなりません．

$$g_{m6} = 10 g_{m1} = 3800 \times 10^{-6} \, [\text{S}] \tag{11.29}$$

ここで，$g_{m6} \approx 4000 \times 10^{-6}$ とすれば,

$$\frac{\left(\frac{W}{L}\right)_6}{\left(\frac{W}{L}\right)_4} = \frac{g_{m6}}{g_{m4}} \tag{11.30}$$

と,

$$g_{m4} = \sqrt{2\beta_p{}^* \left(\frac{W}{L}\right)_4 I_4} = \sqrt{2 \times 10^{-4} \times 2 \times 22.5 \times 10^{-6}}$$
$$\approx 10^{-4} \, [\text{S}] \tag{11.31}$$

より，$(W/L)_6 = 80$ が得られます．この結果と M_4 が飽和特性領域で動作する条件，式 (11.13) から M_7 の寸法が決定できます．

11.4 2段構成のOPアンプの設計法

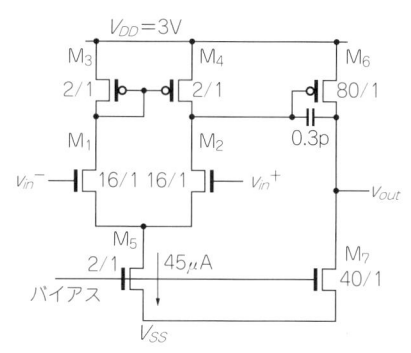

図 11-16 手計算で求めた表2の仕様を満たす単純構造OPアンプの各素子の寸法
分数の分母がチャネル長 L,分子がチャネル幅 W を表している.

$$\frac{(W/L)_6}{(W/L)_4} = 2\frac{(W/L)_7}{(W/L)_5} \rightarrow \frac{80}{2} = 2\frac{(W/L)_7}{2}$$

$$\rightarrow \left(\frac{W}{L}\right)_7 = 40 \tag{11.32}$$

これですべてのトランジスタの寸法が決まりました.**図 11-16** に計算で求めた素子の寸法を書き込んだ回路図を示します.この図をOPアンプの設計経験者が見ると,差動入力段のMOSFET対の面積が小さいような気がします.これはオフセット電圧やノイズなどの仕様が**表 11-2** に与えられていないからです.実際のOPアンプをレイアウトする際には,この点に配慮して素子の寸法を比例拡大した差動MOS対を使用するとよいでしょう.

最後に確認をするために出力信号の有効範囲と増幅利得を計算しておきましょう.出力電圧の範囲は M_6 と M_7 の飽和ドレイン電圧をあらかじめ求めておいてから計算するというのが常とう手段です.M_7 に流れる電流は M_5 に流れる電流 I_5 の20倍 (W/L 比) ですから,$I_7 = 900\,\mu\text{A}$ となります.これを用いると,出力電圧の最小値は,

$$V_{out}{}^{\min} = V_{D7sat} = \sqrt{\frac{2I_7}{\beta_n{}^*\left(\dfrac{W}{L}\right)_7}}$$

$$= \sqrt{\frac{2\times 900\times 10^{-6}}{2\times 10^{-4}\times 40}} = 0.47\,[\text{V}] \tag{11.33}$$

となります.一方,有効出力電圧の最大値は次式で与えられます.

$$V_{out}{}^{max} = V_{DD} - V_{D6sat} = V_{DD} - \sqrt{\frac{2I_6}{\beta_p{}^* \left(\dfrac{W}{L}\right)_6}}$$

$$= 3.0 - \sqrt{\frac{2 \times 900 \times 10^{-6}}{10^{-4} \times 80}} = 2.53 \, [\text{V}] \tag{11.34}$$

また，電圧増幅利得 A_0 は，

$$A_0 = g_{m1,2}(r_{o4}//r_{o2})g_{m6}(r_{o6}//r_{o7})$$

$$= \frac{g_{m1}}{\dfrac{I_5}{2}(\lambda_n + \lambda_p)} \cdot \frac{g_{m6}}{I_7(\lambda_n + \lambda_p)}$$

$$= \frac{380 \times 10^{-6}}{22.5 \times 10^{-6}(0.1+0.1)} \cdot \frac{4000 \times 10^{-6}}{900 \times 10^{-6}(0.1+0.1)}$$

$$\approx 1900 \tag{11.35}$$

となります．出力電圧範囲，増幅利得のいずれも仕様を満たしているので，一応，目的の用途に使えそうです．ただ，この OP アンプを実際の製品に使用する際には，まだまだ解決しなければならない問題が山積みしています．例えば動作温度が −20 〜 100 ℃の範囲で使用できるか，素子の製造ばらつきに対して問題なく動作する設計であるか，電源電圧の変動に対する耐性を持つか，などのさまざまな視点から，設計した OP アンプが動作するかどうか調べておく必要があります．ただ，このあたりの動作解析になると，手計算も難しくなるので，回路シミュレーションを使って最終の微調整を行います．

第 11 章のまとめ

スキーを始めたころは緩い斜面でもおっかなびっくり，へっぴり腰でなんとか斜面を降りていくだけでも精いっぱいです．しかしボーゲンに慣れて，思ったようにスキーが止められるようになると，スキーのだいご味が増してきます．これがアナログ回路設計で SPICE を覚えたころに相当します．そのうちボーゲンを卒業し，バラレル（パラレルではない！）で数多くの経験を積んでいると，どんな急斜面でもなんとか転倒せずに降りてこられるようになります．しかし，そのころになって技術の壁を感じ始めるスキーヤが多いようです．急斜面を格好良くパラレルで滑り降りる姿にあこがれながら，なかなかそこまでの技量がない．そん

なスキーヤがなんと多いことでしょう．アナログ回路の設計者の中にも力任せに回路シミュレータを働かしてなんとか仕様を満たしながらチップ設計をしてきた人が見受けられます．そしてその中には，パラレル・スキーヤと同じように技術の壁を感じている人が多いように見受けられます．パラレルの滑りからパラレルへと飛躍するにはエッジングというターンのきっかけを体得しなければならないように，アナログ設計者も一皮むけるには回路シミュレーションに頼るだけでなく，手計算による回路設計の手法をしっかりと身に付けなければなりません．「めんどくさいなあ…」などと言わず，ぜひ手計算による回路設計を実践して，一クラス上の中級アナログ回路設計者の仲間入りをしてください．

　あるアナログ回路の教科書に「シミュレーションの回数×アナログ回路の常識＝一定」という記述がありました．でも，筆者は「log（シミュレーションの回数）×アナログ回路の常識＝一定」だと思っています．アナログ回路設計の定石を多数身に付けると，シミュレーションの回数が指数関数的に減ります．その一方，シミュレーション経験によってアナログ回路設計の定石を習得するには膨大な時間がかかります．でも，アナログ回路を詳細に分析して抽出した基本式に基づいて手計算すれば，知らず知らずのうちに定石が身に付くのです．みなさんも，一度，だまされたと思ってOPアンプを手計算で設計してみてください．きっと得るところがとても多いと，気づかれるでしょう．

第12章
OPアンプ —応用編—

　2001年末に発表された半導体技術ロードマップによると，ディジタル集積回路の電源電圧は低下の一途をたどっており，従来の5V電源から3.3Vを経て，今では2V以下にまで低下しています．このようにディジタル集積回路がテクノロジ・ドライバとなって電源電圧の低下を推し進めているので，アナログ回路にもその影響がじわじわと出始めています．ロードマップ委員会では，2V程度の低電源電圧でアナログ回路を動作させる時代が数年後に到来すると予測しています．

　アナログ集積回路で使われる電源電圧が低下することは，海の潮が引いて浅くなった桟橋に喫水線の深い船を接岸することに似ています．海底が浅くなってきた桟橋（電源電圧の低下）に今までどおりの船底の深い船（高電源電圧アナログ回路）を横付けにしようとしても，どだい無理な相談です．そろそろわたしたちも，船底の浅い船（低電源電圧用アナログ回路）を開発する時期に来ているのではないでしょうか．

　この章では，低電圧で動作するOPアンプに焦点を絞って，その要素回路の作りかたについて考えていきます．OPアンプを構成する要素回路ブロック（差動増幅回路，出力バッファ回路）を取り上げて，それぞれの要素回路の低電圧化について説明します．

12.1　入力段の許容電圧範囲を拡大する

　まず，電源電圧が低下したときに，入力差動増幅回路にどのような問題が生じるかを考えてみましょう．

12.1.1 基本的な差動増幅回路で発生する問題

図 12-1 (a) に基本的な CMOS 差動入力増幅回路を示します．この回路では，使用される MOSFET はすべて飽和特性領域で動作することが前提になります．したがって，ドレイン-ソース間電圧 V_{DS} とゲート-ソース間電圧 V_{GS} は，次の式を満たさなければなりません．

$$V_{DS} > V_{dsat}$$
$$V_{GS} = V_T + \Delta_{ov} \tag{12.1}$$
$$V_{dsat} = \Delta_{ov} = \sqrt{\frac{2I}{\beta}}$$

ここで，Δ_{ov} は MOSFET のオーバドライブ電圧です．MOS 素子に電流 I を流す際，ゲート電極にはしきい値 V_T よりさらに余分な電圧を印加しなければなりません．この余剰ゲート電圧が，オーバドライブ電圧の名まえの由来です．このことが理解できていると，図 12-1 (a) の差動増幅回路を動作させるための電圧印加条件を以下のようにして導くことができます．

- テイル電流源の役割を果たす M_5 の MOSFET のドレイン-ソース間電圧 V_{DS5} は飽和ドレイン電圧 $V_{dsat5} (= \Delta_{ov5})$ 以上である
- 入力端子に接続された M_1 のゲート-ソース間電圧はしきい値 $V_T +$ オーバドライブ電圧 Δ_{ov1} である

つまり，図 12-1 の差動増幅回路は，下記の条件を満たす入力コモン・モード

(a) 回路図　　(b) 入力コモン・モード電圧の許容範囲

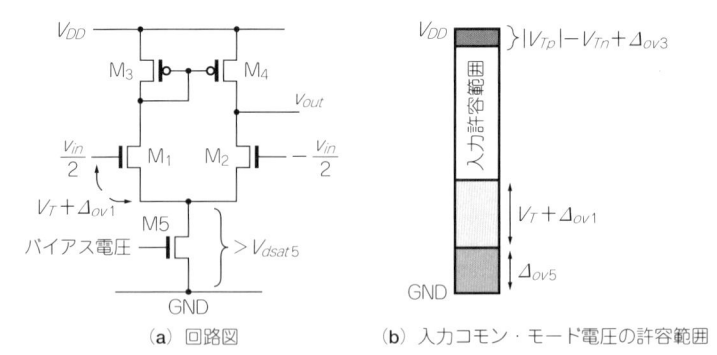

図 12-1 n チャネル MOSFET を入力段として用いた差動増幅回路
入力コモン・モード電圧の許容範囲は，入力差動対 M_1，M_2 と M_5 が飽和特性領域で動作するための条件から導かれる．

図12-2 （a）回路図　（b）入力コモン・モード電圧の許容範囲　pチャネルMOSFETを入力段として用いた差動増幅回路

電圧 V_{in} に対してのみ正常に動作するのです.

$$V_{in} > V_T + \Delta_{ov1} + V_{dsat5} \tag{12.2}$$

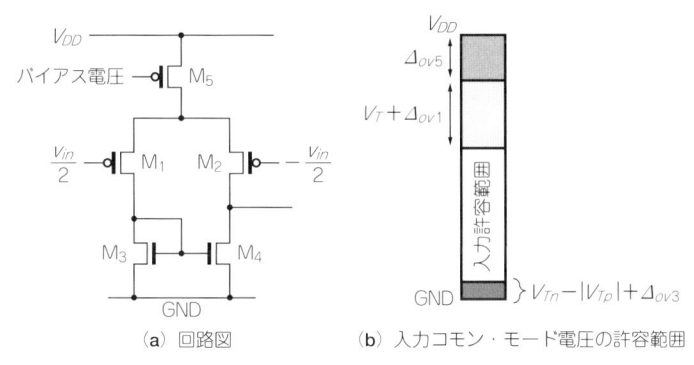

右辺は1V程度ですから，GND電位から1V以下の入力コモン・モード電圧範囲では，図12-1(a)の回路は増幅回路として正常に動作しないことになります.図12-1(b)に，差動増幅回路が正常に動作する入力コモン・モード電圧の範囲を示します.今後も電源電圧が下がり続け，入力信号のコモン・モード電圧がGND電圧に近づくと，この差動増幅回路の使える電圧範囲はさらに狭くなります.

次に，差動増幅回路の入力素子として，図12-1(a)のnチャネルMOSFETの代わりに，図12-2(a)のpチャネルMOSFETを用いることを考えてみましょう.この回路構成ならGND電圧付近のコモン・モード入力信号を正しく取り込むことができます.しかし，逆に電源電圧に近い入力コモン・モード信号電圧 V_{in} が入ると，図12-2(b)に示すように，M_1 と M_2 がともに遮断して所望の増幅機能を喪失します.

以上のことからわかるように，入力MOS素子としてnチャネル，pチャネルのどちらを用いてもそれぞれ一長一短があるのです.

12.1.2 nチャネルとpチャネルの特徴を生かす

nチャネルMOSFETとpチャネルMOSFETの双方を入力段に使い，それぞれの特徴を生かす回路を考えてみましょう.このような入力MOSFETの組み合

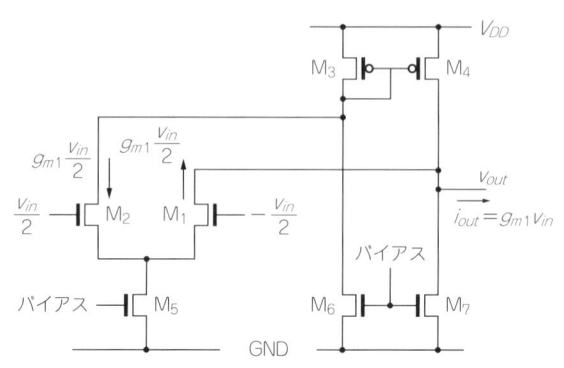

図12-3　入力 n チャネル MOSFET を出力段から分離した回路
図 12-1(a) に示す差動増幅回路の入力 n チャネル MOSFET を出力段から分離した回路．矢印は小信号電流成分の流れを表している．

わせにすると，GND 電圧から電源電圧 V_{DD} の入力コモン・モード電圧範囲（rail-to-rail）で正しく動作する入力差動増幅回路ができそうです．

それでは，どのようにして 2 種類の入力素子を差動増幅回路に組み込むのでしょうか．まず，その準備段階として**図 12-1(a)**に示す差動増幅回路のうち n チャネル MOSFET の M_1，M_2，M_5 を左側に分離した**図 12-3** を例にして考えましょう．この入力差動増幅回路では，M_1 と M_2 のゲート電極にコモン・モード電圧 V_{in} と小信号電圧 $\pm v_{in}/2$ を重畳して入力します．こうすると左側（M_3，M_6）と右側（M_4，M_7）の両経路に小信号電流 $\pm g_{m1} v_{in}/2$ が流れます．M_3 に流れる電流はカレント・ミラー（M_3，M_4）回路でコピーされ，（M_4，M_7）に流れる電流に加算されて，出力端子には $g_{m1} v_{in}$ の電流が得られます．さらにこの小信号電流が M_1，M_4，M_7 の合成出力抵抗（$r_{o1}//r_{o4}//r_{o7}$）を流れて，出力端子には信号電圧 $g_{m1}(r_{o1}//r_{o4}//r_{o7})v_{in}$ が現れるのです．

12.1.3　入力段の改良

図 12-3 の回路はこのままでも差動増幅回路として動作しますが，消費電力のわりには小さい利得です．実際には，この回路の代わりに**図 12-3** の回路をカスコード構成にした回路（**図 12-4**）がよく使用されます．**図 12-4** のゲート接地増幅回路を構成する $M_8 \sim M_{11}$ は，出力抵抗を高める働きをするので，MOSFET の真性利得（$g_m r_o$）の分だけ**図 12-3** の回路よりも利得が向上します．

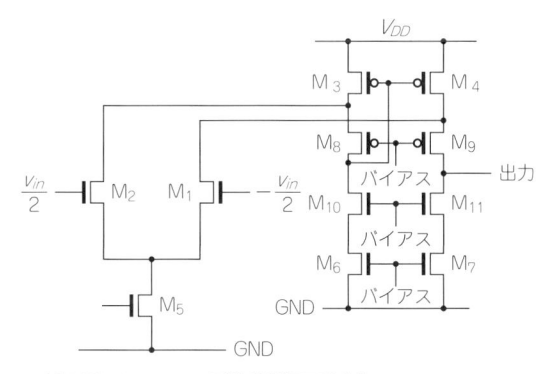

12.1 入力段の許容電圧範囲を拡大する　**201**

図 12-4　折り返しカスコード型差動増幅回路(1)
入力段 M_1, M_2 で入力信号 v_{in} が電流信号に変換され，それが右側のカスコード増幅回路で電圧に変換されてから出力される．M_3, M_4, M_8, M_9 は低電圧用カレント・ミラー回路を構成している．

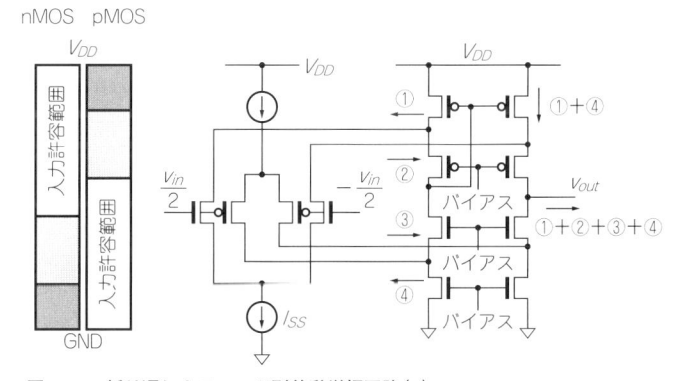

図 12-5　折り返しカスコード型差動増幅回路(2)
n チャネル，p チャネル MOSFET で構成された入力段では，GND から電源電圧 V_{DD} までの入力電圧範囲で，どちらか一方の MOSFET が正常に動作しているので，rail-to-rail 入力段と呼ばれている．①〜④は小信号電流の流れる方向を示している．

　次に，**図 12-4** の回路の入力段に p チャネル MOSFET 差動対を追加した回路を**図 12-5** に示します．この回路では，入力のコモン・モード電圧が低いときには p チャネル MOSFET 入力段が動作し，逆にコモン・モード電圧が高いと n チャネル MOSFET 入力段が動作するので，広範囲な入力電圧で動作することがわかります．

　なお，入力コモン・モード電圧の許容範囲が，GND から電源電位までの電圧

領域を含む回路を「rail-to-rail 入力回路」と呼んでいます．この rail-to-rail 入力段を使用すると，出力端子には p チャネル MOSFET と n チャネル MOSFET の相互コンダクタンスの和に比例した小信号電流 $(g_{mp}+g_{mn})v_{in}$ が出力されます．

MOSFET の相互コンダクタンスは，

$$g_m = \sqrt{2\beta I} \tag{12.3}$$

で表されるので，入力段の MOSFET に流す電流 I を一定にすれば，入力電圧レベルによらず，g_{mp} と g_{mn} は一定となります．ただし，入力 MOSFET が遮断する入力コモン・モード電圧の範囲では，p チャネル MOS 素子か n チャネル MOS 素子の相互コンダクタンス g_m がゼロとなるので，実効的な相互コンダクタンス $(g_{mp}+g_{mn})$ は双方が動作している場合の半分となります．

以上の考察から，差動増幅回路の実効的な相互コンダクタンスと入力コモン・モード電圧との関係は図 12-6 (b) のようになります．すなわち，低い入力コモン・モード電圧領域①では p チャネル MOSFET のみが動作し，高い入力電圧範囲③では n チャネル MOSFET だけが動作します．中間領域のコモン・モード電圧範囲②では双方の MOSFET が動作するので，相互コンダクタンスの和はそれ以外の入力コモン・モード電圧範囲における値の 2 倍の大きさとなります．この差動増幅回路は入力コモン・モード電圧の範囲によって利得が異なるので，応用

(a) 回路　　　　　　(b) 実効的相互コンダクタンス

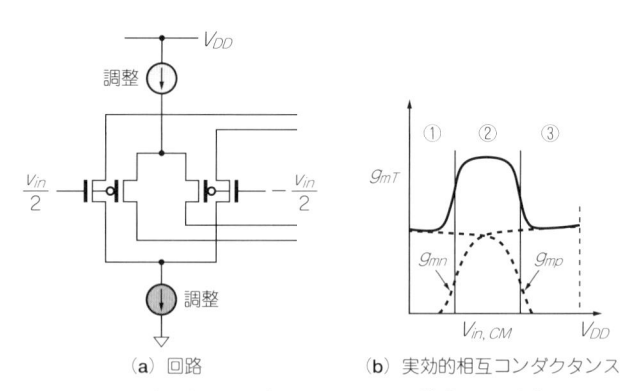

図 12-6　n チャネルと p チャネルの MOSFET で構成した入力段
(a) のように双方の MOSFET に流れる電流を調整して $g_{mn}=g_{mp}$ とする．
(b) の①，③の領域では②の中間電位領域の半分の実効的相互コンダクタンス g_{mT} となる．

によっては出力信号に大きな高調波ひずみが含まれることになります．

この問題を回避するため，市販の OP アンプなどでは相互コンダクタンス g_m を一定にする回路が付加されています．

12.1.4　相互コンダクタンスを一定にする回路

ここでは入力電圧範囲をモニタしながら n チャネル MOSFET と p チャネル MOSFET スイッチに流す，電流を切り替えて相互コンダクタンス g_m を一定にする回路について説明します．この方式では，n チャネルと p チャネル入力段 MOSFET のどちらか一方しか動作しない入力コモン・モード電圧範囲（**図 12-6**(b)の領域①，③）において，遮断していない入力 MOS 素子に 4 倍の電流を流します．

式(12.3)からわかるように，電流を 4 倍にすると相互コンダクタンスは倍増します．したがって，実効的な相互コンダクタンスは双方が動作しているとき（中間入力電圧領域）とほぼ同じ値になります．

スイッチによる電流の切り替えは，入力差動対の n チャネル MOSFET と p チャネル MOSFET のソース電位をモニタして行います．つまり，**図 12-7** の例では，入力コモン・モード電圧 V_{in} が高くなると，入力段の p チャネル MOSFET

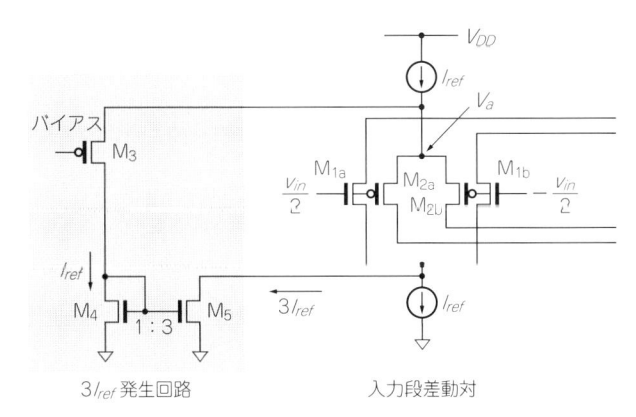

図 12-7　3 倍電流生成回路
n チャネルと p チャネルの MOSFET で構成した入力段に 3 倍電流生成回路（灰色の部分）を追加した回路．入力コモン・モード電圧が高い場合（図 12-6(b)③）には M_3 のスイッチが ON となり，参照電流 I_{ref} をカレント・ミラー回路（M_4，M_5）にう回させ，n チャネル入力段の MOSFET に流れる電流を実効的に $4I_{ref}$ にする．

(M_{2a}, M_{2b})のソース電位 V_a もそれに応じて高くなります．さらに入力コモン・モード電圧を高くすると，スイッチ素子 M_3 が導通状態になるにつれて M_{2a} と M_{2b} は遮断状態に移ります．このとき差動入力 p チャネル MOSFET (M_{2a}, M_{2b}) に供給していた電流 I_{ref} は M_3 にう回して，M_4 に流れ込みます．続いてカレント・ミラー回路 (M_4, M_5) の働きで n チャネル MOSFET (M_{1a}, M_{1b}) から $3I_{ref}$ が余分に引き抜かれて，n チャネル入力差動対の MOSFET には 4 倍の I_{ref} が流れることになります．式 (12.3) からも明らかなように，**図 12-6(b)** における高い入力電圧範囲③では，n チャネル MOSFET の相互コンダクタンスが 2 倍になることを意味しています．

同様のスイッチ電流制御回路を p チャネル入力差動対に対して設けると，**図 12-6(b)** の①のコモン・モード電圧範囲で，GND 電圧から電源電圧までの入力電圧範囲において g_m がほぼ一定となります．こうして，g_m が一定の rail-to-rail 差動入力回路ができあがるのです．

12.2 出力バッファ回路の低電圧化

OP アンプでは，増幅した信号電圧を集積回路の外に取り出したり，大きな容量（キャパシタ）や抵抗性の負荷を駆動するために出力バッファと呼ばれる回路（第 11 章の**図 11-4 を参照**）が必要になります．この出力バッファ回路は，負荷抵抗に多量の電流を流したり，高速で大容量を駆動する役割を担いますが，そのほかにも，
- 低ひずみ
- 高い電力変換効率

であることが要求されます．

ここでは**図 12-8** に示す抵抗性負荷の片側を電源電圧の半分（$V_{DD}/2$）に固定した出力バッファを取り上げて，その動作を考察してみましょう．

出力バッファ回路を構成する MOS 素子の組み合わせとして，**図 12-8** に示すような，
- ソース接地の n チャネル，p チャネル MOSFET
- ドレイン接地の n チャネル，p チャネル MOSFET

12.2 出力バッファ回路の低電圧化

図 12-8 出力バッファ回路構成の例

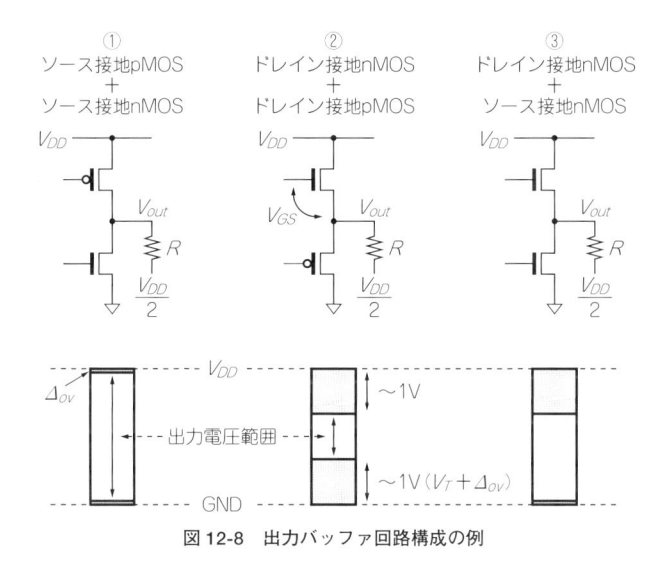

- ソース接地とドレイン接地のnチャネル MOSFET

などがあります．しかし，低電源電圧動作を前提とした設計では，しきい値電圧＋オーバドライブ電圧分の電圧が余分に必要となるドレイン接地回路はなかなか使いにくいものです．将来をにらんだ低電源電圧設計では，ソース接地のnチャネル，pチャネル MOSFET の組み合わせで出力バッファを構成することが常識です．この出力バッファ回路では，pチャネル MOSFET から供給される電流とnチャネル MOSFET から引き抜かれる電流の差が抵抗に流れて，負荷抵抗の両端に出力信号電圧が現われます．

12.2.1 ソース接地のnチャネル，pチャネル MOSFET による回路

ソース接地のnチャネル，pチャネル MOSFET による回路を一般化した図 12-9 の出力バッファ回路では，出力段 MOSFET (M_1, M_2) のゲート電極に直流バイアス電圧 (V_{b1}, V_{b2}) を印加し，そこに小信号電圧 (v_{in}) を重畳します．以下では，そのバイアス電圧 (V_{b1}, V_{b2}) とバッファ回路の電気的特性について考えてみましょう．

例えば，バイアス電圧 (V_{b1}, V_{b2}) をゼロに設定すれば，nチャネル MOSFET (M_2) はしきい値より高い入力信号電圧に対して動作します．同様にpチャネル

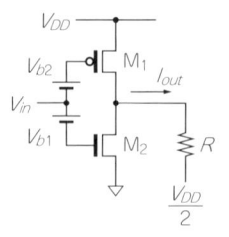

図 12-9 入力信号に一定のバイアス電圧を印加したプッシュプル出力バッファ回路

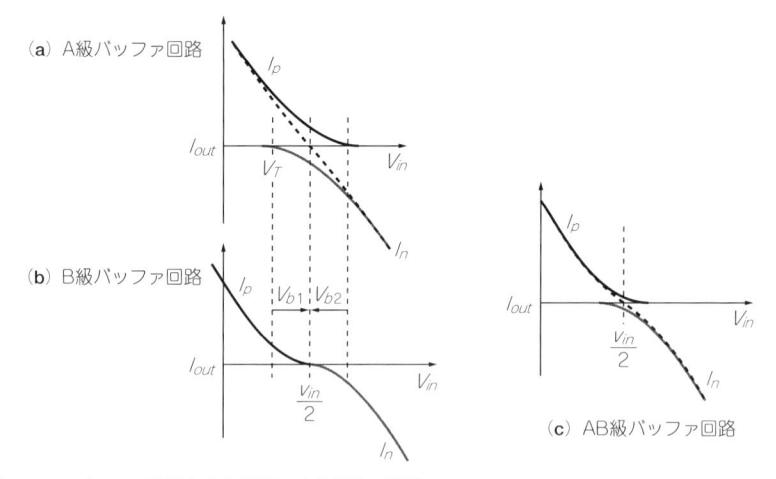

図 12-10 バイアス電圧と入力電圧，出力電流の関係
(a) は A 級出力バッファ回路，(b) は B 級出力バッファ回路，(c) は AB 級出力バッファ回路である．

MOSFET (M_1) は，$V_{DD}-|V_{Tp}|$ 以下の入力電圧が入ってくると動作しますので，最終的に抵抗に供給できる電流は，**図 12-10**(a) の点線のようになります．このゼロ・バイアス条件の出力バッファ回路では，出力電流が入力電圧に対してほぼ線形に変化します．その反面，信号がなくても M_1，M_2 を貫通して流れる電流量がかなり大きいので，常時，むだな電力を消費しているわけです．

次に，**図 12-9** のバイアス電圧 (V_{b1}, V_{b2}) が有限の値で，入力電圧が $V_{DD}/2$ になると M_1 と M_2 が共に遮断するようにバイアス設定した例を**図 12-10**(b) に示します．このバイアス条件では，無信号時には出力電流もないため，電力使用効率の優れた出力バッファであることがわかります．ところが，この出力バッファ回路の入力電圧と出力電圧とは非線形性な関係があるので，出力信号の中に大き

な高調波ひずみが含まれることになります．

　以上のことから，出力バッファ回路では電力効率とひずみとの間にトレードオフの関係があります．実際の出力回路では，その妥協点を適当に選んで図 12-10 (a) と図 12-10 (b) の間のバイアス電圧が使用されています．こうすると無信号時にも出力バッファに少量の電流が流れて電力は多少消費されるものの，高調波ひずみは図 12-10 (b) の場合と比べると大幅に低減するからです．

　図 12-10 (c) に，このバイアス条件で動作する出力バッファ回路の入力電圧と出力電流の関係を示します．一般に，入力信号電圧のすべての範囲で双方の MOSFET が遮断しない出力段を「A 級バッファ」，図 12-10 (b) のようにいつも片側 MOSFET だけが動作している回路を「B 級バッファ」と呼んで区別しています．A 級と B 級の中間的なバイアス電圧を印加した回路（図 12-10 (c)）は「AB 級バッファ」と呼ばれています．参考までに，バイアス電圧をさらに大きくして双方の MOSFET が遮断している電圧範囲を広げた出力バッファを順に C 級，D 級，E 級バッファと呼んでいます．バイアス電圧が大きくなるにつれて級の呼称が C，D，E と変わります．

12.2.2　従来型 AB 級出力バッファ回路

　図 12-11 に，従来型の AB 級出力バッファ回路を示します．入力端子に接続された二つの MOSFET のソース電流の経路が交差していることから，「ソース・クロス・カップル回路」とも呼ばれています．

　入力電圧を V_{in} とすれば，M_1 と M_4 に流れる電流が同一なので，次式が成り立ちます．

$$V_{in} - V_{bias4} = |V_{Tp}| + V_{Tn} + 2\sqrt{\frac{2I}{\beta}} \tag{12.4}$$

設計の段階で M_1，M_4 の β 値は同一にしておきます．式 (12.4) より，V_{bias4} と p チャネルと n チャネルの MOSFET (M_1，M_4) のしきい値 V_T が一定であるため入力電圧 V_{in} に対して M_1，M_4 を流れる電流 I が一意に決まります．その電流はダイオード接続した M_8 を経由して M_{10} のゲート電圧に変換されます．

$$V_{GS8} = V_{Tn} + \sqrt{\frac{2I}{\beta_8}} \tag{12.5}$$

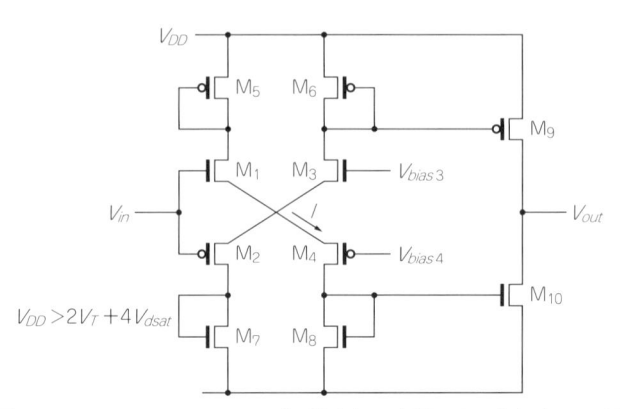

図 12-11 ソース・クロス・カップル型バイアス回路による出力バッファ回路の構成

M_9 と M_{10} のゲート電極には入力電圧 V_{in} のほか，バイアス回路で決まる電圧が印加されている一定電位が重畳されて，AB 級バッファを構成している．

式 (12.4) と式 (12.5) から，M_8 のゲート電圧 V_{GS8} は入力電圧 V_{in} を一定のバイアス電圧だけレベル・シフトした値になっていることがわかります．M_2, M_3, M_6 の電流パスについても同様な計算を行うと，M_6 のゲート電極には入力電圧 V_{in} に一定のバイアス電圧を加算した電位が現われます．つまり，M_9, M_{10} がそれぞれ図 12-9 の M_1, M_2 に対応している出力バッファ回路であることがわかります．

将来の低電源電圧化を前提とすると，図 12-11 に示す従来型のバッファ回路には大きな問題があります．それは図 12-11 の MOS 素子すべてを飽和特性で動作させるため，電源電圧 V_{DD} がかなり高いことです．M_5, M_1, M_4, M_8 の電流経路をみると，ダイオード接続した 2 個の MOS 素子で $2(V_T + V_{dsat})$，M_1, M_4 のドレイン-ソース間に飽和ドレイン電圧 V_{dsat} 以上が必要となるので，結局，電源電圧 V_{DD} は，

$$V_{DD} \geq 2V_T + 4V_{dsat} \tag{12.6}$$

を満たさなければなりません．右辺はだいたい 2 V を超える値になるので，低電圧のアナログ回路には不向きであることがわかります．

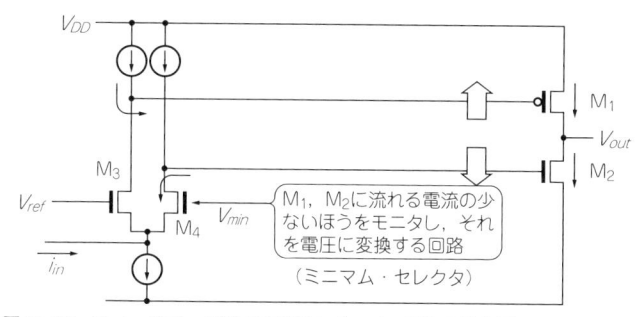

図12-12 フィードバック型AB級出力バッファ回路の概念図
M_1, M_2に流れる電流の少ないほうに対応した電圧を発生するミニマム・セレクタ回路を導入し, M_1, M_2に流れる電流の最小値を既定値I_{min}にしている.

12.2.3 フィードバック型AB級バッファ回路

　最近, このソース・クロス・カップル型バッファに代わる低電圧用出力バッファ回路がいくつか提案されています. その中の一例として, 以下ではフィードバック型AB級バッファ回路を紹介します.

　図 12-12 に示す回路では, 出力段のMOSFET (M_1, M_2) に流れる電流をモニタし, その電流がある規定値以下にならないようにフィードバックをかけてAB級動作を保証します.

　ミニマム・セレクタ（最小電流選択回路）ではモニタした二つの電流の少ないほうの電流に対応する電圧 V_{min} を M_4 のゲート電極に入れます. 差動対を形成する M_3 のゲート電極にはあらかじめ出力MOS素子の最小電流量 I_{min} に相当する電圧 V_{ref} を入力しておきます. もし, M_1 と M_2 に流れる電流量がともに既定の最小電流 I_{min} より大きければ, M_4 の電流が M_3 を流れる電流よりも多くなり, 矢印に示す方向に電流が流れ, M_1 のゲート電圧を上昇させ, M_2 のゲート電圧を降下させます. このようなフィードバックを通じて, 最終的には M_1, M_2 に流れる電流の少ないほうが既定の最小電流値 I_{min} になるように制御するのです. この回路では, 従来型バッファ回路のようにバイアス電圧をあらかじめ設定するのではなく, 出力段の M_1, M_2 に流れる電流をモニタし, その最小値を規定値に抑え込む方式を採用しています.

　図 12-13 の灰色の部分にミニマム・セレクタを示しています. この回路では, M_6 と M_7 がそれぞれ M_2 と M_1 に流れる電流をモニタする役割を担っています.

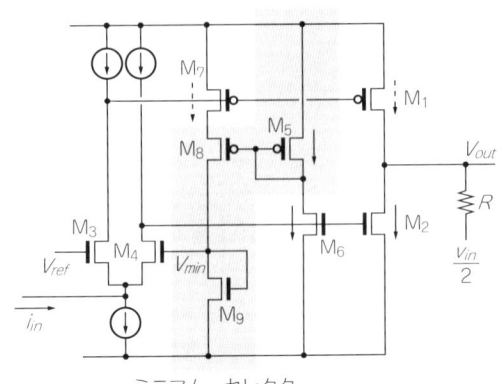

図 12-13　ミニマム・セレクタ回路
灰色の部分がミニマム・セレクタ回路である．M_6，M_7 でそれぞれ M_2，M_1 の電流をモニタし，その小さい電流のほうに対応した電圧を M_9 で発生させる．

かりに M_1 の電流が M_2 の電流量を大幅に上回っていれば，M_7 のコンダクタンスは大きいので，M_8 のソース電位は V_{DD} に近くなります．このとき，M_5，M_8 はカレント・ミラー回路とみなせるので，M_6 でモニタした電流がダイオード接続した M_9 に流れます．逆に，M_1 の電流が M_2 の電流に比べて十分小さければ，M_9 に流れる電流は M_7 で決まります．以上のことから，M_6 と M_7 に流れる電流の少ないほうの電流が M_9 に流れるのです．

　フィードバック型 AB 級バッファの基本回路ブロックには，このミニマム・セレクタのほかにもたいへん重要な回路があります．それが**図 12-13** に示す三つの電流源回路です．つまり，上の二つの電流源から供給される電流の和がテイル電流源から引き抜く電流と一致しなければなりません．このため，**図 12-14** に示すレプリカ回路（$M_{13} \sim M_{17}$）で上下の電流源の電流を同じくする回路構成をとり，その電流をカレント・ミラー回路（M_{17}, M_{18}）で右側のパスに移します．すると上下の電流源の電流値が一致して，所望の AB 級動作が可能となります．この回路の電源電圧の下限値は M_1，M_3，M_{18} の電流経路で決まり，計算の結果，電源電圧 V_{DD} は，

$$V_{DD} \geq V_T + 3V_{dsat} \tag{12.7}$$

を満たさなければならないことがわかります．クロス・カップル型の従来型出力

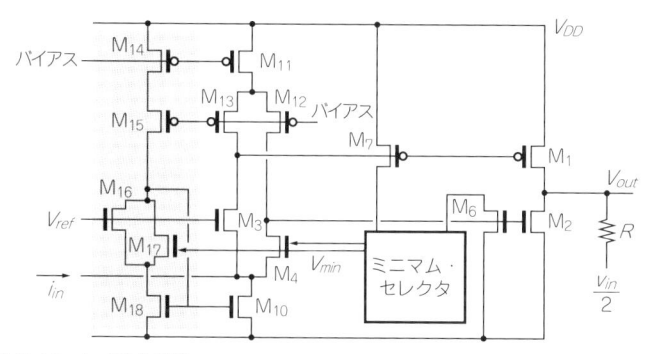

図 12-14　レプリカ回路
灰色の部分の $M_{11} \sim M_{18}$ がレプリカ回路である．M_3，M_4 に流れ込む電流が M_{10} から流れ出る電流と同一にする．M_{15} の寸法は M_{12}，M_{13} の W/L の 2 倍．M_{10} のドレインに小信号電流 i_{in} を入れることで，M_3，M_4 のドレイン電位が同相で変化する．

バッファにおける電源電圧の下限値である式 (12.6) と比較すると，このフィードバック AB 級バッファ回路では電源電圧をさらに $V_T + V_{dsat}$（約 1 V）だけ下げることができるのです．

こうして 2 V 以下の電源電圧で動作する OP アンプを設計する準備ができました．

12.3　位相補償

すでに述べたように，フィードバック系の中で使用される OP アンプは，アナログ回路に組み込んだ際に発振しないように配慮して設計しなければなりません．一般に，OP アンプに β_F の負帰還をかけると閉ループ利得 A_C は，

$$A_C = \frac{A}{1 + \beta_F A} \tag{12.8}$$

となります．ここで A は 2 段増幅回路で構成される OP アンプの利得です．図 12-15 に示す 2 段増幅回路構成の OP アンプには 2 種類のローパス・フィルタが組み込まれているので，その周波数特性は次式で表すことができます．

$$A(s) = \frac{A_o}{\left(1 + \dfrac{s}{p_1}\right)\left(1 + \dfrac{s}{p_2}\right)} \tag{12.9}$$

図 12-15　差動増幅回路と利得段の 2 段増幅回路構成の OP アンプ
p_1 と p_2 で特徴付けられる 2 種類のローパス・フィルタ特性を持っている.

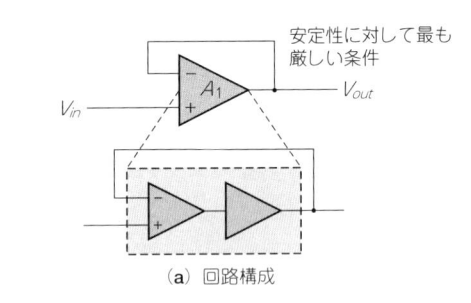

$$p_1 = \frac{1}{r_1 C_1}$$

$$p_2 = \frac{1}{r_2 C_2}$$

$$A(s) = -\frac{A_1}{1+\dfrac{s}{p_1}} \cdot \frac{A_2}{1+\dfrac{s}{p_2}}$$

$s \to j\omega$
周波数が高くなると…
位相が遅れ，振幅が減る

(a) 回路構成

$$A(s) = \frac{A_o}{\left(1+\dfrac{s}{p_1}\right)\left(1+\dfrac{s}{p_2}\right)} \implies A_C(s) = \frac{A}{1+A} \approx \frac{1}{1+\dfrac{s}{A_o p_1}+\dfrac{s^2}{A_o p_1 p_2}}$$

$p_1 \ll p_2$

(b) ラプラス変換特性

図 12-16　ユニティ・ゲイン・バッファ
回路構成とラプラス変換特性を示す.

ここで，$A_o = A_1 \cdot A_2$ です．p_1，p_2 はそれぞれ初段，次段の極です．

図 12-16 に示すユニティ・ゲイン・バッファ構成（もっとも発振しやすい回路構成）の安定性について考えてみましょう．式 (12.9) を式 (12.8) に代入し，$\beta_F = 1$ とすれば，

$$A_C(s) \approx \frac{1}{1+\dfrac{s}{A_o p_1}+\dfrac{s^2}{A_o p_1 p_2}} \tag{12.10}$$

となります．ここでは，便宜上 $p_1 \ll p_2$ と仮定して近似しました．

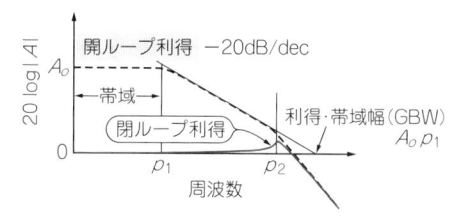

図 12-17　ユニティ・ゲイン・バッファの利得
点線は開ループ利得，実線はユニティ・ゲイン・バッファ回路の利得を示している．

表 12-1　ユニティ・ゲイン・バッファ構成回路の $p_2/A_o p_1$ とピーク値との関係

$\dfrac{p_2}{A_o p_1}$	ピーク値 $=\dfrac{1}{2\zeta\sqrt{1-\zeta^2}}$
0.5	3.6
1.0	1.2
1.5	0.3
2.0	0.0

ピーク値は20log表示

$\zeta = \dfrac{1}{2}\sqrt{\dfrac{p_2}{A_o p_1}}$

12.3.1　周波数応答特性

式 (12.10) 中の s に $j\omega$ を代入すると，周波数 ω の信号を入力したときの伝達関数が得られます．

$$A_C(\omega) \approx \frac{1}{1+2j\zeta\dfrac{\omega}{\omega_{ref}} - \dfrac{\omega^2}{\omega_{ref}^2}} \tag{12.11}$$

$$\omega_{ref} = \sqrt{A_o p_1 p_2} \tag{12.12}$$

ここで，A_o は OP アンプの低周波利得，p_1 は遮断周波数 (帯域；gain band) であることを考慮すると，OP アンプの利得と周波数特性との関係は**図 12-17** の点線のようになります．この OP アンプをユニティ・ゲイン・バッファ構成で使用すると，式 (12.11) で与えられる周波数特性 (**図 12-17** の実線) となります．式 (12.11) の絶対値を周波数 ω で微分し，それがゼロとなる周波数でピーク値を計算してみると，**表 12-1** のように，p_2 と $A_o p_1$ との比でその大きさが違ってきます．ようするに，第 2 ポール (極 p_2) が $A_o p_1$ (利得帯域幅 GBW；gain band width) 以下なら周波数 p_2 付近でユニティ・ゲイン・バッファ回路の伝達関数がピークになります．逆に $p_2 > 2A_o p_1$ であれば伝達関数はピークを持たず，単調に減少する特性を示します．

12.3.2 パルス応答

次にユニティ・ゲイン・バッファ回路の過渡応答特性について考えてみましょう．

式 (12.10) にステップ関数を印加すると，出力端子に現れる電圧のラプラス変換は，

$$V_{out}(s) \approx \frac{1}{1 + \dfrac{s}{A_o p_1} + \dfrac{s^2}{A_o p_1 p_2}} \cdot \frac{1}{s} \tag{12.13}$$

となります．これを逆ラプラス変換すると，**図 12-18** に示す時間応答特性が得られます．おおむね $\zeta < 0.7$ 以下になると振動しながらしだいに最終値に漸近していきますが，ζ の値が 1.0 以上では最終値に漸近するまでに時間がかかるようになり，セトリング時間が長くなります．**図 12-18** の応答特性から，ユニティ・ゲイン・バッファ回路の応答速度を早くするには p_1 と p_2 との関係を，

$$p_2 = 2 A_o p_1 \quad (\zeta \approx 0.7) \tag{12.14}$$

程度にすることが望ましいことがわかります．

出力端子の負荷容量が与えられて極 (p_2) が決まると，電圧利得 A_o の大きな OP アンプの場合，p_1 を小さくしないとユニティ・ゲイン・バッファ構成の回路が発振してしまうことが**表 12-1** からわかります．この発振を回避するために，前

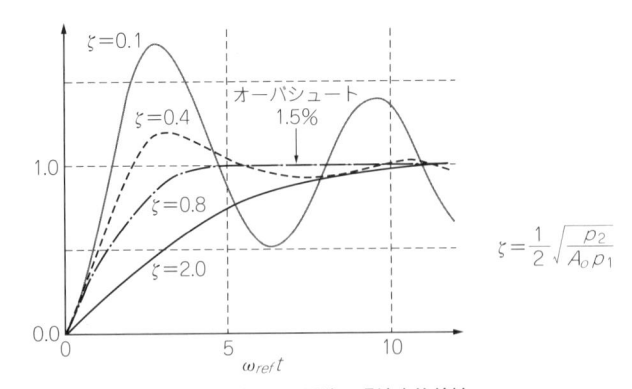

図 12-18　ユニティ・ゲイン・バッファ回路の過渡応答特性
$\zeta < 0.7$ 以下になると振動しながらしだいに最終値に漸近していく．ζ の値が 1.0 以上では最終値に漸近するまでに時間がかかるようになり，セトリング時間が大きくなる．

段 (A_1) の出力端子にキャパシタを挿入して p_1 を小さくする方法があります．図 12-19(a) に示すように，C_C を出力端子と接地との間に挿入すると，極 p_1 は，

$$p_1 = \frac{1}{r_1(C_1+C_C)} \tag{12.15}$$

となり，C_C を十分大きくすれば式 (12.14) を満たすことができます．しかし，たんに C_C を大きくするだけではキャパシタの占有面積も大きくなってしまうので，出力段の増幅回路によるミラー効果を利用して比較的小さなキャパシタで C_C の代用とします．それが図 12-19(b) のミラー・キャパシタ C_C です．

$$p_1^* = \frac{1}{r_1(C_1+(A_2+1)C_C)} \approx \frac{1}{A_2 r_1 C_C} \tag{12.16}$$

こうして回路特性に重要な役割を果たす極 p_1 を小さくできることがわかりました．

ここまでの説明では，式 (12.16) に示す出力増幅回路の利得 A_2 が周波数によらず一定であることを暗黙のうちに仮定していました．しかし実際には，出力段回路がローパス・フィルタ特性を持っています．この出力段にある極 p_2 を考慮して，再度，OP アンプの周波数応答特性について考えてみましょう．

結合キャパシタ C_C の値を大きくすると，図 12-20(a) のように，遮断周波数が低周波側にずれていきます．その間，出力段の増幅利得は一定なので－20

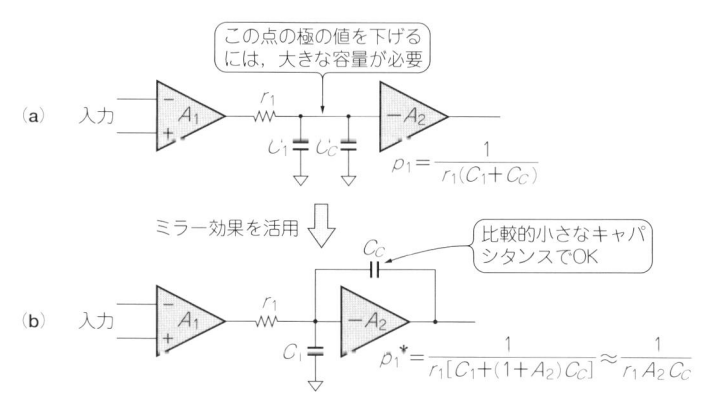

図 12-19 ミラー効果の活用
上は p_1 を小さくするためにキャパシタ C_C を使用している．下はミラー効果を利用した場合のキャパシタの接続箇所を示している．

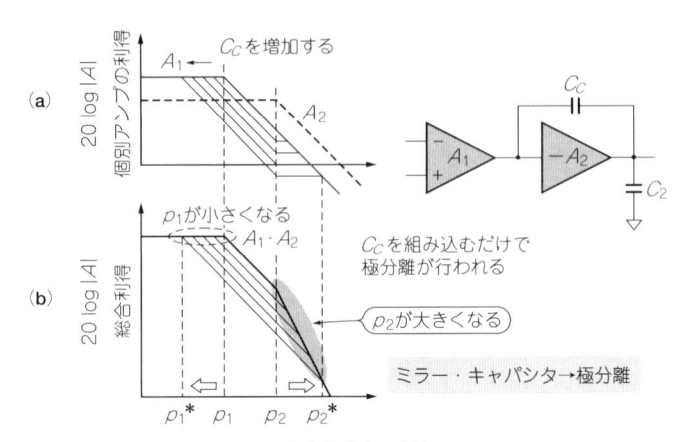

図 12-20　ミラー容量 C_C を用いて p_1 を小さくする方法
この方式では p_1 が小さくなると自動的に p_2 が大きくなるので，極分離方式と呼ばれている．

dB/dec での低下が続行しています．しかし，入力信号の周波数が出力段の遮断周波数 p_2 以上になるとミラー効果のフィードバック係数が周波数とともに低下するので，見かけ上，差動増幅回路の利得は周波数依存性を持たなくなります．それが図のボード線図の平坦部分です．したがって，OP アンプの総合利得は，図 12-20 (b) のように，低周波側では A_1 と A_2 の積が p_1 以上になると -20 dB/dec で利得が低下し，さらに p_2 の値を越したところに新しい極 p_2^* が現れます．このように，結合キャパシタを出力段の前後に置くと，p_1 は低周波側に，p_2 は高周波側にシフトしていきます．これを C_C による「極分離」と呼んでいます．

12.4　全差動型 OP アンプ

前節まではシングルエンド構成で OP アンプの動作を説明してきました．しかし，第 5 章で説明したように集積回路内部で発生するノイズはシングルエンド回路の特性に影響するので，電子回路全体を全差動型にしてノイズ耐性を高めることがアナログ回路設計のかぎとなります．全差動型の電子回路はノイズ耐性があるだけでなく，クロック・フィード・スルー耐性も高く，偶数次の高調波の発生

注：本章では OP アンプの動作解説に用いる慣例に沿った「極」の定義に従って説明したが，次章で述べる伝達関数の「極」とは符号が反対になっている．

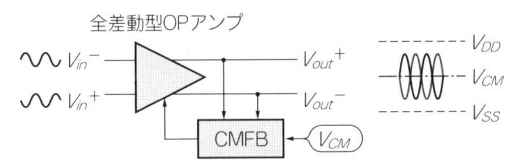

図12-21 コモン・モード・フィードバック(CMFB)の働き
コモン・モード・フィードバック(CMFB)回路は,全差動型OPアンプの出力電圧の平均値を所定の値 V_{CM} に設定する.

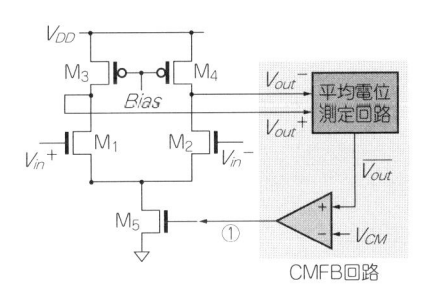

図12-22 コモン・モード・フィードバック(CMFB)回路の機能
差動入力アンプ($M_1 \sim M_5$)の出力(V_{out}^+, V_{out}^-)の平均値を V_{CM} に設定する.

が少なくなります.このように全差動型の電子回路は良いことばかりなのですが,全差動型OPアンプには固有の要素回路が必要となります.それがコモン・モード・フィードバック(CMFB)回路です.

12.4.1　コモン・モード・フィードバック回路

　CMFB回路は,**図12-21**に示すように,全差動型OPアンプの二つの出力電圧の平均値が所定の値 V_{CM} となるようにフィードバックをかける回路です.**図12-22**に示す差動入力回路を例にしてコモン・モード・フィードバックのかけかたについて説明しましょう.

　この回路では,出力電圧の平均値が所定の値 V_{CM} より高いと①の端子電圧が高くなり,差動入力段のテイル電流源 M_5 の電流が増えます.一方,M_3,M_4 から流れてくる電流は固定されたままなので,出力端子へ電源ライン V_{DD} から流れてくる電流は M_5 から引き抜かれる電流より小さくなり,出力電圧の平均値はしだいに低下します.この逆に,出力電圧が所定の値 V_{CM} より低くなると M_5 を流れる電流を絞って出力端子電圧が高くなるようフィードバックがかかります.つ

まり図 12-22 の回路では，CMFB 回路によって出力電圧 V_{out} が所定の電圧 V_{CM} 付近に収まるのです．

CMFB 回路は，連続時間 CMFB 回路と離散時間 CMFB 回路に大別できます．実際の全差動型 OP アンプではこれらの CMFB 回路が用途に応じて使い分けられています．

● 連続時間 CMFB 回路

連続時間の CMFB 回路にはさまざまな回路が提案されています．ここでは図 12-23 の回路を例にして CMFB 回路の動作を説明しましょう．

図中の $M_1 \sim M_5$ は図 12-22 の全差動型 OP アンプです．$M_6 \sim M_{11}$ は出力電圧の平均値に応じて M_5 のテイル電流を制御する CMFB 回路です．この CMFB 回路では M_6，M_7 と M_{10}，M_{11} が線形領域で動作しています．出力電圧 $V_{out}^{\pm}$ が高いと M_6，M_7 の実効的な抵抗が下がり，逆に出力電圧が低いとそれらの抵抗が高くなります．$M_8 \sim M_{11}$ は，定常状態で M_3 と M_4 を流れる電流の和が M_5 に流れる電流と等しくなるようにフィードバックをかける回路です．よく見ると $M_8 \sim M_{11}$ は $M_1 \sim M_7$ のレプリカ回路であることがわかると思います．なお，M_8 に流れる電流が M_3 と M_4 に流れる電流の和と同一になるように M_8 の素子のサイズを調整しておきます．このとき，電源ライン V_{DD} から供給される電流を I_{ref} とします．もし，出力電圧 $V_{out}^{\pm}$ の平均値が V_{CM} より高ければ，M_6，M_7 の抵抗は M_{10}，M_{11} の抵抗より小さくなるので，次式が成り立ちます．

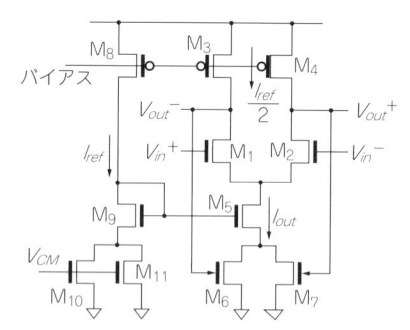

図 12-23 連続時間コモン・モード・フィードバック回路
$M_6 \sim M_{11}$ がコモン・モード・フィードバック回路を構成する．
M_6，M_7，M_{10}，M_{11} は線形領域で動作する．

$$V_{GS5} > V_{GS9} \tag{12.17}$$

M_9 には I_{ref} が流れているので，式(12.17)は M_5 を流れる電流が I_{ref} より大きくなることを意味しています．引き抜き電流が増えたことにより，出力電圧の平均値は低下して，最終的に V_{CM} と一致する出力電圧で落ち着くことになります．

● 離散時間 CMFB 回路

離散時間の CMFB 回路は，パイプライン A-D コンバータやスイッチト・キャパシタ回路などでよく使われています．その動作原理を順番に説明しましょう．

図 12-24 に，$M_1 \sim M_5$ で構成された全差動型 OP アンプと離散時間 CMFB 回路を示します．右端の M_7 には M_6 のゲート電極に印加されたバイアス電圧に応じた電流 I_{ref} が流れ，その電流値に相当するゲート電圧 V_{ref} が M_7 のゲート電極に発生します．M_5 と M_7 のゲート電極間にある 2 個のスイッチと出力端子側および V_{CM} 端子に接続されたスイッチは，図 12-25 のように，それぞれ ϕ_1，ϕ_2 の

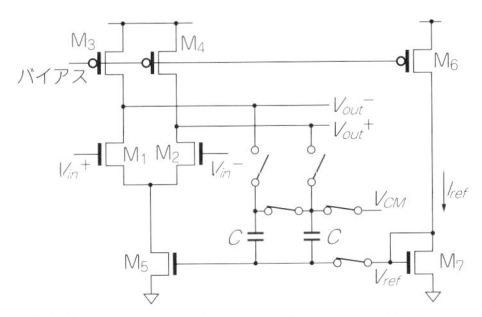

図 12-24　離散時間コモン・モード・フィードバック回路(2)
$M_1 \sim M_5$ で構成された全差動型 OP アンプと離散時間 CMFB 回路を示している．

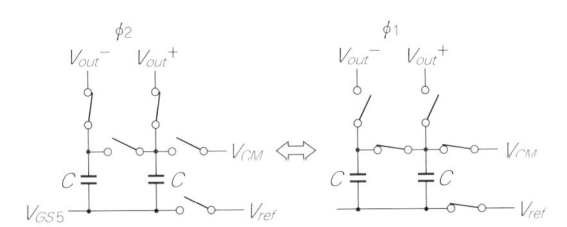

図 12-25　離散時間コモン・モード・フィードバック回路の動作原理
ϕ_1 で 2 個のキャパシタ C に蓄えられる電荷の総和は ϕ_2 でも保持される．

クロックのときにのみ閉じられます．ϕ_1 においてキャパシタ C に蓄えられた電荷量の和は ϕ_2 でも変化しないことから，

$$C(V_{out}^+ - V_{GS5}) + C(V_{out}^- - V_{GS5}) = 2C(V_{CM} - V_{ref}) \tag{12.18}$$

が成り立ちます．すなわち，式 (12.18) を整理すると M_5 のゲート電圧は次式で与えられます．

$$V_{GS5} = V_{ref} + \left(\frac{V_{out}^+ + V_{out}^-}{2} - V_{CM} \right) \tag{12.19}$$

M_3 と M_4 を流れる電流の和は I_{ref} です．M_5 のゲート電圧が V_{ref} であれば M_5 にも I_{ref} が流れるので，これらの電流のバランスがとれたところで出力端子電圧は一定となります．一方，出力電圧の平均値が V_{CM} より大きくなると，式 (12.19) から，V_{GS5} が V_{ref} より大きくなり，M_5 から引き抜かれる電流が大きくなって，出力電圧が次第に低下します．こうして出力電圧は離散時間 CMFB 回路の働きで V_{CM} に落ち着くことになります．実際の回路設計では各出力端子と M_5 のゲート電極の間にキャパシタ C_B を配置し，急激な電位変動が起こらないよう配慮しています．

12.4.2　全差動型 OP アンプの種類

CMFB 回路だけでなく，全差動型 OP アンプにもさまざまな種類があります．ここでは 3 種類の OP アンプの構造を示し，それらの特徴について簡単に説明し

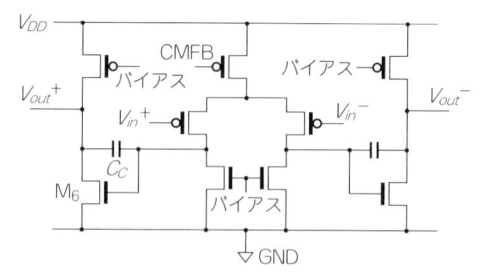

図 12-26　差動入力アンプと出力利得段との 2 段増幅全差動アンプ
標準的な差動入力アンプと出力利得段で構成された 2 段増幅 OP アンプ．C_C は位相補償用キャパシタ．GND ラインの高周波ノイズがそのまま出力端子に現れる問題を抱えているため，PSRR (power supply rejection ratio) が悪い．

ます.

図 12-26 の回路は，標準的な差動入力アンプと出力利得段で構成された 2 段増幅 OP アンプです．C_C が位相補償用のキャパシタであることがわかれば，第 11 章で示した図 11-14 と同じ動作をする回路であることが理解できることでしょう．この回路では，CMFB 回路からの出力を差動入力段の p チャネル MOSFET に戻し，出力電圧を所定の値に保持する構造となっています．この回路の位相補償用キャパシタ C_C は，高周波信号に対して出力段の n チャネル MOSFET，M_6 のゲート-ドレイン間を短絡する働きをするので，GND ラインの高周波ノイズがそのまま出力端子に現れるという問題を抱えています．この例のように電源ラインに含まれるノイズが出力電圧に出ることは，OP アンプにとって好ましくありません．この電源ラインのノイズがどの程度除去できるかを表す指標が PSRR（power supply rejection ratio）です．図 12-26 の回路は，高周波領域で PSRR が悪いということになります．

一方，図 12-27 のように，差動入力段からの出力電圧を 2 ヵ所で取り出し，それを出力段 MOSFET に相補的に送り出すプッシュプル回路では，PSRR はかなり軽減されます．その理由を考えてみましょう．

例えば，GND ラインが瞬間的に低下すると，位相補償用キャパシタ C_C がすぐには充電できないので，出力電圧もいっしょに下がります．しかし，M_8 に流れる電流もそのときに増加するので，それが M_7，M_9 のカレント・ミラー回路を通して出力端子に大きな電流を供給し，出力電圧を上昇させる逆の働きをします．この逆方向の動きで出力電圧の変動がキャンセルされて PSRR が抑えられるの

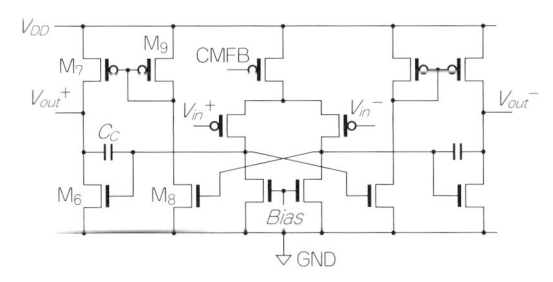

図 12-27 差動入力アンプとプッシュプル出力利得段で構成された 2 段増幅回路
構造が複雑であり，各ノードの容量が大きい分だけ回路動作が遅くなる．低周波回路としてとても優れた性能を持つ．

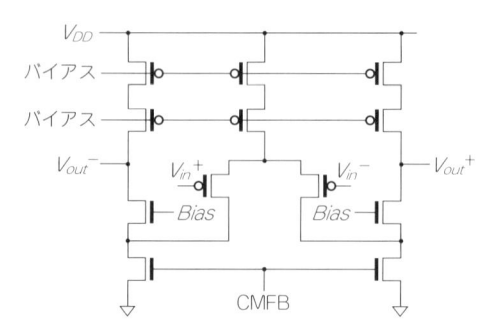

図 12-28　全差動型カスコード OP アンプ
位相補償用のキャパシタが不要なので高速動作が可能．MOSFET はすべて飽和特性領域で動作する．出力段の信号振幅の最大値は $2V_{DD} - 8V_{Dsat}$ となる．

です．この回路は構造が複雑であり，各ノードの容量が大きい分だけ回路動作が遅くなります．高周波動作には適していませんが低周波回路としてとても優れた性能を持っています．

図 12-28 は，カスコード型の全差動型 OP アンプです．位相補償用のキャパシタが不要なので高速動作が可能です．ただし，出力側の 4 個の MOSFET はすべて飽和特性領域で動作することが前提となるので，出力段の信号振幅の最大値は $V_{DD} - 4V_{Dsat}$ となります．双方の出力端子の動きが逆方向で，それぞれの最大出力振幅を考慮すると，実効的な最大出力振幅は $2V_{DD} - 8V_{Dsat}$ となります．図 12-26 や図 12-27 の回路に比べると最大出力振幅が小さくなっていることがわかるでしょう．

第 12 章のまとめ

この章はこれまでの章より少し難しかったかもしれません．それは説明に用いた回路が複雑なうえ，見慣れていない回路だからです．新しい回路にチャレンジするとき，いつもその動作を理解するのに苦労しますが，それを乗り越えてしまえば新しい回路も脳裏に焼き付いてきます．そして，後日，同じ回路を見たときにすぐに動作を理解することができるのです．また，動作が理解できない回路でも図を繰り返し見ているだけで，そのうちわかったような気になってしまうこともあります．ほんとうはこちらのほうがこわいのです．アナログ回路を設計して

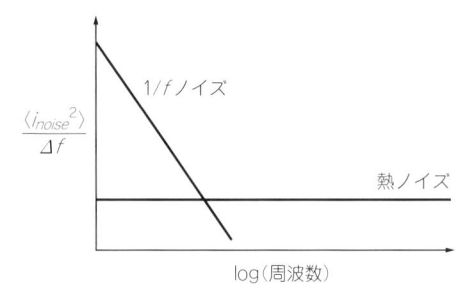

図 12-29　ノイズのスペクトル密度
よく見慣れた図である．なぜノイズ電流の密度がこのような周波数特性となるのだろうか．

$$i_{noise,A}^2 R_B + i_{noise,B}^2 R_A > 0$$

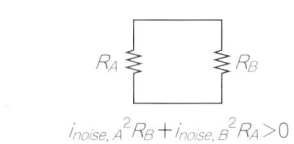

図 12-30　ジュール熱の発生
抵抗 R_A で発生したノイズ電流 $i_{noise,A}$ が抵抗 R_B に流れ込んでジュール熱が発生する．同様に，抵抗 R_B で発生したノイズ電流 $i_{noise,B}$ が抵抗 R_A でジュール熱を発生する．電源がないのにジュール熱が常時発生するなんて不思議である．

いるみなさんにもそんな経験があるでしょう．設計したアナログ集積回路を評価しているときに観測される異常現象のほとんどは，こうしたふだん見慣れた回路で発生しています．さらには，チップを量産する段階になってから回路の問題点を再確認することなど日常茶飯事です．日ごろから基本的な回路の動作をしっかりと理解するように心がけてください．

ところで，学生が**図 12-29** を示しながら「なぜ熱ノイズの周波数特性が平たんなの？」とか「熱ノイズがあると抵抗には上向きの電流と下向きの電流がランダムに流れますね．二つの抵抗を並列に接続すると，片方の抵抗から流れ出した電流が他方の抵抗に流れて I^2R のジュール熱が発生しますね．すると**図 12-30** の回路では，電源もないのに熱ノイズでずーっと発熱しっ放しなのですか」と聞かれました．こんな基本的なことを気にしていると本格的なアナログ回路設計を始めるまでに何年もかかってしまいそうですが，ほんとうは，この程度のことは十分理解してから設計を始めてもらいたいと思っています．みなさんも**図 12-29**

と**図 12-30** の問題をじっくりと考えてみてください．友達と議論しながら考えてもおもしろいかもしれません．

第13章
フィルタの伝達関数

　人間の脳は，自分につごうの良い情報を選択して記憶するフィルタ機能を持っているそうです．そういえば，過去の辛く悲しい時代を振り返っても，当時の苦しかったことはほとんど忘れ去っており，楽しかったことだけが頭に残っています．つまり，脳の中には人間が生き延びるための巧妙なからくりがしくまれているのです．このため，わたしたちが経験してきた無数の情報の中からいやしの情報だけがふるい（フィルタ）にかけられて脳裏に焼き付けられるのです．もし，フィルタの働きが狂うと，生存につごうの悪い情報も同じように脳裏に残り，生きていくことがとても辛くなってしまいます．

　アナログ信号の処理には，このような脳の働きに似たフィルタ機能が数多く使われています．例えば，無数の電波の中から所望の放送局を選び出す同調回路や電源ノイズを除去するノッチ・フィルタ，低・中・高域を受け持つ3種類のスピーカのそれぞれにアナログ信号を振り分ける周波数帯域分離フィルタなどが電気製品の中では使用されています．しかし，まちがった特性のフィルタでアナログ音声信号を処理すると，ソプラノ歌手の歌声がドラえもんの声になるかもしれません．また，アナログ画像データの処理をまちがえると，彼女の顔がムンクの描いた「叫び」のようなデフォルメした顔になったりします．このようにアナログ信号の処理はフィルタにしこんだ「からくり」で決まります．

　この章では，フィルタのからくりが何によって決定されているのかについて解説します．まず，信号を伝える伝送経路の伝達関数の物理的な意味，そして伝達関数の「極」と「零点」の働きについて理解を深めます．続いてフィルタの周波数応答について説明します．途中，やや数学的な取り扱いがあり，式の変形などに気が散りそうになりますが，がんばってついてきてください．伝達関数は，すべ

ての電子回路の中でもとても重要な概念ですが，その物理的なイメージについてはあいまいなままの設計者が多いようです．本章によって，伝達関数の意味が頭の中でイメージできるような設計者に変身されることを期待しています．

13.1　フィルタの種類と歴史

　フィルタにはさまざまな種類があります．図 13-1 に示すように，アナログ・フィルタとディジタル・フィルタに大別できます．

　アナログ・フィルタの歴史はとても古く，1920 年ごろにはすでに登場していました．それから 50 年間は，インダクタとキャパシタを使用した LC フィルタが主流でした．その後，OP アンプが集積回路上に作成され，1970 年ごろからはアナログ集積回路にとってやっかい者だったインダクタのないアクティブ・フィルタが全盛となりました．さらに 1980 年代に入ってからは，キャパシタと MOS スイッチだけを用いたスイッチト・キャパシタ回路によるオンチップ・フィルタが現れました．

　この技術の発展の裏には，MOS 型集積回路の急速な進歩があります．サブミクロンのチャネル長を持つ微小な MOS 素子がこの技術を支えていると言っても過言ではありません．このスイッチト・キャパシタ回路の出現により，フィルタとほかの回路ブロックとの混載が可能となり，高度で精度の高いデータ処理を行えるようになりました．もちろん，それ以外にも，アナログ信号を A-D コンバータでディジタル・データに変換した後，それをディジタル・データのままフィルタ処理するディジタル信号処理も，画像，音声，通信などの各分野で使われています．

{ アナログ・フィルタ { LC フィルタ / アクティブ・フィルタ / スイッチト・キャパシタ・フィルタ
ディジタル・フィルタ

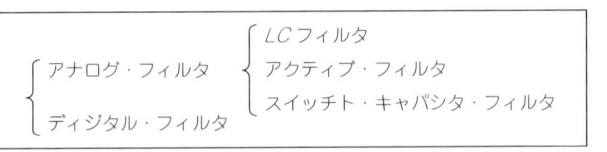

図 13-1　フィルタの分類
アナログ・フィルタとディジタル・フィルタに大別できる．

13.2 伝達関数の物理的なイメージ

フィルタに関する教科書を読んでいると，伝達関数の「線形性・時不変性」や「極」，「零点」といった難しい語句がひんぱんに出てきます．そもそも伝達関数とはいったい何なのでしょうか．

13.2.1 インパルス応答

筆者が学生時代に下宿していた長屋では，隣の部屋の夫婦がよくけんかをしていました．どなり声や茶わんを投げつける音，人が倒れこむ音などが壁や天井，床下を伝って聞こえてきました．上の階の部屋からは人の足音などの低い周波数の物音だけが聞こえてくるのに，隣の部屋からは人の声がよく伝わってきました．

このように，音の伝わりかたは伝達媒体（天井や壁）の種類によって違っています．どのような周波数の音が伝わりやすいかは，伝達媒体をかなづちでコンとたたくだけですぐにわかることはご存じでしょうか．これをインパルス応答と呼び，図 13-2 のようになります．

例えば，ベニヤ板などで作られた薄い壁板は壁のしなりぐあいに応じた振動を引き起こすので，壁板をコンとたたくと共振周波数の振動が持続しながら，しだいに減衰していきます．一方，厚い土塀だと共振周波数が可聴音域にないため，コンとたたいてもすぐに減衰して壁の向こう側にはほとんど何も伝わりません．

かなづちで壁をたたいた（インパルス）後の応答は，次式で表現できます．

$$f(t) = A\exp(-pt)$$
$$-p = \sigma + j\eta \tag{13.1}$$

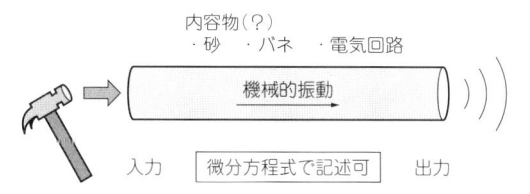

図 13-2 信号の伝達
信号が伝達する媒体（砂，ばね，電気回路など）によらず，信号の伝播が微分方程式で表現されるならば，媒体の伝達関数はインパルス応答で表される．

ここで，複素数 p は壁固有の性質を反映した定数で，壁ごとにそれぞれ違ったものです．実数部 σ が正ならばインパルス応答は時間の経過とともにしだいに大きくなり，負ならば減衰していくことを意味しています．振動の振幅がしだいに大きくなる（$\sigma > 0$）には，エネルギーが連続して供給されなければなりません．壁の例では一度きりの衝撃しか加えていないので，σ は負の値となります．また，虚数部 η が大きいと高い共振周波数の壁を意味し，逆にゼロに近い小さな値だと低い共振周波数の壁であることがわかります．ちなみに $\eta = 0$ は振動せずに，単に減衰もしくは増大していく波を表しています．A は衝撃の強さに比例する定数です．

長屋で使われる壁は，1枚のベニヤ板ではなく，さまざまな壁材を組み合わせて作られています．そうなると壁のインパルス応答は1種類の振動様式 p を持った波だけではなく，さまざまな振動が混ざり合ったものとみなすことができます．例えば，すじかい（筋交い）に使った角材の太さが異なれば，もちろんインパルス応答は違ってきます．一般に，さまざまな p_i の値が混ざり合った壁のインパルス応答は次式で与えられます．

$$f(t) = \sum_i A_i \exp(-p_i t) \tag{13.2}$$

より正確には初期条件を組み込んだ表現にしなければなりませんが，ここでは振動様式の特徴を議論しているので，初期条件の影響はとりあえず無視します．

13.2.2　振動様式パラメータ p_i の決めかた（ラプラス変換）

さて，式(13.2)の中でとても重要な役割を担う振動様式パラメータ p_i は，どのように決められるのでしょうか．

わたしたちは，柔らかいベニヤ板や重い壁の共振振動数が低いことを経験的に知っています．しかし正確な振動状況を知るには，壁材の剛性率，大きさ，重さなどをパラメータとした微積分方程式を解かなくてはなりません．

ここで，微分方程式の解法を思い出してください．数学の授業で学んだ難しい微分方程式の中に，簡単に解ける微積分方程式もあることをご存じですか？壁の例では，ベニヤ板の剛性率，大きさ，重さなどは時間が経過しても変わりません．これを「時不変」と呼びます．また，かなづちでコンとたたくときの衝撃の強さと

13.2 伝達関数の物理的なイメージ

$\boxed{\dfrac{1}{s+p}}$ インパルス応答 $\propto \exp(-pt)$

ウレタンの枕

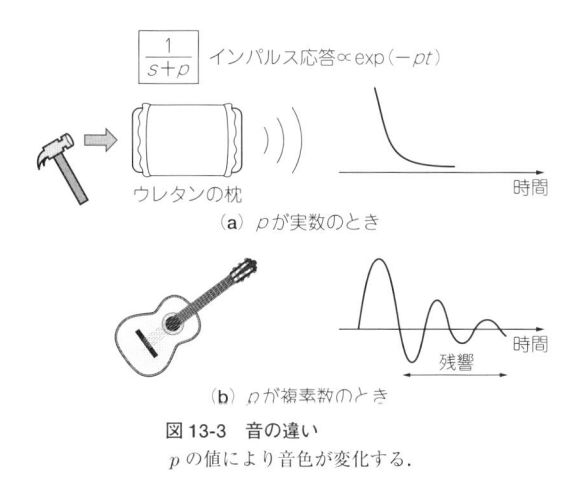

(a) p が実数のとき

残響

(b) p が複素数のとき

図 13-3 音の違い
p の値により音色が変化する．

振動の大きさが比例するという「線形性」の仮定を導入すると，壁の振動を表す微積分方程式は，演算子を使って簡単に解くことができるのです．これがラプラス変換です．

　ラプラス変換の定義は教科書にくどくどと書かれていますが，要は微分記号を s，積分記号を $1/s$ で表す表記法（演算子法）にすぎません．このような演算子を用いると，壁の物理的な振動を記述する微積分方程式は，s の多項式で表現されます．もちろん壁ごとに剛性率や重さ，材料などが違っているので，多項式の形やそこで使われている係数は壁ごとに微妙に違います．この演算子記号 s で表現した多項式は，音を伝搬させる壁の特徴，つまり音を伝えるからくりを数式で表したものなのです．電子回路やフィルタなどで使用されている伝達関数は，この s の多項式を指しています．逆に，伝達関数が与えられると，波の伝搬方程式が一意に決まるので，どのように音が伝わるかは一目りょう然です．例えば，図 13-3 に示す伝達関数（分母が s の 1 次式）では，p の値が実数なら図 13-3(a) の指数関数的に減衰する波を表し，p の値が複素数なら図 13-3(b) の振動しながら減衰していく波となります．つまり，前者はウレタンの枕をかなづちでたたいたときの振動様式に対応し，後者はギターの弦をつまびいたときの振動のようすを表しています．なお，後者の p の実数部の大きさが減衰の速さ，虚数部の値が振動数を表しています．

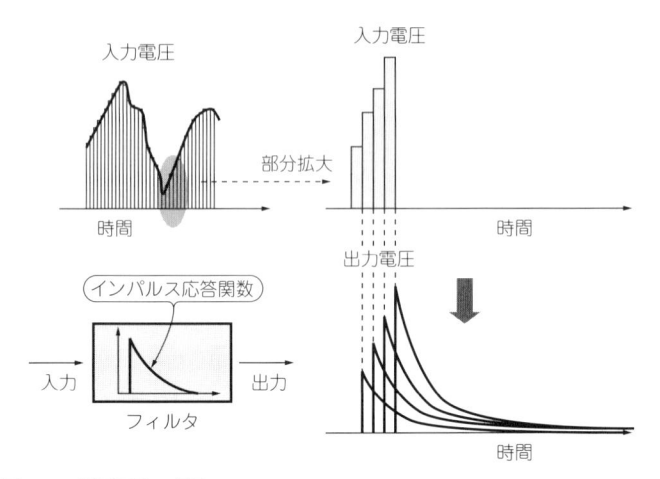

図13-4　電子回路の信号
インパルス応答が既知であれば入力信号を無数のパルス列と考え，それぞれパルス応答信号を時間的にずらして加算（畳み込み）したものが出力信号となる．

13.2.3　極と零点の意味

　フィルタなどの電子回路のインパルス応答特性も，ラプラス演算子 s を用いた伝達関数で表すことができます．電子回路が「線形・時不変」であれば，その回路に短いパルス電圧を加えたときの応答出力は，式(13.2)のように，電子回路固有の振動を含むことになります．電子回路に入力される任意の入力信号は，**図13-4**に示すように，さまざまな振幅を持つ無数のパルス列で表せます．さらに，フィルタのパルス応答特性が既知であれば，入力パルス信号のそれぞれに対する応答出力を時間的にずらしながら加算する（畳み込む）と，それがフィルタの出力波形になることが理解できます．

● **LCR によるフィルタの伝達関数と極**

　インダクタ(L)，キャパシタ(C)，抵抗(R)を組み合わせて作った**図13-5**のフィルタの伝達関数は，

$$\frac{1}{LCs^2+CRs+1} = \frac{a_1}{s+p_1} + \frac{a_2}{s+p_2} \tag{13.3}$$

で表されます．この伝達関数を持つ回路のインパルス応答を求めるには，伝達関

13.2 伝達関数の物理的なイメージ

$$\frac{1/LC}{s^2+\frac{R}{L}s+\frac{1}{LC}} = \frac{a_1}{s+p_1} + \frac{a_2}{s+p_2} \quad (3)$$

$$\rightarrow a_1\exp(-p_1t) + a_2\exp(-p_2t) \quad (3')$$

図 13-5　ローパス・フィルタ(LPF)の伝達関数とインパルス応答
インダクタ(L)，キャパシタ(C)，抵抗(R)を組み合わせて作ったLPFの例．

1	$\delta(t)$	インパルス
$\frac{1}{s}$	$u(t)$	ステップ関数
$\frac{1}{s^2}$	t	
$\frac{1}{s+p}$	$\exp(-pt)$	p：複素数

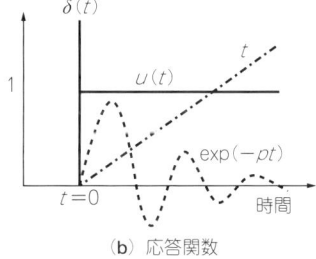

(a) ラプラス変換表　　(b) 応答関数

図 13-6　ラプラス変換
四つの逆ラプラス変換を覚えれば，ほとんどのフィルタのインパルス応答を求めることができる．(b)は応答関数を時間軸に対して示したもの．

数を部分分数に展開した後，図 13-6(a)のラプラス変換表を使って逆変換すればよいのです．一般に教科書のラプラス変換表には数多くの対応関数がリストアップされています．しかし実際の電子回路では，図 13-6(a)にある4種類の関数だけで十分です．

ラプラス変換表を使って式(13.3)の時間応答を求めると，回路のインパルス応答は，

$$a_1\exp(-p_1t) + a_2\exp(-p_2t) \tag{13.4}$$

となります．ここで，a_1とa_2は定数，$-p_1$と$-p_2$は伝達関数の分母をゼロにするsの値です．インダクタ(L)，キャパシタ(C)，抵抗(R)の関数であるp_1とp_2は壁の共振状況を表す式(13.2)の複素数p_iに対応しています．

なお，伝達関数の分母をゼロにするs値(分母の多項式の根)である極($-p_1$と$-p_2$)は，フィルタを特徴付ける重要なパラメータです．壁の例では，壁固有の振動様式を与えるからくりの設計図に相当するものです．さらに細かい話をすれば，音は壁からだけでなく，天井の隙間や床下からも伝わってきます．それらは

伝搬経路ごとに違った伝達関数を持っています．このため，隣の部屋に伝わる音はすべての経路を通過した音の合成となり，伝達関数はそれらの和で表されます．

● 零点

この合成伝達関数には，極のほかにもう一つの重要なからくりが組み込まれています．それが合成伝達関数の分子をゼロにする s 値である零点なのです．

例えば，**図 13-7** に示す回路のように，伝搬経路が複数（①と②）あれば，低周波の信号は②の経路を，高周波の信号は①の経路を優先的に通過します．言い換えると，信号の周波数 ω をしだいに高くしていくと，ある特定の周波数（$\omega_z = 1/CR$）を境にして，信号の伝搬経路が②から①に切り替わります．この周波数切り替え点が零点の物理的なイメージです．ここまでの説明でもわかるように，極と零点はフィルタ（電子回路）のからくりをあばく設計図のようなものです．

次にフィルタの設計図を描いてみましょう．一般に，極と零点は複素数ですか

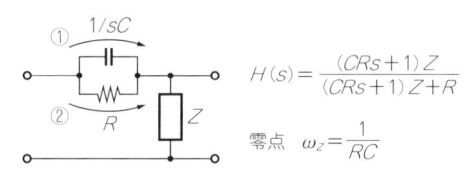

$$H(s) = \frac{(CRs+1)Z}{(CRs+1)Z+R}$$

零点　$\omega_z = \dfrac{1}{RC}$

図 13-7　零点
信号伝搬中に位相がずれる経路が複数あると零点が生じる．この図では $\omega > 1/RC$ の正弦波は伝搬経路①を通過するが，$\omega < 1/RC$ の波は主として②の経路を通過する．このように，零点近傍の周波数 $\omega_z = 1/CR$ で，信号伝搬の経路が変化する．

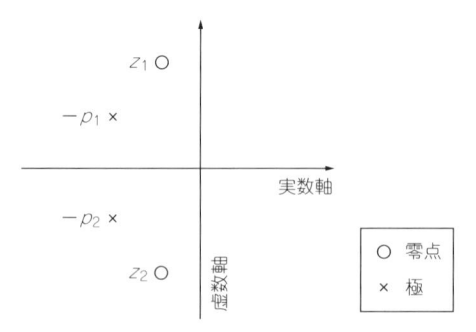

図 13-8　複素平面上に配置した零点（○）と極（×）の例
安定な回路では極は左半面にある．極，零点とも実数軸に対して対称の共役複素数である．

ら，フィルタの設計図は複素平面上に描かれます．極と零点を複素平面上にプロットした例を**図 13-8** に示します．図中の×は極（$-p_1$, $-p_2$, …），○は零点（z_1, z_2, …）であり，それぞれの複素平面上での位置が示されています．なお，使用する L，C，R がすべて実数なので，極（$-p$）や零点（z）はかならず実数軸に対称な共役複素数となります．式（13.1）からわかるように，極（×）の位置が複素平面の右半分の領域（$\sigma>0$）にあると，時間の経過とともに出力がしだいに大きくなります．つまり極が右半面にあると回路は不安定になるので，すべての極は複素平面の左側に存在することが回路の安定動作の必要条件となります．

13.3 フィルタの周波数特性

ここまでは，パルスを印加した後の過渡応答について説明しました．しかし，フィルタや電子回路では周波数応答特性を知りたいこともあります．そのようなときには，伝達関数の中にある s を $j\omega$ に置き換えます．こうして得られた複素伝達関数をもとにして，フィルタの周波数特性を求めてみましょう．

複素伝達関数には，角周波数 ω の正弦波（単位振幅）を入力したときの出力の振幅（減衰量）と位相のずれの情報が含まれています．この特性を理解するために，複素数について簡単におさらいしてみましょう．複素数 $a+jb$ は絶対値 r と位相関数 $e^{j\theta}$ を用いて次のように表されます．

$$a + jb = re^{j\theta} \tag{13.5}$$

$$r = \sqrt{a^2 + b^2}$$
$$\tan\theta = \frac{b}{a} \tag{13.6}$$

このことが理解できると，一般的な複素伝達関数 $H(\omega)$ が極と零点を用いて次式で与えられることがわかります．

$$H(\omega) = \frac{(j\omega - z_1)(j\omega - z_2)\cdots(j\omega - z_m)}{(j\omega + p_1)(j\omega + p_2)\cdots(j\omega + p_n)} \tag{13.7}$$

角周波数 ω に対する信号の減衰量は，次式で表されます．

$$|H(\omega)| = \frac{r_{z1}\,r_{z2}\cdots r_{zm}}{r_{p1}\,r_{p2}\cdots r_{pn}} \tag{13.8}$$

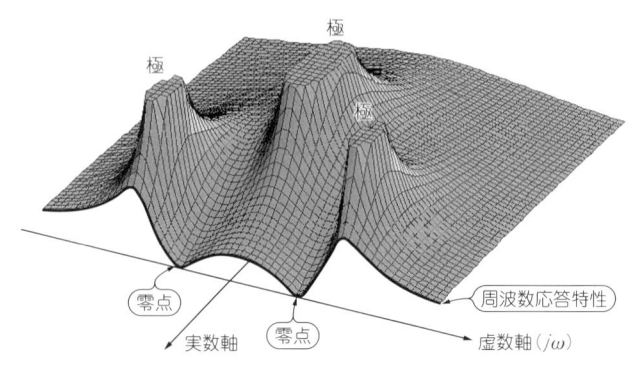

図13-9 2個の零点と3個の極を持つフィルタの複素伝達関数の絶対値
周波数応答特性はこの面を虚数軸を含む面で切り出したものに相当する.

式 (13.5) の関係からわかるように，r_p と r_z はそれぞれ虚数軸上の $(0, j\omega)$ と極，零点を結ぶ距離です.

式 (13.8) から，フィルタの特徴を引き出すことができます．フィルタに入力する正弦波の角周波数を ω とすれば，式 (13.7) の $j\omega$ は複素平面の虚数軸上の位置 $(0, j\omega)$ で与えられます．つまり，周波数が低い正弦波は原点近くの点に，高い周波数の波は原点から離れた虚数軸上の点に対応します．零点 z_i が虚数軸の近くにあると，そこにもっとも近くなる虚数軸上の周波数 ω で r_z が極小となるので，$H(\omega)$ の絶対値が極小となります．一方，極 $-p_i$ が虚数軸近くにあると，分母の r_p が小さくなる周波数 ω の近傍で $H(\omega)$ の絶対値はとても大きくなります．このように式 (13.7) で表される複素伝達関数は零点や極付近の周波数で大きく変動するのです．

このようすは次のようなイメージで理解することができます．まず複素平面上に薄いゴム板を座標軸面の少し上に平行に張って，各零点の位置を上から押さえつけます．さらに，極の位置では下から突き上げると，**図 13-9** が得られます．フィルタの周波数特性は，虚数軸を含む面でそのゴム板を切り出した面で近似できます．例えば，**図 13-9** のように，虚数軸上に零点があると，その周波数 ω で式 (13.9) の分子がゼロとなるので，出力端子には信号が現われません．**図 13-8** のような極と零点を書き込んだ複素平面を見たときに，**図 13-9** に示す薄いゴム板のイメージが頭の中に浮かぶようになると，フィルタの周波数依存性が簡単に理解できるようになります．

13.4 フィルタの実現法

複素平面上における極と零点の位置からフィルタの周波数特性を理解できるようになったところで，フィルタの実現方法について考えてみましょう．

13.4.1 基本伝達関数を持つフィルタ

極と零点は実数軸上にあるか，実数軸に対して対称な配置（共役複素数）にあるかの2通りしかありません．つまりフィルタの伝達関数は，分母，分子ともに因数分解ができ，それらは実係数を持つ s の1次関数と2次関数の積として表されます．このことは伝達関数を構成する基本単位が，図 13-10 に示す s に関する1次の伝達関数と2次の伝達関数であることを意味しています．つまり，任意のフィルタの伝達関数は，これらの関数の積で表されるのです．以下ではこれらの伝達関数の周波数依存性について説明します．

図 13-10 に示す1次の伝達関数の場合，a がゼロなら零点はありません．s に $j\omega$ を代入すればわかるように，周波数 ω が大きくなると実数軸上にある負の極の影響を受けて信号の通過量（$|H(\omega)|$）は小さくなるので，ローパス・フィルタ（LPF：低域通過フィルタ）の働きをします．一方，b がゼロなら零点が原点にくるので，低い周波数 ω の正弦波の通過は抑制されてハイパス・フィルタ（HPF：高域通過フィルタ）として動作します．同様な議論を2次の伝達関数に対して行うと，d, e, f, g, h の値により，ローパス・フィルタとハイパス・フィルタのほかに，バンドパス・フィルタ（BPF：帯域通過フィルタ）やバンドエリミネーション・フィルタ（BEF：帯域阻止フィルタ）などの働きをすることがわかります．

- 1次の伝達関数

$$h^{(1)}(s) = \frac{as+b}{s+c}$$

  - $a=0, b\neq 0$ → ローパス・フィルタ
  - $a\neq 0, b=0$ → ハイパス・フィルタ

- 2次の伝達関数

$$h^{(2)}(s) = \frac{ds^2+es+f}{s^2+gs+h}$$

  - $d=e=0, f\neq 0$ → ローパス・フィルタ
  - $d=f=0, e\neq 0$ → バンドパス・フィルタ
  - $e=f=0, d\neq 0$ → ハイパス・フィルタ
  - $e=0, f\neq 0, d\neq 0$ → バンドエリミネーション・フィルタ

図 13-10　フィルタの基本伝達関数とその特性
基本単位は，s に関する1次の伝達関数と2次の伝達関数である．

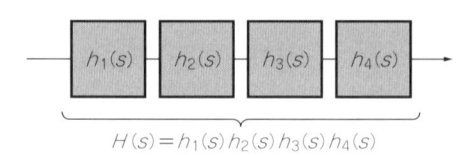

図13-11 伝達関数 $H(s)$
1次の伝達関数と2次の伝達関数の積で記述される．

以上のことから，フィルタはsの1次の伝達関数と2次の伝達関数で表されるので，それらを**図13-11**のように連続的に接続すれば，任意の伝達関数$H(s)$を実現することができます．

13.4.2 基本伝達関数を実現する方法

次に**図13-10**に示す基本伝達関数をハードウェアで実現する方法について考えましょう．

回路理論などの教科書には，フィルタの例として，**図13-12**のような抵抗とキャパシタによるローパス・フィルタが紹介されています．この入力端子に周波数ωの信号を入力すると，遮断周波数$\omega_p = 1/RC$以下の波に対してほとんど減衰がありませんが，$\omega_p = 1/RC$以上の波は強く減衰します．このようすを**図13-12**のボード線図に示します．

しかし，このフィルタ特性を実際に回路で実現することは容易ではありません．つまり，**図13-12**の中の抵抗とキャパシタでフィルタの遮断周波数が決まるのですが，前段の入力回路と次段の出力回路がフィルタに接続されると，入力側の

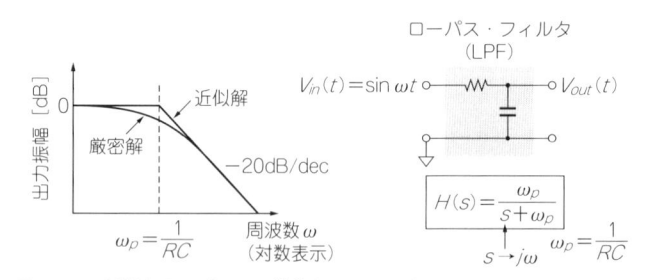

図13-12 抵抗とキャパシタで構成されたローパス・フィルタ
伝達関数$H(s)$中のsの代わりに$j\omega$を代入すれば周波数応答が求められる．その結果をボード線図に示す．

インピーダンスや出力側のインピーダンスが遮断周波数に影響するからです．このため，所望の周波数特性を持つフィルタ回路を正しく設計するには，フィルタ回路の R, C の値だけではなく，前段と次段の回路のインピーダンスも考慮しなければなりません．

次に2次のローパス・フィルタを考えてみましょう．周波数がゼロ付近では伝達関数の絶対値が1となるように規格化した2次のローパス・フィルタの一般形は次式で与えられます．

$$H(s) = \frac{\omega_p^2}{s^2 + \frac{\omega_p}{Q}s + \omega_p^2} \tag{13.9}$$

Q はフィルタ回路に蓄積・放出できるエネルギーの大きさの指標を表しています．例えば，交互にエネルギーの蓄積と放出が繰り返される LC 回路では $Q > 0.5$ となりますが，抵抗 R とキャパシタ C だけのエネルギー損失回路では $Q < 0.5$ となります．前者の $Q > 0.5$ の回路では，図 13-13(a) に示すように，極は半径 ω_p の円周上にあります．Q 値が大きくなると虚数軸に近づくため，ω_p 付近の周波数の信号が共振回路で増幅されて出力されます．式 (13.9) に $s \to j\omega$ を代入して絶対値をとると，伝達特性が得られます．そのようすを図 13-13(b) に示します．Q 値が大きいほど伝達関数が鋭いピークを示します．なお，$\omega \ll \omega_p$ の低周波側では伝達関数はほぼ一定となり，逆に $\omega \gg \omega_p$ の高周波側の信号に対しては -40 dB/dec で減衰することがわかるでしょう．

ここまではローパス・フィルタを使ってフィルタの周波数特性を説明してきま

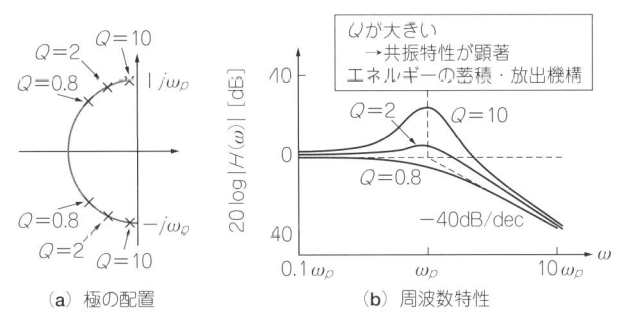

図 13-13 2次のローパス・フィルタの周波数特性
Q 値が大きくなるにしたがって ω_p 付近で大きなピークが現れる．

した.その理由は,すべてのフィルタはローパス・フィルタが基本になっているからです.例えば,式 (13.9) で与えられる 2 次ローパス・フィルタの s を $1/s$ に置き換えると,図 13-14 に示すように,ローパス・フィルタがハイパス・フィルタに衣替えするのです.同じように,帯域 $B(=\omega_2-\omega_1)$ と $\omega_0^2=\omega_1\omega_2$ を用いて図 13-15(a) の変数変換を行えば,ローパス・フィルタはバンドパス(帯域通過)フィルタに,図 13-15(b) の変数変換をすればバンドエリミネーション(帯域阻止)フィルタに変わります.結局,ローパス・フィルタの周波数応答特性さえしっかりと身に付けておけば,ほかのフィルタ回路は上記の変換を経て導くことができるのです.

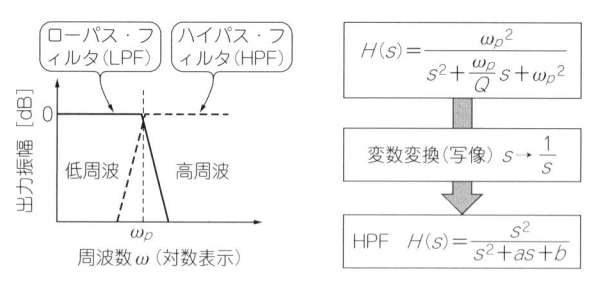

図 13-14 ハイパス・フィルタの伝達関数
伝達関数の基本はローパス・フィルタである.変数変換 $s \to 1/s$ を行えば,ローパス・フィルタはハイパス・フィルタに変わる.

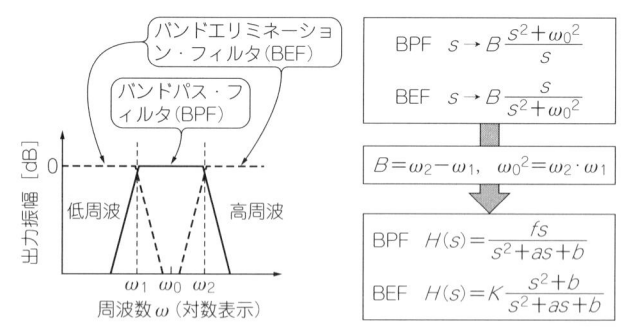

図 13-15 バンドパス・フィルタとバンドエリミネーション・フィルタの伝達関数
ローパス・フィルタの伝達関数の s を (a),(b) のように変数変換すると,それぞれバンドパス・フィルタとバンドエリミネーション・フィルタになる.

13.5 理想的なフィルタ特性の実現法

ここではローパス・フィルタを例にして，理想的なフィルタ特性を実現する方法について説明しましょう．

図 13-16 に示すように，遮断周波数 ω_0 以上の入力信号を完全に遮断し，それ以下の信号は減衰なく通過させる機能を持つフィルタが理想的なローパス・フィルタです．しかし，複素平面上の極，零点の位置で伝達関数が一意的に決まる現実のフィルタ回路では，理想的なフィルタを実現することはできません．その代わり，複素平面上で極や零点の位置を最適配置することで，理想のフィルタ特性に近づけることは可能です．半世紀以上も昔のことですが，その当時の数学者が理想フィルタに近づけるため，極の配置に関する研究を徹底的に行いました．わたしたちはその数学者が苦労して導出したフィルタ設計の資産を有効に利用することを考えましょう．

実際のフィルタ回路では，バタワースとチェビシェフが考案したフィルタがよく使用されています．前述したようにすべてのフィルタ回路の基本となっているローパス・フィルタを例にして，これらのフィルタ特性について考えてみましょう．

図 13-17 に示すように，バタワース・フィルタは低域通過特性が平たんで，遮断周波数 ω_0 以上ではおおむね $-20 \times N$ dB/dec で減衰する特徴があります．なお，N はフィルタの次数を表しています．一方，チェビシェフ・フィルタは，遮断周波数以上の信号を急しゅんに遮断する能力の高いフィルタですが，通過帯域では若干のリプルを持っています．

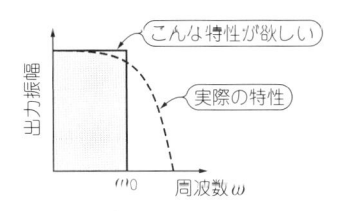

図 13-16　ローパス・フィルタの特性
実線は理想的なローパス・フィルタ特性，点線は実際のローパス・フィルタの特性である．半世紀以上も前，数学者が理想的なフィルタ特性に近づけるための極配置について研究を行った．いくつかの著名なフィルタについては数表が作られている．

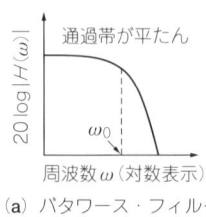

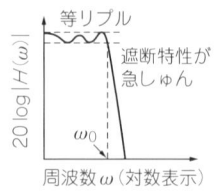

図13-17　バタワース・フィルタとチェビシェフ・フィルタの周波数特性
バタワース・フィルタは低域通過特性が平たんで，遮断周波数ω_0以上ではおおむね$-20\times N$ dB/decで減衰する．チェビシェフ・フィルタは，遮断周波数以上の信号を急しゅんに遮断する能力は高いが，通過帯域では若干のリプルがある．

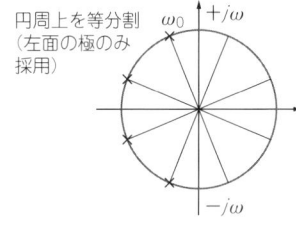

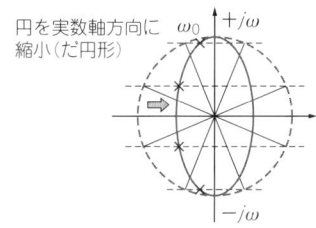

図13-18　バタワース・フィルタとチェビシェフ・フィルタの極配置
バタワース・フィルタは複素平面上で原点を中心に半径ω_0の半円上に等間隔に配置する．チェビシェフ・フィルタでは，実軸に沿って円の半径を縮めただ円上にバタワース・フィルタの極を平行移動して配置する．

　バタワース・フィルタやチェビシェフ・フィルタの極配置がどのように導かれてきたかは数学者の議論にまかせ，ここでは結果だけを示します．バタワース・フィルタでは，**図13-18**(a)のように，複素平面上で原点を中心に半径ω_0の半円上に等間隔に極を配置します．一方，チェビシェフ・フィルタでは，**図13-18**(b)のように，実軸に沿って円の半径を縮めただ円上にバタワース・フィルタの極を平行移動した配置となっています．**図13-9**に示したゴム膜のイメージを頭に描くと，楕円の半径が小さくなるとともにリプルが大きくなるようすが目に浮かぶでしょう．

　例として，8次のバタワース・フィルタを設計する場合を考えてみます．極の配置は，**図13-19**(a)のようになります．この8個の極を持つフィルタ回路は，2次のローパス・フィルタを4個縦続接続して実現できます．その際，各2次の

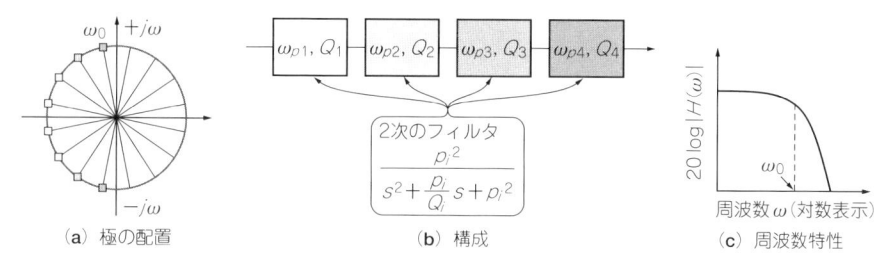

図 13-19　8次バタワース・フィルタの極配置
半径 ω_0 の円周上に等間隔に極を配置する．同一の実数値を持つ極をペアとした2次フィルタを4組縦続接続して得られる．

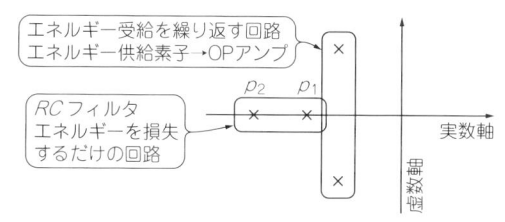

(a) 極の配置　(b) 構成　(c) 周波数特性

2次のフィルタ
$$\frac{p_i^2}{s^2+\frac{p_i}{Q_i}s+p_i^2}$$

図 13-20　半円上に極があるフィルタ特性の実現方法
エネルギー損失を伴う RC フィルタの極は実軸上にあり，大きな Q 値を持つフィルタを作れない．Q 値の大きなフィルタを実現するにはエネルギー供給素子を使用する．

フィルタは共役関係にある2個の p と，Q 値がそれぞれ違っている4組のフィルタを用意する必要があります．

このような半円上に極があるフィルタ特性を実現するには，Q 値の大きなフィルタを用意しなければなりません．**図 13-20** のように，抵抗とキャパシタだけで構成された RC フィルタではエネルギー損失が伴うため，$Q<0.5$ のフィルタしか作れません．大きな Q 値のフィルタは静電エネルギーを蓄積したり放出したりする機構が必要となります．とくに，インダクタとキャパシタの組み合わせでは，エネルギーの蓄積と放出を繰り返し行えるのですが，インダクタの面積が大きくなる集積回路では得策ではありません．これに代わる方法として，集積回路ではOPアンプを使った Q 値の大きなフィルタが多用されています．

13.6　フィルタの基本回路──積分器

任意のフィルタは，1次と2次の伝達関数の積で表されます．それらをさらに

詳しく解析すると，フィルタを構成する最小の機能回路は積分器($1/s$)であることに気が付きます．電子回路における「積分」は，アナログ信号電流を微小時間ごとにキャパシタに蓄積していくことで実現できます．

13.6.1　積分回路の作りかた

まず身近な例を使って，積分の意味を考えてみましょう．

例えば，貯水池に流れ込む小川を頭に思い浮かべてください．積分の定義から，小川を流れる水量を時間とともに加算すると，最終的には貯水池に貯えられている水の総量（積分値）になります．大雨の後は小川の水量が多く，比較的短い期間で貯水池は満ぱいになりますが，日照りが続くと小川が干上がって，いつまでたっても貯水池はいっぱいになりません．

電子回路における積分もこれと似ています．例えば，処理すべきアナログ信号電流（電荷の流れ）を時間を追って貯えていけば，信号を積分していることになります．このような電荷を貯える電子部品と言えば，キャパシタが頭に思い浮かびますね．そう，キャパシタはそれだけで積分器なのです．

でも，キャパシタに直接アナログ信号電圧を印加しても，電荷を積分することはできません．キャパシタで積分を行う際，被積分信号は電圧ではなく電流であることが重要なポイントなのです．

13.6.2　OPアンプを用いた積分器

入力電圧 V_{in} を電流に変換するコンダクタンスとOPアンプがあれば積分器ができます．その例が図 13-21 (a) に示すOPアンプの回路です．

この回路では，出力電圧 V_{out} がキャパシタ C を介してOPアンプの反転入力端子に負帰還（フィードバック）されています．このような回路構成ではOPアンプ

(a) 回路　　　　　　　　　　　　　　(b) シグナル・フロー・グラフ

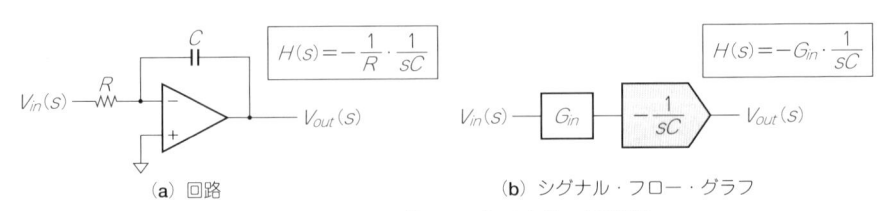

図 13-21　OPアンプとキャパシタを使った積分器

13.7 積分器で1次伝達関数を実現する　　**243**

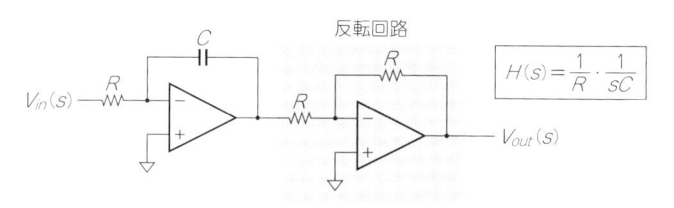

図 13-22　OP アンプを 2 個使用した正相積分器

の反転入力端子電位が仮想短絡とみなせるので，入力抵抗 R には入力電圧 V_{in} に比例した電流 $I_{in}=V_{in}/R$ が流れます．この入力抵抗 R は入力信号を電流に変換する機能を果たします．そのコンダクタンス G_{in}（電圧 電流変換係数）は $1/R$ です．この抵抗を流れる電流 I_{in} は高入力インピーダンスの OP アンプの内部には流れ込まず，横に取り付けたキャパシタ C に流入します．そしてキャパシタ C に流入した総電荷量（積分値）に比例した電圧が OP アンプの出力端子 V_{out} となります．

$$V_{out} = \frac{V_{in}}{R} \cdot \left(-\frac{1}{sC}\right) \tag{13.10}$$

これが OP アンプを用いた積分器の原理です．なお，式 (13.10) からわかるように，**図 13-21 (a)** の回路は反転積分器です．正相積分器にするには，**図 13-22** のように，反転積分器の出力を次段の反転回路（点線の枠の中）に接続します．**図 13-21** に示す OP アンプを使った積分器は，連続時間フィルタの基本回路として数多く使用されています．この場合，キャパシタ C が積分器（$1/sC$）の役割を担っており，OP アンプはあくまでも電圧-電流変換回路として補助的に利用されているにすぎません．

13.7　積分器で 1 次伝達関数を実現する

積分器でフィルタ回路を作ってみましょう．反転積分器にフィードバック β_F をかけると，**図 13-23** のシグナル・フロー・グラフができます．伝達関数は式 (13.11) で表されます．

$$H(s) = -G_{in} \cdot \frac{A(s)}{1+A(s)\beta_F} = -\frac{G_{in}}{sC+\beta_F} \tag{13.11}$$

式の導出に際して反転積分器の伝達関数，

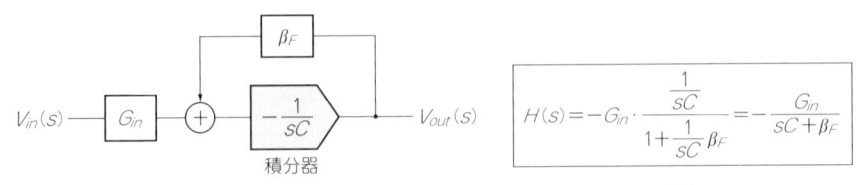

図13-23　フィードバックをかけた反転積分器のシグナル・フロー・グラフ
フィードバック係数を β_F とすれば，ローパス・フィルタの伝達関数 $H(s)$ が得られる．

$$H(s) = -G_{in} \cdot \frac{\frac{1}{sC}}{1 + \frac{1}{sC}\beta_F} = -\frac{G_{in}}{sC + \beta_F}$$

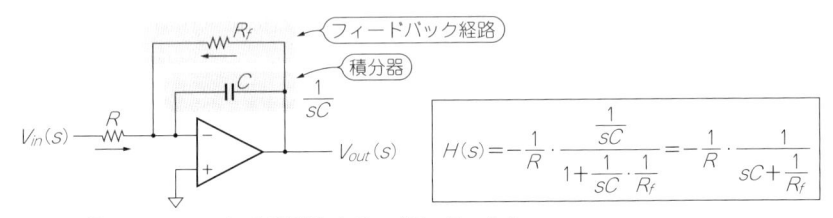

図13-24　OPアンプで実現したローパス・フィルタ
OPアンプは入力電圧 V_{in} に比例した電流が入力抵抗 R に流す役割を担い，キャパシタが積分器として動作する．R_f はフィードバック抵抗である．C に蓄えられた電荷が R_f を通して徐々に漏れるので不完全積分器とも呼ばれている．

$$H(s) = -\frac{1}{R} \cdot \frac{\frac{1}{sC}}{1 + \frac{1}{sC} \cdot \frac{1}{R_f}} = -\frac{1}{R} \cdot \frac{1}{sC + \frac{1}{R_f}}$$

$A(s) = -1/sC$

を使用しました．実際の回路では，**図13-24** のように，出力信号 V_{out} をフィードバック抵抗 R_f で OP アンプの反転入力端子に戻すことでフィードバック β_F を作ることができます．**図13-24** の例では，出力電圧 V_{out} をモニタしてそれに比例した電流を入力側にフィードバックするのですから，フィードバック係数 β_F は $1/R_f$ となります．これを式(13.11)に代入すれば，式(13.12)が得られます．

$$H(s) = -\frac{1}{R} \cdot \frac{1}{sC + \frac{1}{R_f}} \tag{13.12}$$

この回路の周波数特性は，式(13.12)の s に $j\omega$ を代入すればわかるように，ローパス・フィルタとなります．なお，**図13-24** の例では入力抵抗 R によるコンダクタンス $G_{in} = 1/R$ を式(13.11)に代入して式(13.12)を得ましたが，入力端子側の抵抗 R にキャパシタ C_{in} を並列接続すれば，コンダクタンス G_{in} が $sC_{in} + 1/R$ となるので，式(13.11)はさらに一般的な1次の伝達関数(分母，分子ともに s に関する1次関数)となります．

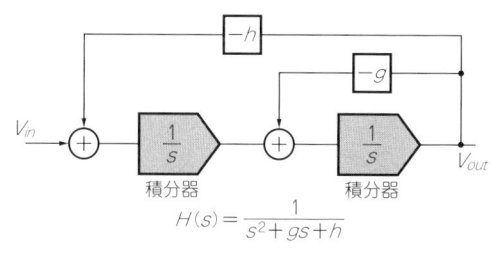

図13-25　2個の積分器を使用したローパス・フィルタ(LPF)の実現方法
フィードバック係数の h と g を適切に選べば，所望の極を持つ2次のローパス・フィルタを作ることができる．ハイパス・フィルタやバンドパス・フィルタなどの2次の伝達関数も，同様の式変形によって導くことができる．

$$H(s) = -\frac{sC_{in} + \frac{1}{R}}{sC + \frac{1}{R_f}} \tag{13.13}$$

一方，2次の伝達関数は積分器を使ってどのように実現するのでしょうか．次式で与えられるローパス・フィルタを例に考えてみましょう．

$$H(s) \equiv \frac{V_{out}}{V_{in}} = \frac{1}{s^2 + gs + h} \tag{13.14}$$

式(13.14)を展開して書き直すと次式のようになります．

$$V_{out} = \left(\frac{1}{s}\right)\left[\left(\frac{1}{s}\right)(V_{in} - hV_{out}) - gV_{out}\right] \tag{13.15}$$

これは二つの積分器 ($1/s$) を連続的に接続し，出力電圧を2ヵ所にフィードバックした**図 13-25**で実現できます．フィードバック係数の h と g を適切に選べば，所望の極を持つ2次のローパス・フィルタを作ることができます．ハイパス・フィルタやバンドパス・フィルタなどの2次の伝達関数も同様の式変形によって導くことができます．

このようにフィルタの基本構成要素である1次と2次の伝達関数がOPアンプ，キャパシタ，抵抗の組み合わせで構成された積分器で作れるということは，フィルタ回路でもっともたいせつな要素回路が積分器であることを意味しているのです．

第13章のまとめ

　フィルタの理論については，数学の世界の中で閉じた議論をすることもできます．事実，フィルタ理論の発展には数学者が大きく貢献しました．このため今日でもラプラス変換と複素関数がフィルタ解析の両輪になっています．こんなことを聞くと数学が嫌いな方は「フィルタの勉強はもういい…」と言われるかもしれません．しかし，フィルタ解析は数学の中の世界で行われているからこそコンピュータ上で完ぺきにシミュレーションできるのです．事実，筆者もややこしい計算はすべてコンピュータや学生に任せています．読者の皆さんもここで説明した以上の難解な理論を教科書などで勉強しても労が多いだけで新しく得るものは少ないかもしれません．そんなときは教科書を投げ出して，ぜひ市販のソフトウェアでフィルタ特性の解析を行ってみてください．案外，簡単に周波数特性の解析ができることに驚かれることでしょう．

第14章
連続時間フィルタ回路

　高校生のころでしょうか，化学の授業で周期律表の意味を教えてもらいました．それまでは化学式が出てきても，まったくちんぷんかんぷんでした．水分子は水素2個と酸素1個からできていると説明されても，「なぜ，水素1個と酸素1個じゃないの」と開き直るほかありませんでした．しかし，高校で周期律表の意味をていねいに教えられてからは，化学のおもしろさがわかってきました．どんな元素も周期律表の族に応じた数の化学結合手を持っていることが理解できると，酸素の両側に水素がくっついた水分子を頭の中でイメージできるようになったのです．

　フィルタ回路についてもこれと同じ経験をしました．教科書に載っている多数のアクティブ・フィルタを脈絡もなく教えられたころは，頭の中がパニック状態でした．2次の伝達関数を持つフィルタだけでも，脳みそが爆発しそうなほど数多く教わりました．しかし，いくら教えられてもそれらを系統的に理解していないので，フィルタ回路はつまらないものにすぎませんでした．ところが，教官の立場になってからもう一度フィルタ回路をじっくりと勉強してみると，「フィルタ回路のかぎは積分器」だったことに気が付きました．フィルタ回路が理解できている人にとってはあたりまえなのかもしれませんが，筆者にはとても新鮮な驚きだったことを思い出します．

14.1　OPアンプを使った積分器で2次伝達関数を実現する

　第13章で説明したように，2次の伝達関数は，積分器を連続的に2個接続した図14-1のシグナル・フロー・グラフで実現できます．この回路で2個の積分器に

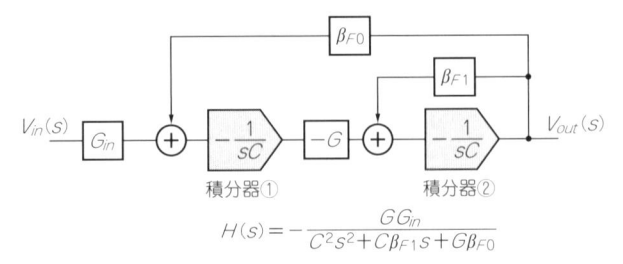

図 14-1　2 次伝達関数のシグナル・フロー・グラフ
反転積分器を 2 個接続し，それらにフィードバックをかけて 2 次の伝達関数を作ることができる．

$$H(s) = -\frac{GG_{in}}{C^2 s^2 + C\beta_{F1} s + G\beta_{F0}}$$

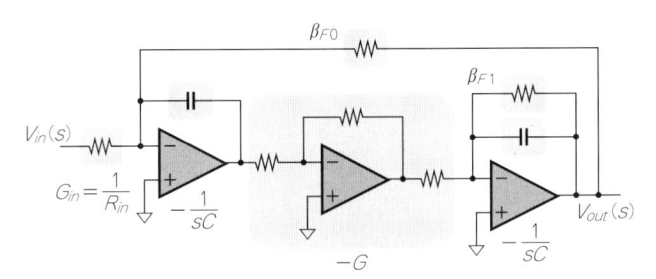

図 14-2　OP アンプと RC による 2 次伝達関数
図 14-1 のシグナル・フロー・グラフを OP アンプと抵抗，キャパシタで実現した回路．積分器にはキャパシタを使用し，G_{in}, β_0, β_1 は抵抗で実現している．$-G$ は OP アンプを使った反転回路を使用している．

対するフィードバック係数をそれぞれ β_{F0}, β_{F1} とすれば，式(14.1)が得られます．

$$H(s) = -\frac{GG_{in}}{C^2 s^2 + C\beta_{F1} s + G\beta_{F0}} \tag{14.1}$$

G_{in} として抵抗を使えば，**図 14-1** のシグナル・フロー・グラフは**図 14-2** の回路となります．

　上記の例では，式(14.1)の分子に s が含まれていないローパス・フィルタを示しました．もっと一般的な 2 次伝達関数(バイカッド)はどのようにして作るのでしょうか．式(14.1)に戻って考えてみましょう．

　G_{in} を s の関数にすれば，分子の次数は任意に決めることができます．例えば，G_{in} として入力抵抗 R_{in} と並列にキャパシタ C_{in} を並列接続したものを使えば，G_{in} は $sC_{in} + 1/R_{in}$ となるので，式(14.1)の分子は s の 1 次関数となります．もちろん，式(14.1)の G_{in} を s の 2 次関数，

14.1 OPアンプを使った積分器で2次伝達関数を実現する

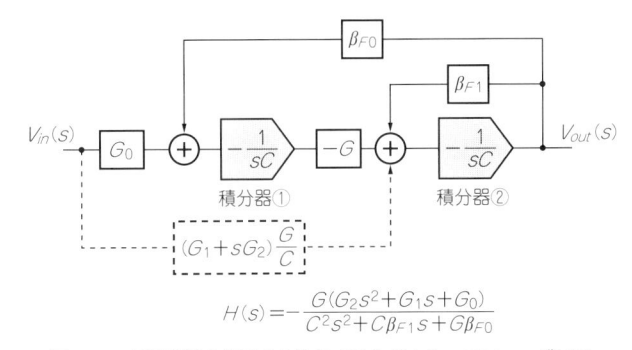

図 14-3 伝達関数の分子を 2 次にするシグナル・フロー・グラフ
伝達関数 $H(s)$ の分子を 2 次にするため，図 14-1 のシグナル・フロー・グラフにバイパス（点線部）を追加．入力電圧を電流 sG_2 に変換するため，実回路ではキャパシタを使用する．

$$G_{in} = G_2 s^2 + G_1 s + G_0$$

とすれば，式 (14.2) のように分子も s の 2 次関数になります．

$$H(s) = -\frac{G(G_2 s^2 + G_1 s + G_0)}{C^2 s^2 + C\beta_{F1} s + G\beta_{F0}} \tag{14.2}$$

実際には s の 2 次形式である G_{in} を作ることは難しいのですが，少し頭を使って積分器①のじょうずな使いかたを考えてみましょう．つまり，入力信号 V_{in} を積分器①の入力側ではなく出力側に持ってくると，実効的に s の次数が一つ下がります．

このようにして 2 次の伝達関数を作ると，図 14-3 のシグナル・フロー・グラフが得られます．点線部分が分子の次数を一つ下げるためのしかけです．

同様に，フィードバック信号にこの方法を適用することもできます．つまり，図 14-3 のフィードバック経路 β_{F1} を積分器①の出力側から入力側に移し，フィードバック係数の次数を一つ上げる（$\beta_{F1} s$）と，元と同じ伝達関数となります（図 14-4）．なお，フィードバックやフィードフォワードする信号は電圧であり，その電圧に比例した電流量を帰還したり先送りしたりするのですから，電圧-電流変換係数（β_F や G）の実数部はコンダクタ（$1/R$）で，s の 1 次項はキャパシタ（sC）で実現することになります．このことから，図 14-4 のシグナル・フロー・グラフは図 14-5 の回路で実現できることがわかるでしょう．

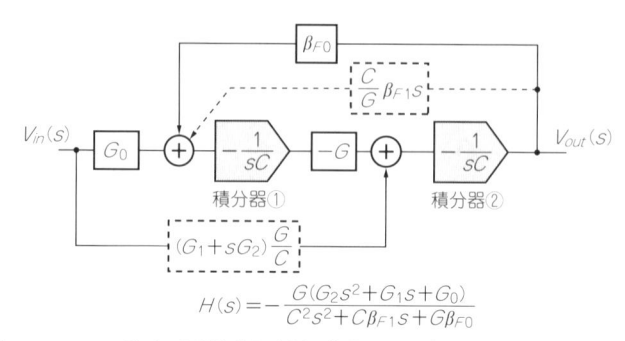

図14-4 フィードバック経路を入力側に移動したシグナル・フロー・グラフ
β_{F1}のフィードバック経路を積分器①の入力側に移動させても同一の伝達関数を得ることができる．ただし，フィードバック係数は$C\beta_{F1}s/G$となるので，実回路ではキャパシタを用いる．

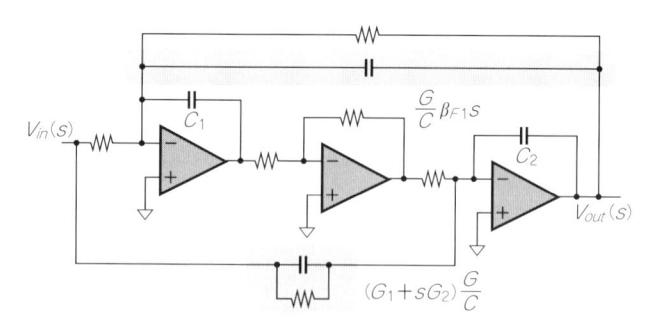

図14-5 図14-4をOPアンプで実現した回路
図14-4のシグナル・フロー・グラフをOPアンプで実現した回路．図14-1と図14-4を比較すればわかるように，この回路は灰色の部分が図14-2と違っている．

14.2 OTAを使ったフィルタ回路

14.2.1 電圧電流変換回路（OTA）

通常の電子回路では，アナログ信号は電圧で示されます．そのため，キャパシタを積分器として機能させるには，そのアナログ信号電圧を電流に変換するしかけが必要となります．その一つが**図14-6**に示すOTA (operational transconductance amplifier) です．

OTAは，入力電圧に比例した電流を出力します．つまり，OTA (電圧-電流変換回路，変換係数 G_m) に入力信号電圧 V_{in} を入れると，式 (14.3) で表される出力

電流 I_{out} が得られます．

$$I_{out} = G_m V_{in} \tag{14.3}$$

この電流 I_{out} をキャパシタ C に流し込んで電荷を貯えると，出力電圧 V_{out} は，式 (14.4) となります．

$$V_{out} = G_m V_{in} \cdot \frac{1}{sC} \tag{14.4}$$

ここでもう一度，s が微分演算子，$1/s$ はその逆の積分演算子であることを思い起こしてください．式 (14.4) の右辺は，入力電圧 V_{in} を電流 ($G_m V_{in}$) に変換し，それをキャパシタ C で積分 ($1/sC$) することを意味しています．このことは，信号の流れを記号で表したシグナル・フロー・グラフからもおわかりでしょう（第 13 章の**図 13-21(b)** を参照）．

この OTA 回路は，単なる電圧-電流変換回路ではありません．OP アンプと同じように何でも屋さんなのです．例えば，**図 14-7** のように，OTA の反転出力端子と非反転入力端子を結び付けると，入力側から $G_m V_{in}$ の電流が流れ込むので，この回路は実効的に抵抗 ($R_{eff} = 1/G_m$) として動作することがわかります．この OTA を使った実効抵抗は，多結晶シリコン抵抗などに比べて小さな面積で実現できるので，集積回路などで抵抗の代替としてよく利用されています．またこの回路では OTA に流すバイアス電流を制御して，G_m 値を変えて動的に抵抗値を調整することができます．

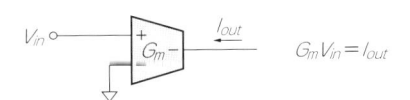

図 14-6 OTA の動作原理
出力電流 I_{out} は入力電圧 V_{in} に比例している．電圧-電流変換係数を G_m で表す．

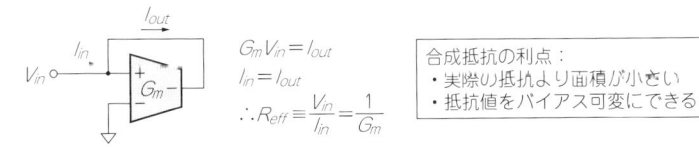

図 14-7 抵抗として機能する OTA
OTA の反転出力端子と非反転入力端子を結ぶと，OTA の原理により，抵抗として機能する．

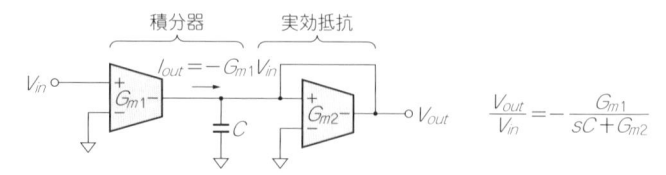

図 14-8　OTA による 1 次伝達関数の実現方法
積分器と実効抵抗は OTA を使用する.

このように実効抵抗と積分器ができたところで，任意の 1 次のフィルタの作りかたについて考えてみましょう．極が原点以外にあるローパス・フィルタは，積分器（キャパシタ）と並列に抵抗を配置して実現することができます（第 13 章の図 13-24 を参照）．OTA を用いた図 14-8 の例では，積分器（G_{m1} と C）と実効抵抗（G_{m2}）とが並列に配置されており，極が原点以外（$-G_{m2}/C$）にあることがわかります．

14.2.2　全差動型 OTA を用いたフィルタ回路の実現法

第 5 章で説明したように，アナログ回路では全差動型の回路構成にしてコモン・モード・ノイズを抑制したり，高調波ひずみを軽減したりしています．このような良いことづくめの全差動型 OTA を使って，図 14-8 に示すローパス・フィルタを実現する方法を考えてみましょう．

まず，図 14-8 のローパス・フィルタ回路を上部に置き，それを鏡映反転させた回路を下部に置いて，下部回路の入出力端子すべての符号を変えると，図 14-9（a）の回路ができます．さらに上下の回路を近づけて接地線をまとめて消去すれば，図 14-9（b）が得られます．この回路では入力信号振幅が 2 倍になっていることを考慮して負荷容量を $2C$ とすれば，全差動型のローパス・フィルタ回路ができあがります．

続いて 2 次のローパス・フィルタの実現方法について，図 14-1 を参考にして考えてみましょう．分母が s に関する 2 次のフィルタ回路を実現するのですから，積分器（$1/s$）が 2 個必要となります．そして，図 14-10（a）のように，出力端子から入力端子側に $-G_{F0}$，また中間ノードに $-G_{F1}$ のフィードバックをかけると，伝達関数は式（14.5）で与えられるものとなります．

14.2 OTAを使ったフィルタ回路

(a) 2組のローパス・フィルタ

(b) 接地線をまとめて消去

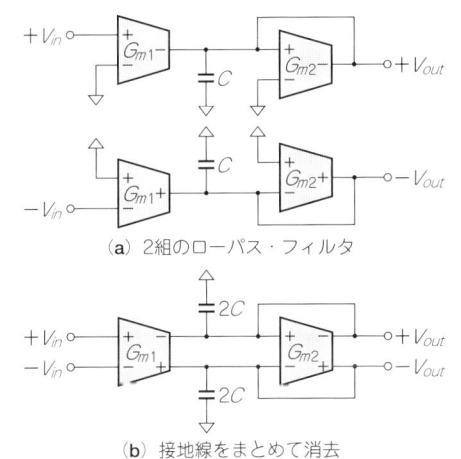

図14-9 全差動OTAを使った1次伝達関数の実現方法

(a) シグナル・フロー・グラフ

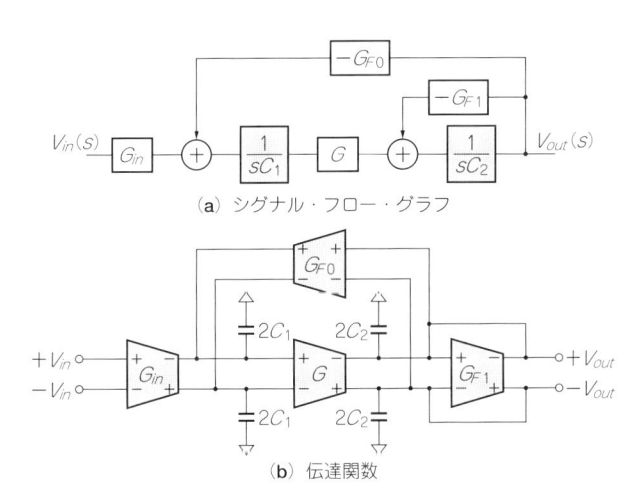

(b) 伝達関数

図14-10 全差動OTAを使って表した2次ローパス・フィルタ

$$H(s) = \frac{GG_{in}}{C_1 C_2 s^2 + C_1 G_{F1} s + GG_{F0}} \tag{14.5}$$

図14-10(a) のシグナル・フロー・グラフは，**図14-1**のグラフと符号の付けかたが違っています．これは全差動構成にしているため，符号に対する自由度が大きいからなのです．さらに，シグナル・フロー・グラフをOTAを用いた電子回路に置き換えると，**図14-10(b)** のようになります．図中でキャパシタが積分

254 第14章 連続時間フィルタ回路

(a) シグナル・フロー・グラフ

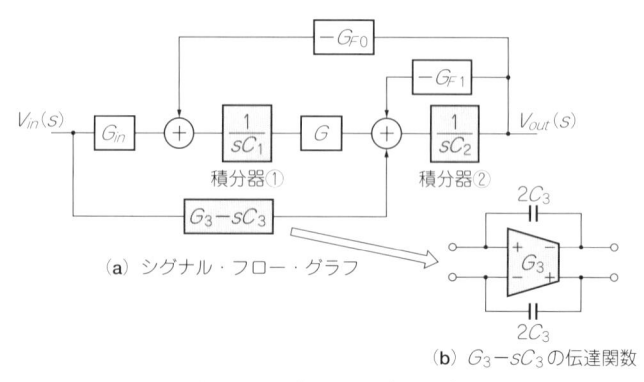

(b) G_3-sC_3の伝達関数

図 14-11 2次フィルタ(一般形)

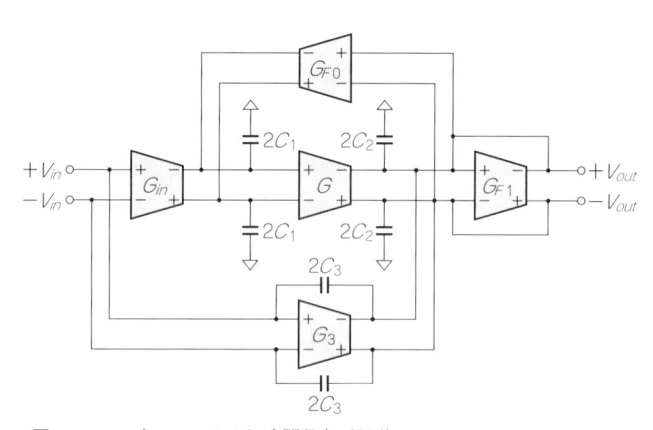

図 14-12 2次フィルタの伝達関数(一般形)
図 14-11(a)のシグナル・フロー・グラフを全差動 OTA を使って表した.

器 $(1/sC)$ として機能していることが理解できれば,その回路構成が**図 14-10(a)** のシグナル・フロー・グラフと同じであることもわかるでしょう.

さらに式(14.5)の分子に,s に関する2次式を導入すれば,ハイパス,ローパス,バンドパスなどの任意の2次のフィルタができます.**図 14-11(a)** のフィード・フォワード経路の G_3-sC_3 は,**図 14-11(b)** のように,OTA とキャパシタ C_3 を並列に配置して実現できることに気が付けば,実際の回路では**図 14-12** に示すように入力端子に**図 14-11(b)** を付け加えるだけです.

$$H(s)=\frac{-C_1C_3s^2+C_1G_3s+GG_{in}}{C_1C_2\,s^2+C_1G_{F1}s+GG_{F0}} \tag{14.6}$$

こうして，分母，分子がともに2次関数となる任意のフィルタができることがわかりました．

コラム Q ◆ 携帯電話の中で活躍するアナログ回路

　無線通信技術が誕生したのは，今から100年以上前のことです．1901年にはイタリア人のマルコーニが大西洋を横断する無線通信を行いました．またそのころ，フレミングによる真空管の発明(1904年)，無線電話の実験(1906年)，フランスのエッフェル塔からのラジオ放送(1908年)など，現代の無線通信の基礎技術が次々と試されました．

　これは日本では明治時代の後半です．一般の家庭にはまだ電気すら行き渡っておらず，ランプの明かりで夕食を食べ終えるとすぐに寝て，日の出とともに起きるといった規則正しい生活が行われていた時代です．もし，この時代に生きていた人が現代に足を踏み入れたなら，大きなカルチャ・ショックを受けるに違いありません．街の中は深夜まで明るく電灯がともり，街角の大型ディスプレイには米国のメジャー・リーグの試合が放映されています．そして街路は走り過ぎていく自動車であふれかえり，歩道に目を移せば携帯電話で友だちと話をしている若者が大勢います．

　今では小学生も所有している携帯電話ですが，その中にはディジタル信号処理(digital signal processing)以外にも数々の先端的なアナログ回路技術が含まれています．携帯電話では，回路ブロックで扱う周波数帯域によってフロントエンド部とベースバンド部に大別されます．高周波を取り扱うフロントエンド部にはインピーダンス・マッチングという高周波回路特有の概念がありますが，これは，ある回路ブロックから次の回路ブロックに高周波電力を効率良く伝達するための「おまじない」なのです．高周波回路からインピーダンス・マッチング部を除去すれば，ベースバンドやフロントエンドなどと区別することなく，すべてアナログ回路として議論することができるのです．

　ここでは皆さんの身近な電子機器の例として携帯電話を取り上げ，その中で動作するアナログ回路の機能を簡単に解説し，アナログ回路ブロックの概念を理解する手助けをしたいと思います．

● 電波に組み込まれた信号

　まず，どうやって信号を電波に組み込むのでしょうか．

　電波法によれば，各送信機(放送局)にはそれぞれ周波数が割り当てられています．その周波数の電波を「搬送波(キャリア)」と呼びます．図 Q-1 に示す送信器の

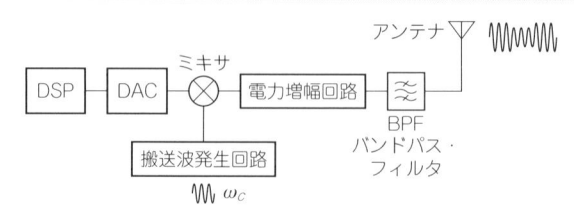

図 Q-1　高周波送信回路の例

D-A コンバータでディジタル信号をアナログ値に変換し，それと搬送波との積算結果を電力増幅してアンテナから送信する．BPF は搬送周波数以外の高調波を除去する目的で使用されている．

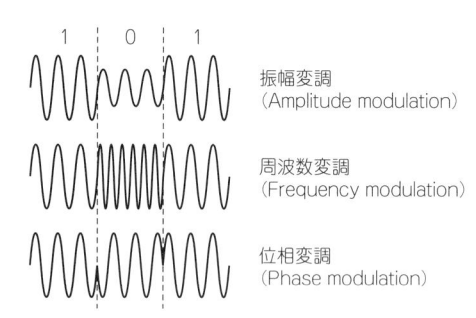

図 Q-2　ビット・データ（'1'，'0'）を送信する三つの変調方式の比較

振幅変調（AM）は信号を振幅に，周波数変調（FM）では周波数の高低に，また，位相変調（PM）は位相の反転に対応させている．上部に記載してある数字は論理を表している．

例では，DSP（digital signal processor）で送信ディジタル・データを作り，それを D-A コンバータ（ディジタル-アナログ変換器）でアナログ値に変換し，続いてミキサ（周波数混合器）で搬送波との積をとった信号を電力増幅して，アンテナから電波として送り出します．

信号を組み込む電波（搬送波）の周波数を ω_c とすれば，その電波は一般的に次式で表されます．

$$f(t) = A \cdot \sin\left[(\omega_c + \Delta\omega) \cdot t + \phi\right] \tag{Q.1}$$

この式には振幅 A，周波数 $\Delta\omega$，位相 ϕ の三つの属性があるので，信号を電波に載せる方式としても 3 種類ありそうです．一つは，キャリアの振幅 A を情報に応じて時間変化させる振幅変調法（AM），もう一つは周波数 $\Delta\omega$ を可変とする周波数変調法（FM），残りの一つは位相 ϕ を時間とともに変えて情報を伝える位

相変調法(PM)です．

　皆さんは，ラジオに AM 放送と FM 放送があることはご存じでしょう．AM 放送では信号を振幅 $A(t)$ で変調しているのに対して，FM 放送では信号の大きさを周波数の偏移量 $\Delta\omega(t)$ に対応させた電波を送り出しています．

　これに対し，最新のディジタル携帯電話では位相変調法が使われています．図 Q-2 に，ディジタルの '1'，'0' に対応させた AM, FM, PM の波形を示します．この図から，三つの変調方式の違いがわかっていただけるでしょう．

　なお，送信器側で電波(搬送波)に信号を組み込むことを「変調」というのに対し，受信器側で電波から元の信号を取り出すことを「復調」といいます．わかりやすく表現すると，「変調」は3種類の方式(AM, FM, PM)のいずれかで伝えたい信号を搬送波(キャリア)に詰め込むことを，「復調」は変調信号が組み込まれた電波からキャリアを取り除いて信号を取り出すことを意味しています．

● 電波から信号を取り出す

　皆さんは，受信信号と搬送波を掛け算することでキャリアを取り除けることをご存じでしょうか．例えば受信した AM 波 $A(t)\sin(\omega_c t)$ に対して，それと同一の周波数の正弦波(キャリア) $B\sin(\omega_c t)$ を掛け算すると，

$$A(t)\sin(\omega_c t) \cdot B\sin(\omega_c t) = \frac{A(t)B}{2}[1+\sin(2\omega_c t)] \quad (Q.2)$$

となります．右辺は元の信号 $A(t)$ と周波数 $2\omega_c$ の高周波成分との和で表されています．この合成波をローパス・フィルタ(低域通過フィルタ)に通せば後者の高周波成分は除去されて，元の $A(t)$ に比例した信号が取り出せます．

　また，PM (位相変調) 波に対してキャリア周波数を掛けると，

$$A\sin(\omega_c t + \phi(t)) \cdot B\sin(\omega_c t) = \frac{AB}{2}[\cos(\phi(t)) + \sin(2\omega_c + \phi(t))] \quad (Q.3)$$

となります．AM 波の場合と同様，右辺の合成波信号をローパス・フィルタに通すと $2\omega_c$ の高周波成分は除去されて，元の信号に相当する位相情報 $\cos(\phi(t))$ が取り出せます．FM 波についても類似の信号が取り出されることは，皆さんも想像できるかと思います．

● 受信器を構成する回路

　こうして電波に組み込まれていた信号を取り出し，それを A-D コンバータでディジタル値に変換すると，それ以降のベースバンドの処理（ディジタル処理）

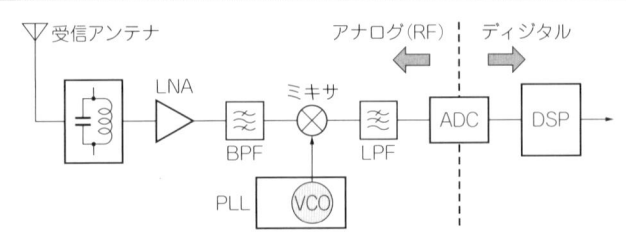

図 Q-3 基本的な受信回路の構成
点線の右側がベースバンド，左側がフロントエンド部．フロントエンド部はアナログ的な信号処理が行われているのに対して，ベースバンド部ではディジタル信号処理が行われている．

が DSP などで簡単に行えます．これが各種通信方式の受信器の概要です．

　基本的な受信回路の構成を**図 Q-3**に示します．点線の左側がフロントエンド部，右側の A-D コンバータと DSP がベースバンド部に対応しています．フロントエンド部は LNA（low noise amplifier；低ノイズ増幅回路），ミキサ（周波数混合回路），VCO（電圧制御発振回路），フィルタなどから構成されています．

　LNA 回路は受信器のアンテナで受けた微弱電波を増幅する回路です．名まえから想像できるように，ノイズの発生を極力抑えた増幅回路です．ご存じかもしれませんが，増幅回路を多段に接続した回路では，初段のノイズを極力抑えなくてはなりません．その理由は，初段の増幅回路で混入したノイズは途中の処理回路では取り除くことができないからです．

　ミキサは 2 種類の波を混ぜ合わせて新しい周波数の波を作り出す回路です．無線機器の中では「変調」や「復調」などの重要な役割を果たします．

第15章
スイッチト・キャパシタ

　スイッチト・キャパシタ回路について説明を求められると，いつも鹿威しを思い出します．ご存じだろうと思いますが，その昔，由緒ある家の庭には鹿威しがありました．斜めに切り出した竹筒にゆっくりと水を注いでいき，水がいっぱいになると竹筒が反転して水を流し出します．そして空になった竹筒が反動で戻るときに石などをたたいて，「カーン」という音が庭一面に広がるのです．

　余談ですが，このほかにも日本庭園には音を楽しむしかけがあります．水琴窟です．手水鉢などの下の地中にかめなどを地中に逆さに埋め込み，水を滴下させ，その反響音の「ビーン」という音を楽しむものです．夏の夜に浴衣を着て庭で「カーン」，「ビーン」という繰り返し音を楽しむ風情を想像してみると，昔の人はのんびりと人生を楽しんでいたのだな…と思ってしまいます．それに比べて現代人は，どこにいても携帯電話や電子メールなどで追いかけられて，のんびりと音を楽しむ余裕がなくなってしまいました．

　スイッチト・キャパシタは，鹿威しと類似のメカニズムで動作しています．位相ϕ_1のクロックの間に電荷をキャパシタに注ぎ込み，次のクロック（ϕ_2）でたまっていた電荷を送り出すのです．1s（秒）間に送り出される電荷量が電流に対応することから，スイッチト・キャパシタ回路は一種のコンダクタンス（抵抗）とみなすことができます．抵抗とキャパシタを使ってフィルタ回路ができたように，スイッチト・キャパシタ回路を使うと離散時間で動作するフィルタ回路を作ることができます．

15.1 基本スイッチト・キャパシタ回路

　OP アンプや OTA が安価に販売されるようになった 1970 年以降，アクティブ・フィルタ回路がボード上で盛んに使われるようになりました．このアクティブ・フィルタを集積回路の中に組み込めば，超小型のオンチップ・フィルタ回路を 30 年以上も前に実現できるはずでした．しかし，集積回路でアクティブ・フィルタを設計・製造するとコンダクタ ($G_m = 1/R$) やキャパシタ (C) の値が 10 ％程度ばらついているため，量産品としての十分な歩留まりが得られません．

　テレビ放送の受信機を例にして，素子パラメータ(抵抗やキャパシタンス)のばらつきがどのような問題を引き起こすのかを考えてみましょう．

　皆さんがテレビの NHK 総合テレビを選局して大河ドラマを見ているとしましょう．製造プロセスのばらつきが原因でアクティブ・フィルタの特性周波数がずれると，テレビ画面に映った大河ドラマの主役の口からは，ほかの放送局で流れているドラえもんの声が出てくることになります．これは NHK 総合テレビの音声周波数に合うように受信機のフィルタを設計しても，抵抗やキャパシタのばらつきによってフィルタの周波数がずれて，ほかの放送局の音声信号を取り出すことになるからです．このように，アクティブ・フィルタは，チップごとに特性周波数が大きくずれる危険性があるので，周波数精度が要求されるテレビ・チューナなどでは使いものになりません．これに代わるオンチップ・フィルタの切り札がスイッチト・キャパシタ回路なのです．

　スイッチト・キャパシタの概念はとても古く，19 世紀の後半，英国のマクスウェルが電荷と電流の関係を説明する際にスイッチト・キャパシタ・モデルを使ったと言われています．その後，20 世紀の中頃にもスイッチト・キャパシタ回路を真空管で実現した人がいましたが，回路が大きくなり過ぎて実用化には至りませんでした．実際にスイッチト・キャパシタ回路が使われ始めたのは MOS 型集積回路が本格化した 1980 年以降です．

15.1.1　スイッチト・キャパシタ回路の動作原理

　スイッチト・キャパシタ回路は，図 15-1 に示すように，キャパシタの両端にある 2 種類の MOS スイッチをクロックで切り替えながら電荷を転送する方法で

15.1 基本スイッチト・キャパシタ回路

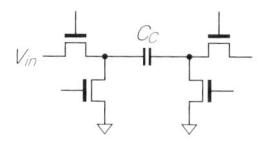

図15-1 スイッチト・キャパシタ回路
MOSスイッチ4個とキャパシタで構成されたスイッチト・キャパシタ回路の基本部.寄生容量の影響を受けない回路として知られている.

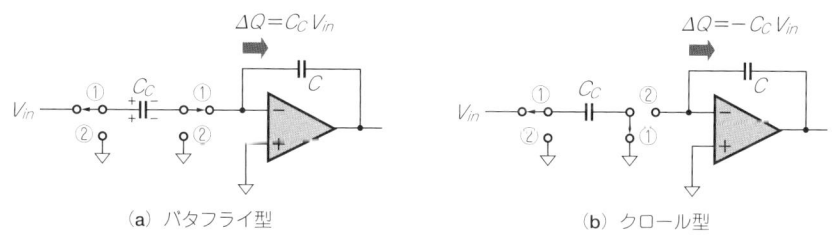

(a) バタフライ型

(b) クロール型

図15-2 スイッチト・キャパシタ回路の動作原理
スイッチの切り替えかたの異なる2種類のスイッチト・キャパシタ回路がある.バタフライ型とクロール型では転送電荷の符号が違っている.

す.このスイッチト・キャパシタを図15-2のようにOPアンプと電荷蓄積用キャパシタに接続すると積分器になります.これは,OPアンプの反転入力端子は仮想接地電位なので,スイッチト・キャパシタから流れ込んだ電荷はすべてキャパシタ C_C に蓄積されていくからです.

スイッチト・キャパシタ回路のMOSスイッチの切り替えかたに2通りあることに気がつかれたでしょうか.キャパシタ C_C の両側にある接地側のスイッチを同位相で切り替える方式と逆相で切り替える方法とがあるのです.つまり,キャパシタを人間の胴体と見たてると,腕(導通経路)が水泳のバタフライのように動いたり,クロールのように動いたりするので,それぞれ「バタフライ型」と「クロール型」と呼んでいます.

ここで,図15-2の①と②がオーバラップのない互いに逆位相のクロックとすれば,バタフライ型ではクロック①のときに電荷 ΔQ が左から右に転送されます.

$$\Delta Q = C_C V_{in} \tag{15.1}$$

つまり,クロック①では入力電圧と反転入力端子(接地電位)との間の電圧差 V_{in} がキャパシタにかかります.このとき C_C にたまった電荷と等量の電荷が蓄積キ

ャパシタ C にも転送されます．クロック②ではキャパシタ C_C の両端の電位がゼロとなり，キャパシタ C_C の電荷は放電されます．

一方，クロール型ではクロック①のときにキャパシタ C_C に式 (15.1) の電荷が蓄積され，その後，クロック②でその電荷がキャパシタ C に転送されます．この電荷転送の際，バタフライ型とクロール型では転送される電荷の符号が違っていることと，転送されるタイミングがずれていることに注意しておいてください．

このスイッチト・キャパシタ回路では，クロックの1周期ごとに電荷量 ΔQ が左から右に転送されるので，キャパシタ C に流れ込む実効的な電流は，

$$I = \Delta Q \cdot f_S = \pm C_C f_S V_{in} \tag{15.2}$$

となります．f_S はサンプリング周波数です．

ここでオームの法則（抵抗 R に電圧 V_{in} を印加すると電流 $I = V_{in}/R$ が流れる）を思い出すと，**図 15-2** のスイッチト・キャパシタ回路の実効的な抵抗は $\pm 1/C_C f_S$ であることがわかるでしょう．つまり，スイッチト・キャパシタ回路では，キャパシタ C_C と MOS スイッチで実効的な抵抗ができるのです．この実効的な抵抗値 R_{eff} はクロック周波数 f_S とキャパシタンス C_C で任意に決めることができます．このことが理解できれば，アクティブ RC フィルタ回路の抵抗 R をスイッチト・キャパシタに単純に置き換えるだけで，それと等価なフィルタになります．

フィルタの特性は，極（p）の大きさで決まります．

$$p \equiv -\frac{1}{R_{eff} C} = -\frac{C_C f_S}{C} \tag{15.3}$$

式 (15.3) は，キャパシタンス比 C/C_C とサンプリング周波数 f_S だけで極の位置を決めることができることを意味しています．集積回路上に作成したキャパシタの値は，製造するたびに 10 ％程度ばらついていますが，同一チップ上のキャパシタンス比は 0.5 ％以下のばらつきに抑えることができます．つまり，スイッチト・キャパシタで作成したフィルタの周波数特性の誤差は，ほかのアクティブ・フィルタ（RC フィルタ回路や $G_m C$ フィルタ回路）に比べて圧倒的に小さいのです．これがスイッチト・キャパシタ回路の大きな特徴です．

15.1.2 スイッチト・キャパシタ回路で積分器を作る

図 15-3 に，スイッチト・キャパシタ回路の重要な要素回路である反転積分器を示します．一方，図 15-4 の回路は，非反転積分器回路です．バタフライ型とクロール型では転送される電荷の符号が違うので，反転積分器と非反転積分器となることが理解できるでしょう．さらに，式 (15.2) に示した入力側のスイッチト・キャパシタのコンダクタンスが $\pm C_c f_s$ であることを思い出せば，図中の伝達関数で表されることがわかるはずです．また，図 15-4 の積分器回路の蓄積キャパシタ C に実効的な抵抗を並列に付けると，図 15-5 の不完全積分器（第 13 章の図 13-24 を参照）が得られます．

ここまで読んでこられて，「スイッチト・キャパシタ回路の説明はなんとなく乱暴だな」と感じられている方もおられることでしょう．たしかにそのとおりで

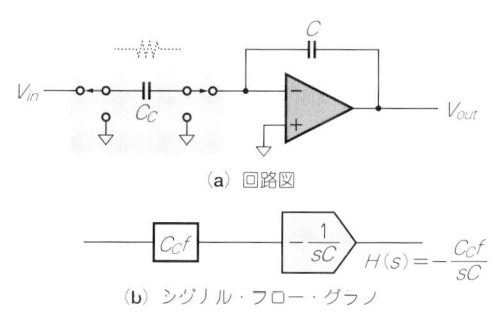

図 15-3 スイッチト・キャパシタで構成した反転積分器
バタフライ型のスイッチト・キャパシタ回路 (灰色の部分) は抵抗とみなせるので，図 15-2(b) と等価な回路となる．

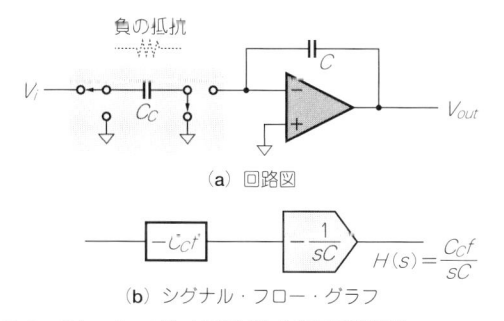

図 15-4 スイッチト・キャパシタで構成した非反転積分器
クロール型のスイッチト・キャパシタ回路 (灰色の部分) は負の抵抗とみなせる．

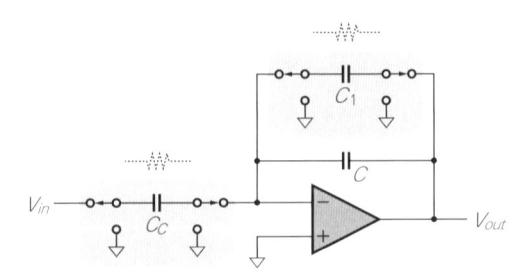

図 15-5 スイッチト・キャパシタで構成した不完全反転積分器

す．ここまでは，連続的に入ってくるアナログ信号をサンプリングして，そのデータを離散時間処理したものと連続時間信号をそのまま処理した結果とが同じであるかのような説明をしましたが，やはり無理があります．これについてはコラムRを参照ください．

15.2 離散時間系の伝達関数の実現法

ここでは与えられた伝達関数を電子回路でどのように実現するか考えてみましょう．

15.2.1 要素回路のコンダクタンス

スイッチト・キャパシタ回路を要素に分解すると，**図 15-6** のように，電荷転送部と電荷蓄積部とに分けられます．**図 15-6(a)** の回路では，クロック①で電荷転送されますが，転送電荷の符号は変わらず，タイミングの遅れがありませんから，そのコンダクタンス G は次式のようになります．

$$G = \frac{C_C}{T} \tag{15.4}$$

同様に**図 15-6(b)** の回路では，C_C に蓄えられた電荷をクロック②のとき，すなわち，半クロック遅れて転送します．このときの転送電荷は蓄積電荷の逆符合であることを考えると，入力端子側からみたコンダクタンス G は，

$$G = -\frac{C_C z^{-\frac{1}{2}}}{T} \tag{15.5}$$

15.2 離散時間系の伝達関数の実現法

(a) バタフライ型スイッチ　　(b) クロール型スイッチ　　(c) 電荷積分回路

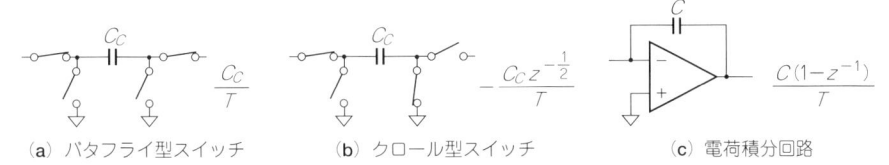

図15-6　スイッチト・キャパシタ回路を構成する要素回路
バタフライ型スイッチ(a)，クロール型スイッチ(b)，電荷積分回路(c)の3種類がある．右の式はコンダクタンスを表している．

となります．すなわち，入力電圧を V_{in} としたとき1クロックごとに次の電荷が右の端子から流れ出すことになります．

$$\Delta Q = -C_C z^{-\frac{1}{2}} V_{in} \tag{15.6}$$

一方，図15-6(c)では，キャパシタ C にクロック①の時の蓄積電荷（CV_{out}）とその前のクロック時の蓄積電荷（$Cz^{-1}V_{out}$）との差が新たに出力端子から流入する電荷 ΔQ と考えられるので，

$$\Delta Q = C(1-z^{-1})V_{out} \tag{15.7}$$

が成り立ちます．そのとき出力端子側からみたコンダクタンス G は，

$$G = \frac{C(1-z^{-1})}{T} \tag{15.8}$$

と書き表すことができます．以上の要素回路のコンダクタンスを使って各種のスイッチト・キャパシタ回路の応答を計算してみましょう．

15.2.2　1次の伝達関数

図15-7(a)の回路では，入力側から流れ込む電流と出力側から流れ込む電流の和はゼロですから，次式が成り立ちます．

$$\frac{C_C}{T}V_{in} + \frac{C(1-z^{-1})}{T}V_{out} = 0 \tag{15.9}$$

すなわち，伝達関数は次式で与えられます．

$$H(z) \equiv \frac{V_{out}}{V_{in}} = -\frac{C_C}{C(1-z^{-1})} \tag{15.10}$$

第15章 スイッチト・キャパシタ

(a) バタフライ型

$$H(z) = -\frac{C_C}{C} \cdot \frac{1}{1-z^{-1}}$$

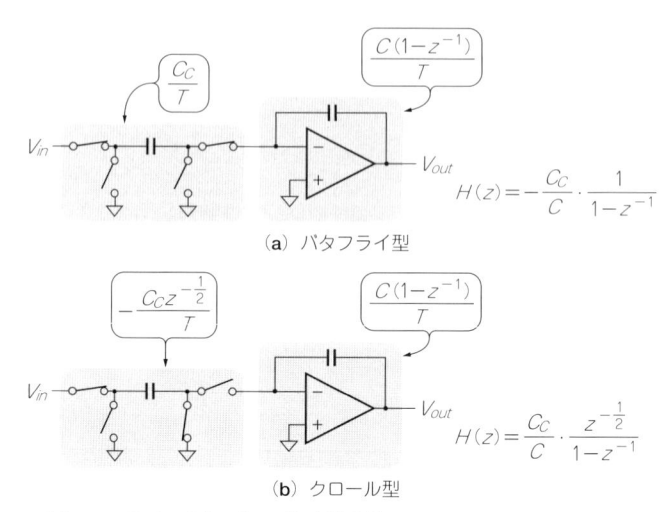

(b) クロール型

$$H(z) = \frac{C_C}{C} \cdot \frac{z^{-\frac{1}{2}}}{1-z^{-1}}$$

図 15-7　スイッチト・キャパシタ積分器
(b) の $z^{-1/2}$ は半クロック遅れて積分結果が得られることを示している.

同様に，**図 15-7(b)** の伝達関数は，

$$H(z) \equiv \frac{V_{out}}{V_{in}} = \frac{C_C z^{-\frac{1}{2}}}{C(1-z^{-1})} \tag{15.11}$$

となります（コラム R の式 (R.5) を参照．式の R を $1/(C_C f_S)$ ($= T/C_C$) に置き換えたものと同一である）．$1-z^{-1}$ は sT に置き換えられるので，式 (15.10) は，s に関する 1 次の積分回路であることがわかります（コラム R の式 (R.7) を参照）．

ここまでの説明で，任意の 1 次フィルタ回路を作る方法がわかりました．

15.2.3　2 次の伝達関数

すでに述べたように，任意のフィルタ回路は分母と分子がそれぞれ 2 次の伝達関数を基本にして組み上げることができます．この「バイカッド」と呼ばれる 2 次の伝達関数を持つ回路は，**図 15-8** に示す s に関する 2 次のローパス・フィルタ回路がベースとなっています．これは 2 個の積分器にフィードバック係数 (a, b) を掛け，入力係数を c としたシグナル・フロー・グラフで表され，伝達関数は s の 2 次関数になります．

$$H(s) = \frac{c}{s^2 + bs + a} \tag{15.12}$$

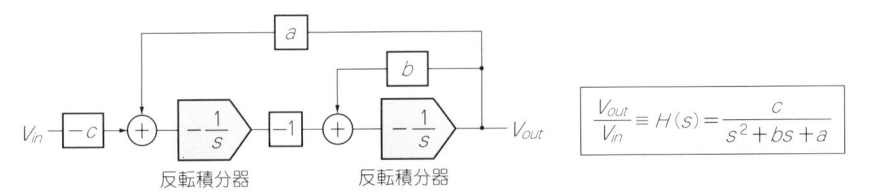

図 15-8　シグナル・フロー・グラフで表した 2 次ローパス・フィルタ
反転積分器と非反転積分器にフィードバックをかけて任意のローパス・フィルタを作ることができる．

反転積分器に入力されるスイッチト・キャパシタ回路部を**図 15-9** に抜き出し，OP アンプの反転入力端子に流れ込む電流を計算すると，次のようになります．

$$-Z^{-\frac{1}{2}}\frac{C_C}{T}V_{in} + \frac{C_a}{T}V_{out} + \frac{C(1-z^{-1})}{T}V_1 = 0 \tag{15.13}$$

式の第 1 項は入力端子 V_{in} から，第 2 項は出力端子 V_{out} から，また第 3 項は積分器の出力端子 V_1 から反転入力端子に流れ込む電流です．反転入力端子は高インピーダンスですから流れ込む電流の総和はゼロとなります．式 (15.13) を整理すると次式が得られます．

$$V_1 = -\frac{1}{1-z^{-1}}\left(\frac{C_C}{C}V_{in}(-Z^{\frac{1}{2}}) + \frac{C_a}{C}V_{out}\right) \tag{15.14}$$

式 (15.14) と**図 15-9** のシグナル・フロー・グラフと対応させると $c = C_C/C$，

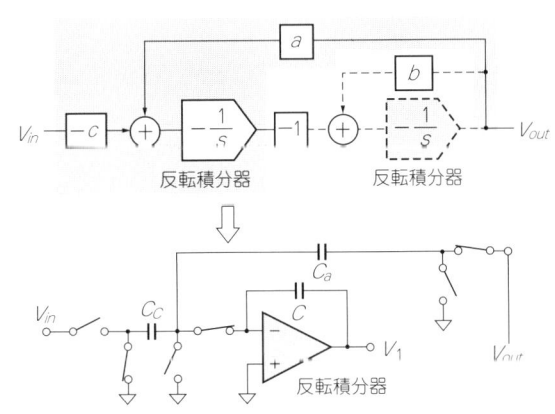

図 15-9　スイッチト・キャパシタの適用(1)
図 15-8 の反転積分器に入る二つの信号パスをスイッチト・キャパシタ回路で実現したもの．a と $-c$ を電圧-電流変換素子(スイッチト・キャパシタ：実効抵抗)で実現する．

$a = C_a/C$ であることがわかります．

同様に非反転積分回路部をスイッチト・キャパシタ回路で表すと，**図 15-10** となります．**図 15-9** と組み合わせると，式 (15.12) に相当する離散時間の 2 次ローパス・フィルタができ上がります．その結果を**図 15-11** に示します．

これで伝達関数の分母を 2 次にすることができました．続いて分子の次数を 2

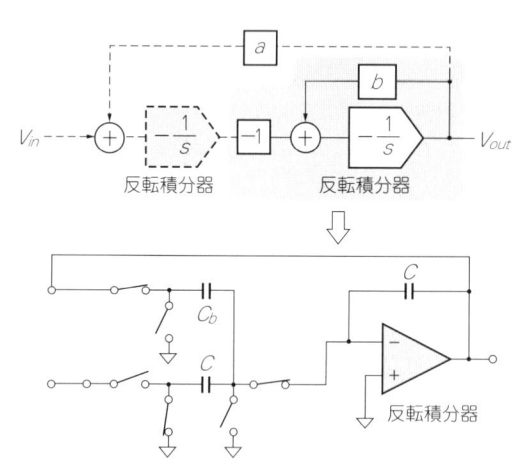

図 15-10 スイッチト・キャパシタの適用 (2)
図 15-8 の非反転積分器に入る二つの信号パスをスイッチト・キャパシタ回路で実現したもの．$-b$ と 1 を電圧-電流変換素子（スイッチト・キャパシタ：実効抵抗）で実現する．

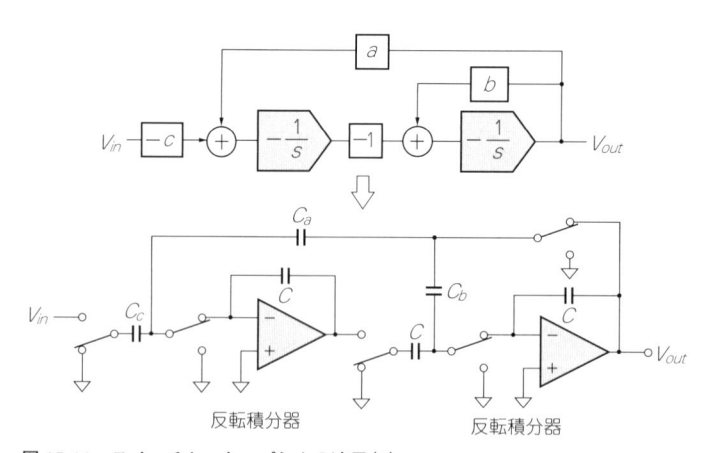

図 15-11 スイッチト・キャパシタの適用 (3)
図 15-9 と図 15-10 の回路を合成して実現した 2 次のスイッチト・キャパシタ回路．

15.2 離散時間系の伝達関数の実現法

次にするには式 (15.12) の c を 2 次関数 $G_2 s^2 + G_1 s + G_0$ にすればよいのですが，s の 2 次の入力を作ることは容易ではありません．そこで，**図 15-12** のように，反転積分器を一つ飛ばして非反転積分器の入力に $G_2 s + G_1$ を入力してみましょう．すると伝達関数は実効的に，

$$H(s) = \frac{G_2 s^2 + G_1 s + G_0}{s^2 + bs + a} \tag{15.15}$$

となり，分子が 2 次関数となることがわかります．これは，入力した $G_2 s + G_1$ を反転積分器の入力側に戻すと実効的に $G_2 s^2 + G_1 s$ となるからです．

これで任意の 2 次関数を分母分子に持つバイカッドができることがわかりました．実際の回路では，**図 15-13** のように，入力信号 V_{in} をキャパシタ $G_2 \times C$ を通して直接，非反転積分器に入れ，同時にそれと並列にしてバタフライ型のスイッチ・キャパシタを設け，その容量を $G_1 \times C$ にすればよいのです．

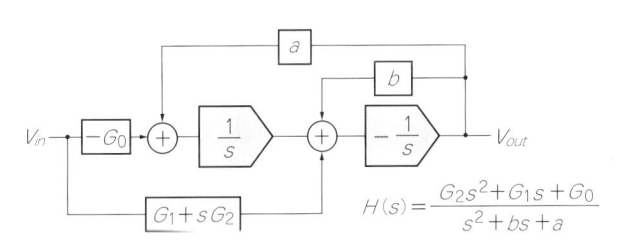

図 15-12 零点を実現する方法
伝達関数の分子を s の 2 次関数とするために $G_1 + sG_2$ 経路を導入する．

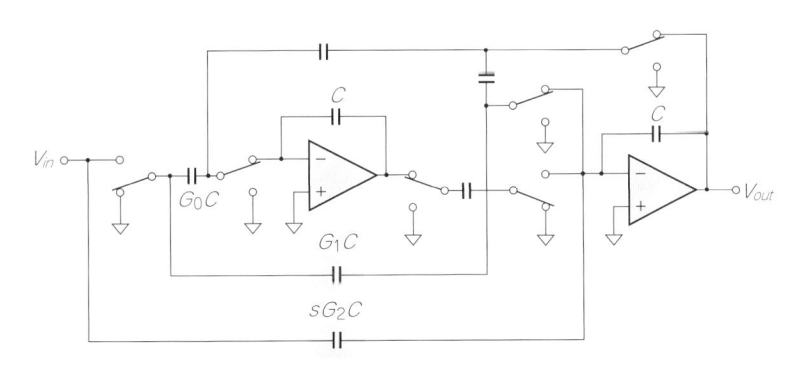

図 15-13 零点を実現する実際の回路
図 15-12 のシグナル・フロー・グラフをスイッチ・キャパシタ回路で実現．

15.3 現実のOPアンプによる誤差

上記のシグナル・フロー・グラフでは，OPアンプが理想的（電圧利得と周波数帯域は無限大，オフセット電圧はゼロ）であることを前提としていました．もし，これらの条件が満たされていなければスイッチト・キャパシタ積分器に誤差が生じます．この点について少し考えてみましょう．

15.3.1 OPアンプの有限の利得による影響

OPアンプの利得を A_0 とすれば，出力電圧 V_{out} とキャパシタ C の両端にかかる電圧 V_C との間に次の式が成り立ちます．

$$V_{out} = V_C - \frac{V_{out}}{A_0} \tag{15.16}$$

右辺の第2項は反転入力端子の電圧です．さらに，1クロックの間に転送される電荷量が保存されることから次式が成り立ちます．

$$C_C \left(V_{in} + \frac{V_{out}}{A_0} \right) + C(1 - z^{-1}) V_C = 0 \tag{15.17}$$

第1項はサンプリング時にキャパシタ C_C に蓄えられる電荷，第2項は積分キャパシタ C に転送された電荷で，キャパシタ両端の電圧 V_C が変化する量を表しています．式 (15.16) と式 (15.17) から V_C を消去して出力電圧 V_{out} と入力電圧 V_{in} との関係を求めると，伝達関数 $H(z)$ が次のようになります．

$$H(z) \approx -\frac{C_C}{C} \cdot \frac{1 - \frac{1}{A_0}\left(1 + \frac{C_C}{C}\right)}{1 - z^{-1} + \frac{C_C}{A_0 C} z^{-1}} \tag{15.18}$$

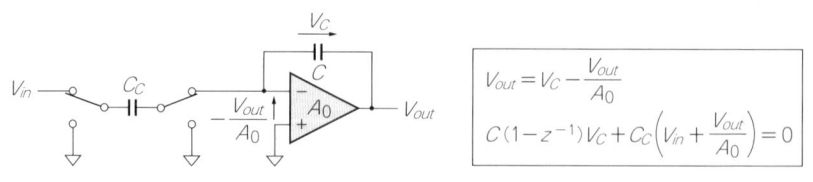

図15-14 スイッチト・キャパシタ積分器の誤差
有限の電圧利得 A_0 を持つOPアンプでスイッチト・キャパシタ積分器を実現すると，反転入力端子の仮想接地条件が成り立たないので誤差が生じる．

式(15.18)の分母と分子の末項が，OPアンプの電圧利得が有限であることに起因する誤差を表しています．分子の第2項は，理想的なOPアンプを用いた場合より振幅が小さくなることを意味しています．一方，分母の第3項は，複素平面上で極の位置がずれることを表しており，理想的な積分器に抵抗を並列に接続した回路の伝達関数と同じになります（第13章の図13-21を参照）．もちろん，A_0が無限大であればこれらの項は無視できるので，理想的な積分器(式(15.11)参照)となります．

15.3.2　OPアンプの有限の帯域による影響

これまでの説明では，OPアンプの応答がきわめて速く，スイッチを切り替えた瞬間に出力電圧V_{out}は最終値に達するものとしていました．しかし，実際のOPアンプでは負荷容量に供給する電流が有限の値となるので，過渡応答のプロセスを経て最終値に近づいていきます．図15-15のラプラス変換を使って，スイッチト・キャパシタ回路の過渡応答を計算すると，次式が得られます．

$$H(z) = -\frac{C_C}{C} \cdot \frac{1-\left(1+\frac{C}{C_C}\right)\exp\left(-\frac{g_m}{C_{eff}}t\right)}{1-z^{-1}} \tag{15.19}$$

ここでOPアンプの出力にある実効的な負荷容量C_{eff}は，

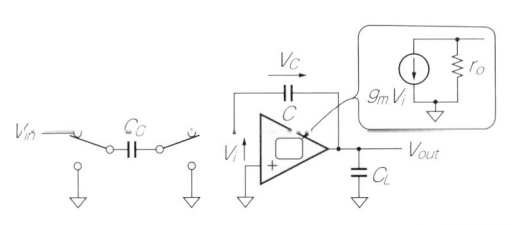

過渡応答
$$\begin{cases} C_C \dfrac{d(V_i - V_{in})}{dt} - C\dfrac{dV_C}{dt} = 0 & \text{反転入力端子側の電荷保存} \\ C\dfrac{dV_C}{dt} + C_L\dfrac{dV_{out}}{dt} + g_m V_i + \dfrac{V_{out}}{r_o} = 0 & \text{出力端子側の電荷保存} \\ V_{out} = V_i + V_C \end{cases}$$

図 15-15　スイッチト・キャパシタ回路の過渡応答を計算
OPアンプの帯域が有限だと負荷容量を充電する時間遅れが生じる．遅延時間はラプラス変換をもとに計算する．

$$C_{eff} = C_L + C_C + \frac{C_L C_C}{C} \tag{15.20}$$

となっています．出力端子に直接接続されている容量は C_L と C であるにもかかわらず，実質的にはサンプリング・キャパシタ C_C の影響も受けるのです．式 (15.19) より，スイッチト・キャパシタ回路の出力電圧が最終値の 99.9％にまで近づく時間はおおむね，

$$t \approx \frac{5 C_{eff}}{g_m} \tag{15.21}$$

となります．ユニティ・ゲイン周波数 $\omega_u (= g_m/C_{eff})$ の逆数の 5 倍程度の時間をかければほぼ最終値に達するのです．言い換えると，スイッチト・キャパシタ回路で使用する OP アンプのユニティ・ゲイン周波数は，クロック周波数 f_S の 5〜10 倍程度にすれば十分です．

以上のことより，スイッチト・キャパシタ回路を高速で動作させるには式 (15.19) の分子の第 2 項をできるだけ小さくする，すなわち OP アンプの g_m を大きくするとともに負荷容量 C_{eff} を小さくしなければなりません．

15.3.3　OP アンプのオフセット電圧の影響

OP アンプには差動入力段に使用した MOSFET 特性のしきい値や β 値のばらつきに起因するオフセット電圧 V_{ost} があります．このため図 15-2(a) のときにサンプリングされる電荷には，オフセット電圧による誤差 $C_C V_{ost}$ が含まれます．

この問題を解決するため，図 15-16 の相関ダブル・サンプリング回路が広く利用されています．クロック ϕ_1 では，図 15-17 に示すように，S_1 のスイッチを

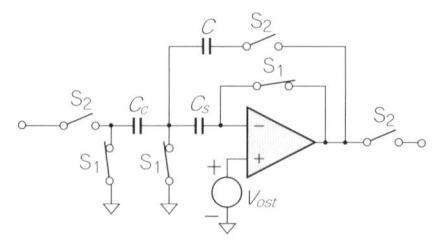

図 15-16　相関ダブル・サンプリング回路[3]
OP アンプのオフセット電圧 V_{ost} をキャンセルする．

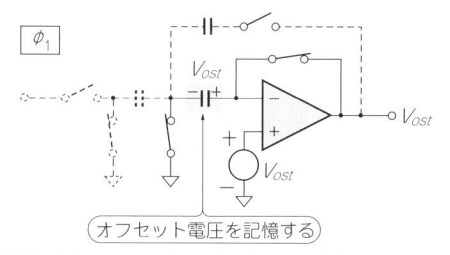

図 15-17　相関ダブル・サンプリング回路の動作(1)
ϕ_1 のときに OP アンプのオフセット電圧 V_{ost} をキャパシタ C_S に記憶させる．

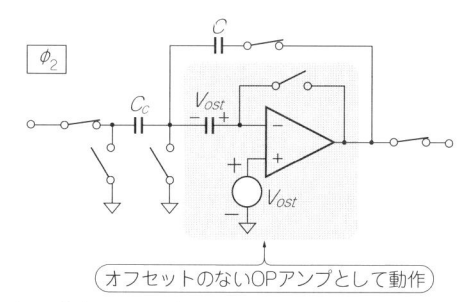

図 15-18　相関ダブル・サンプリング回路の動作(2)
ϕ_2 で積分器の動作に移行する．このとき，灰色の部分がオフセットのない OP アンプとして機能する．

すべて閉じます．このとき，OP アンプはユニティ・ゲイン・バッファ構成となっているため，反転入力端子はオフセット電位 V_{ost} になります．一方，キャパシタ C_S の他端は接地されているので，OP アンプのオフセット電圧 V_{ost} がキャパシタ C_S に記憶されます．次に ϕ_2 では，**図 15-18** に示すように，S_1 をオープンにして S_2 のスイッチを閉じます．このとき灰色の部分の回路はオフセット電圧がない OP アンプとして働くので，この回路構成は**図 15-14** と同一の処理をすることがわかります．

コラム R ◆ 離散時間信号処理の基礎

　フィルタやミキサ回路などで代表されるアナログ信号処理回路では，電流，電圧，電荷などの電気信号を四則演算や微分・積分してさまざまな信号処理をしています．通常の連続時間領域における四則演算については，高校までに習得されているので，あらためて説明する必要はないでしょう．しかし，一定の時間間隔でサンプリングした離散データ値を使って信号処理を行う計算法については慣れていない方が多いようです．ここで，このようなデータの信号処理のしかたについて説明します．

● 離散時間における積分

　離散時間でサンプリングされた信号の微積分については少しくふうが必要です．高校の数学の授業では「連続的に変化する関数は微積分することができる」と習いました．しかし，スイッチト・キャパシタ回路などで取り扱う被サンプリング信号は非連続関数なので，そのままでは微分や積分ができません．何らかの方法で微積分に変わる近似計算が必要となるのです．

　連続時間と離散時間におけるデータ処理方法の違いを，簡単な回路を例に説明してみましょう．回路理論によれば，図 R-1 に示す回路の入力電流 V_{in} と出力電圧 V_{out} の間には次の関係式が成り立ちます．

$$V_{out}(t) = -\frac{1}{RC} \int V_{in}(t)\,dt \tag{R.1}$$

この積分を時間間隔 T でサンプリングした信号に適用すると，近似的に，

$$V_{out}(t) \approx -\frac{T}{RC}[V_{in}(t) + V_{in}(t-T) + V_{in}(t-2T) + V_{in}(t-3T) + \cdots] \tag{R.2}$$

で表されます．ここで n 回前にサンプリングされた入力電流の表現方法として，

$$V_{in}(t-nT) \rightarrow z^{-n} V_{in}(z) \tag{R.3}$$

という演算手法（z 変換）を導入すれば，式 (R.2) は，

$$V_{out}(z) = -\frac{T}{RC}[1 + z^{-1} + z^{-2} + z^{-3} + \cdots]V_{in}(z)$$

$$= -\frac{T}{RC}\sum_n z^{-n} V_{in}(z) \tag{R.4}$$

となります．z^{-1} は時間 T の遅延を表す演算子です．時間間隔 T が十分小さければ式 (R.1) と式 (R.4) はほとんど同じになることは図 R-2 からも理解できます．

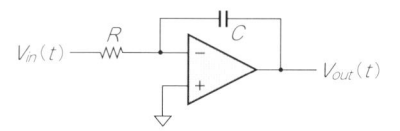

15.3 現実のOPアンプによる誤差　**275**

図R-1　簡単な積分回路の例
出力電圧 $V_{out}(t)$ はキャパシタ C に蓄積された入力電流 $V_{in}(t)/R$ に比例する．

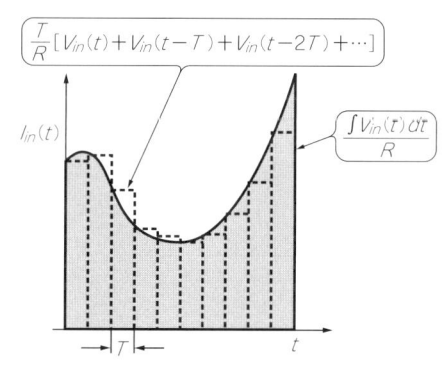

図R-2　離散データをもとにして関数積分を近似計算する方法
サンプリングの時間間隔 T がゼロに近づくほど，サンプリング時間ごとの代表値（点線の棒グラフの面積）を累積加算した値は連続入力電流（実線）を積分した値（灰色の部分の面積）の良い近似となる．

なお，式(R.4)の Σ 項が z^{-1} に関する無限等比級数の和なので，伝達関数は次式のように変換できます．

$$H(z) = -\frac{1}{RC} \cdot \frac{T}{1-z^{-1}} \tag{R.5}$$

● ラプラス変換と z 変換との関係

アナログ回路による信号処理の歴史は100年以上にも及びます．その間，連続時間信号処理に関する膨大な知的資産が培われてきました．実際，連続時間領域におけるフィルタ回路，増幅回路，フィードバック回路などは，ラプラス変換を使った伝達関数の考えかたを取り入れて設計されています．離散時間処理といえども，この連続時間処理における貴重な資産を利用しない法はありません．回路設計者としても，信号処理の手順を統一的に理解できれば，連続時間信号処理と離散時間信号処理を区別する必要がなくなります．

ここではラプラス演算子 s（連続時間領域）と変数 z（離散時間領域）の関係を導

くことにします．

式(R.1)に示す積分演算をラプラス変換すると，

$$V_{out}(s) = -\frac{1}{sRC} V_{in}(s) \tag{R.6}$$

となります．式(R.5)と式(R.6)を比較すれば，連続時間領域の伝達関数 $H(s)$ を離散時間領域に写像する場合の変換公式が得られます．

$$s \to \frac{1-z^{-1}}{T} \tag{R.7}$$

連続時間領域の信号処理回路はすべて，この変換式を用いて離散時間領域に変換することができます．このとき，「式(R.7)の変換は，サンプリング時間の間隔 T が十分小さいときにのみ正しい」ということに注意しなくてはなりません．

それでは実際の回路では，T をどれだけ小さくすればよいのでしょうか．それは取り扱う信号の周波数によって違ってくるのです．例えば，式(R.7)の左辺は $j\omega$ です．右辺は，

$$\frac{1-z^{-1}}{T} = \frac{1-\exp(-j\omega T)}{T} \approx j\omega + \frac{\omega^2}{2}T \tag{R.8}$$

となるので，相対誤差は $\omega T/2$ 程度であることがわかります．したがって，$\omega T/2 \ll 1$ が，正しく信号処理をする前提となります．つまりサンプリング周期 T は，取り扱う信号の周期の 1/10 以下にすることが必要なのです．

第16章
Δ-Σ変調器

　アナログ回路に興味のある読者の中には，美しい音楽を録音したり，その音楽を忠実に再生したりすることに生きがいを感じている方もいることでしょう．そんな AV マニアなら，MD プレーヤや CD プレーヤ，DVD プレーヤなどの製品カタログに目を通す機会が多いはずです．カタログでは「Δ-Σ型 A-D コンバータ内蔵」といった表現がよく目につきます．「Δ-Σ」というだけで最先端技術が組み込まれているような気がして，その AV 機器を購入された方もいるのではないでしょうか．この，人の心を魅了する Δ-Σ ということばの意味はいったい何なのでしょうか．なじみの少ないギリシャ文字だけに，なにやら難しい話になりそうです．この章ではこの Δ-Σ 技術について解説します．

　Δ-Σ 技術は，アナログ信号をディジタル・データ（コード）に変換したり，その逆にディジタル・データ（コード）をアナログ信号に変換する技術の一つです．その技術を応用したディジタル電話を考えてみましょう．

　今でこそ音声（アナログ信号）をコード（ディジタル信号）に変換し，それを電話回線に通すことはごくあたりまえに行われています．しかし，30 年以上も前にはディジタル電話などは技術者の間でも夢物語に近い困難なものでした．古い文献などを調べてみると，電話回線を使ったディジタル・データ通信技術は 1960 年に米国で特許化されています．その後，エレクトロニクス技術と集積回路技術が爆発的に発展したおかげで，ディジタル通信技術が携帯電話や ISDN などにも使われるようになったのです．

　本章で取り上げる「Δ-Σ 技術」はディジタル電話の核となる技術です．高い周波数でサンプリングしたアナログ信号をディジタル値に変換する技術です．

　図 16-1 を見ながらこの技術の概要を説明しましょう．まず，入力されたアナ

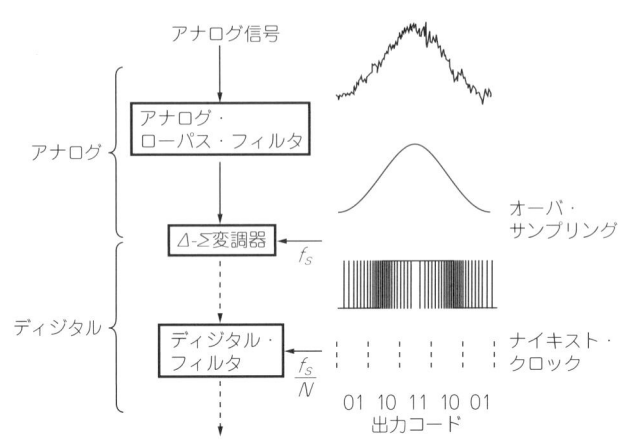

図16-1 Δ-Σ変調器を用いたA-D変換の例

まず，ローパス・フィルタで入力アナログ信号の高周波を除去する．Δ-Σ変調器では入力信号振幅に比例した密度のパルス列を発生する．そのディジタル・データをサンプリング周波数f_sの1/Nに間引いて，コード出力をする．

ログ信号に含まれる高周波成分をフィルタで除去します．続いて，この信号を高い周波数f_sでサンプリング（オーバ・サンプリング）し，それをΔ-Σ変調器でディジタル・データに変換します．このΔ-Σ変調器は，入力信号の振幅に比例した密度のパルス列を生成します．すなわち，入力信号振幅が小さいときにはパルスの発生頻度が低く，'0' ばかりが目立つデータ列となります．逆に振幅が大きいとパルスはほとんど '1' となります．最後のディジタル・フィルタ（デシメーション・フィルタ）では，パルス列の '1' の数をカウントしてその積算値をバイナリ・コードなどに変換します．このとき，出力されるディジタル信号の周波数はf_s/Nであり，オーバ・サンプリングされた信号を$1/N$の割合で間引いて出力します．このためデシメーション・フィルタは，ディジタル・ドメインにおける間引きフィルタとも呼ばれています．

16.1 Δ-Σ変調器

サンプリングした入力データに所定の四則演算や遅延，微分，積分を施せば，任意の信号処理ができます．この中でも，積分はサンプリングしたデータを累積加算することに相当するので，「Σをとる」と言います．一方，時間的に前後する

16.1 Δ-Σ変調器　279

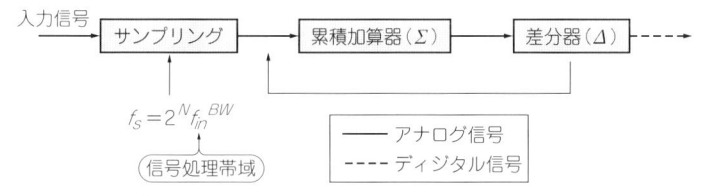

図 16-2　元の信号の再現[4]

高速でサンプリングしたアナログ信号を累積加算して参照電圧 V_{ref} を超えたときに V_{ref} との差分をとり，その値をフィードバックし，再度累積加算をすると，元のデータに応じたパルス密度の信号が出力される．

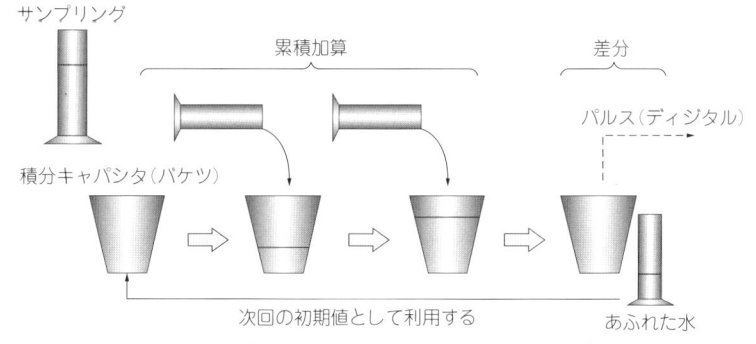

図 16-3　元の信号の再現原理

サンプリングされた電圧に対応する電荷を累積加算していき，バケツがいっぱいになると，パルス信号を出力するとともにあふれた電荷を入力に戻して再度累積加算する．このプロセスを繰り返すと，入力されたアナログ信号の値に応じた密度のパルスが出力される．

データ間の差は「Δをとる」と言います．このように離散時間処理回路では積分がΣ，微分（差分）がΔに対応するのです．

高校の数学では，「任意の連続関数 $F(t)$ を積分した後，それを微分すると元の関数になる」と教えられました．これは次のような式で表現できます．

$$\frac{d}{dt}\int F(t)\,dt = F(t) \tag{16.1}$$

離散時間領域の処理でも同様の議論を行えます．つまり，入力信号のΣ（累積加算）をとった後，Δ（差分）をとると元の信号が再現できるのです．このようすを**図 16-2** に示します．

動作原理を**図 16-3** に示します．まず，サンプリング時に入力アナログ信号電圧に比例した電荷をメスシリンダ（キャパシタ）で受け取ります．続いてその電荷

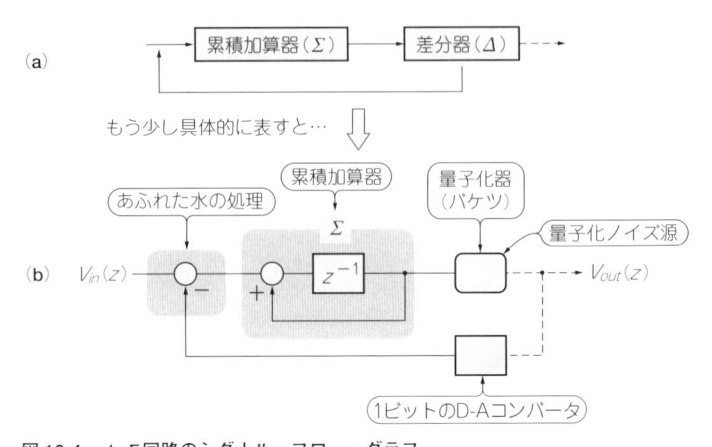

図16-4 Δ-Σ回路のシグナル・フロー・グラフ
(a) に示す累積加算器と差分器をシグナル・フロー・グラフで表すと (b) のようになる。点線はディジタル・データ，実線はアナログ・データを表している．

をバケツ(積分キャパシタ)に移し，このバケツがいっぱいになるまで電荷の転送を繰り返します．時間が経過してバケツがいっぱいになるとパルス信号を出力し，それと同時にバケツを空にします．そして「あふれた電荷」を空のバケツに移してから上記の処理を繰り返します．これがΔ-Σ変調器の原理です．

　遅延回路と加減算回路を用いてΔ-Σ回路をシグナル・フロー・グラフにすると，**図16-4**で表せます．灰色の部分が累積加算器(Σ)，左端にある減算部が差分回路(Δ)になります．量子化器ではバケツがいっぱいになったときにパルス信号を出力します．パルスが発生すると，バケツ一杯分の電荷を捨てなければなりませんから，D-Aコンバータでバケツ一杯分に相当するアナログ信号を作り出し，入力側で減算し，あふれた電荷を計算します．なお，アナログ信号値とディジタル(パルス)データとの間には誤差があるので，それを量子化ノイズとみなします．

　ここまで読んできて，「入力信号と同じ出力信号が得られるΔ-Σ変調器を作って何がおもしろいの？」と不思議に思われる方がいらっしゃるかもしれません．しかし，Δ-Σ変調器を使ってアナログ信号を正確にディジタル信号に変換できれば，後はディジタル・ドメインで信号処理が行えるので，圧倒的に信号処理の自由度が高くなることはおわかりでしょう．

16.2 Δ-Σ変調器の特徴:ノイズ・シェーピング機能

Δ-Σ変調器では,アナログ信号をディジタル化する際に量子化誤差が発生し,広範囲な周波数帯域に分布するノイズ(ノイズ)となります.つまり,実際のΔ-Σ変調器では,**図16-4(b)**に示すΔ-Σ変調器の内部に設けた量子化器においてノイズ$N(z)$が発生しています.このままではダイナミック・レンジが狭くなってしまいますが,うれしいことに,Δ-Σ変調器には「ノイズ・シェーピング」と呼ばれるノイズ除去機能が備わっているのです.

図16-5に基づいてΔ-Σ変調器の入出力伝達関数を計算してみましょう.入力信号V_{in}と出力信号V_{out}との間には次の関係が成り立ちます.

$$(V_{in}(z) - V_{out}(z)) \frac{z^{-1}}{1-z^{-1}} + N(z) = V_{out}(z) \tag{16.2}$$

式(16.2)を解くと,

$$V_{out}(z) = z^{-1} V_{in}(z) + (1 - z^{-1}) N(z) \tag{16.3}$$

が得られます.第1項は入力信号が1クロック遅延して出力端子から出力されることを意味し,第2項は量子化ノイズ$N(z)$の影響が出力端子では$(1-z^{-1})$倍になることを示しています.

この量子化ノイズの周波数ω成分がどの程度,出力信号に含まれてくるのか調べてみましょう.周波数ωのノイズに注目するとそのノイズに遅延z^{-1}を掛けるとノイズの位相が$\exp(j\omega T)$だけずれます.このときクロック周期Tが十分短

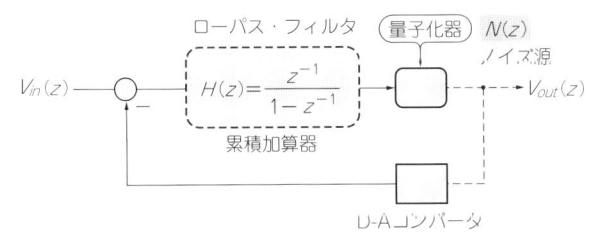

図16-5 1次Δ-Σ変調器の構造
累積加算器はローパス・フィルタとして機能する.入力アナログ信号と出力ディジタル・パルス信号との誤差が量子化ノイズである.点線はディジタル・データ,実線はアナログ・データを表している.

かければ $1-z^{-1}$ は次式で近似できます．

$$|1-z^{-1}|=|1-\exp(-j\omega T)|\approx \omega T \tag{16.4}$$

式(16.4)を式(16.3)に代入すると，$\omega T \ll 1$ とみなせる低周波領域では $\Delta\text{-}\Sigma$ 変

コラム S ◆ エイリアシング

図 S-1(a) の実線の入力波形を，点線で示す時刻でサンプリングしてみましょう．すると，丸印で示した電位がデータとして取り込まれます．この例ではサンプリング周期よりも短い周期の正弦波を入力したにもかかわらず，サンプリングされた信号は図 S-1(b) の丸印をたどる点線のように，元の周波数とは違った波に見えます．これがサンプリングによる周波数の折り返し（エイリアシング）と呼ばれる現象です．

折り返された信号の周波数 f_a は，サンプリング周波数 f_S と整数 M を用いて次式で表されます．

$$f_a = f_{in} \pm M \cdot f_S \tag{S.1}$$

例えば，入力信号 V_{in} の周波数 f_{in} が 1.1 MHz，サンプリング周波数 f_S が 1.0 MHz の場合，折り返し信号 f_a は 0.1 MHz 地点に現れ，サンプリングされた信号

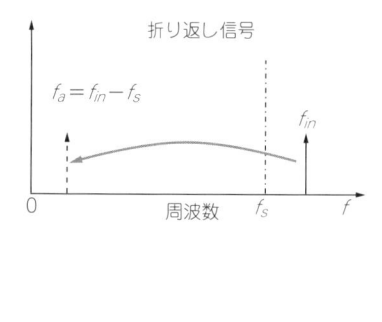

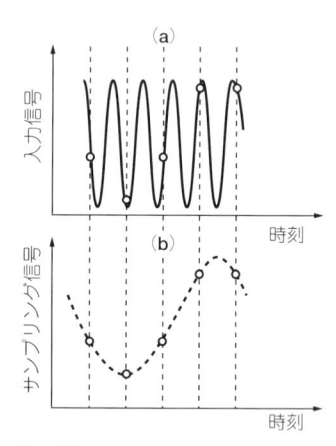

図 S-1 入力信号の折り返しのようす（エイリアシング）
サンプリング周波数 f_S より高い周波数の入力信号 f_{in} を点線で示す時刻にサンプリングすると，被サンプリング信号の周波数 f_{alias} はサンプリング周波数 f_S の整数倍だけ低下する．

16.2 Δ-Σ変調器の特徴：ノイズ・シェーピング機能　**283**

調器の内部で発生したノイズ $N(z)$ は大幅に抑制されることがわかります．逆に高周波領域側のノイズは強調されます．このように信号処理回路の内部で発生するノイズの影響は，Δ-Σ変調回路固有の性質により，周波数が低いほど小さくなるのです．これが「ノイズ・シェーピング（ノイズ特性の変換）特性」と呼ばれ

はとてもゆっくり変化する波に見えます．逆に入力信号の周波数が 0.9 MHz だと，折り返された信号は -0.1 MHz 地点に現れるのです．「負の周波数なんて変だな…」と思われるかもしれませんが，サンプリングによる信号処理を行うとよく発生することなのです．

　この周波数の折り返し現象は，身近なところでもよく見かけます．テレビで車が走る映像を見ているときに不思議な気持ちになった経験はありませんか．自動車はとても速く走っているのに，タイヤはゆっくりと回転していたり，場合によっては逆回転していることさえあります．この不思議な映像は，テレビ画面の切り替え周期でタイヤの回転がサンプリングされて，エイリアシングによる像（虚像）が見えているのです．タイヤが車の進行方向とは逆に回転しているのは，エイリアシングによって負の周波数が見えているためです．

　以上のことから，サンプリング周波数以上の入力信号が入ってくると折り返されて「偽」の信号となります．これを避けるために，あらかじめ離散時間領域の信号処理では**図 S-2** のようにサンプリング回路の前にアンチエイリアシング・フィルタを挿入して $f_s/2$ 以上の高周波信号を除夫しておきます．これが**図 16-1** のローパス・フィルタに相当します．

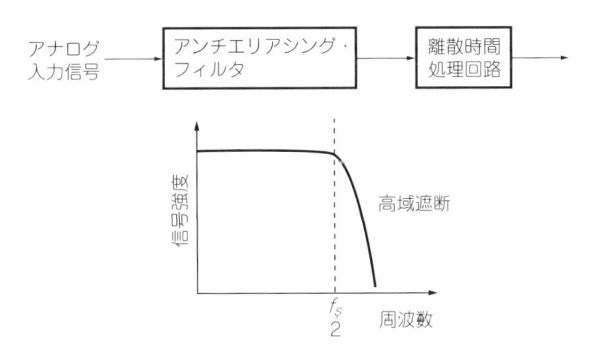

図 S-2　離散時間領域の信号処理
離散時間処理回路では，サンプリング処理による折り返し効果の影響を
回避するため，アンチエイリアシング・フィルタを入力側に置く．

る Δ-Σ 変調器の最大の特徴です．ただし，この技術を信号処理回路に適用する際には，クロック周期 T が入力信号周期に比べて十分小さいことが前提となります．

このようにサンプリング・クロック周波数を入力信号の周波数に比べて十分に大きくしてノイズの影響を抑制する技術を「ノイズ・シェーピング」と呼んでいます．例えば，サンプリング周波数を 10 倍にして T を 1/10 にすれば，式(16.3)より，量子化ノイズの大きさも 1/10 になります．

16.3 高次の Δ-Σ 変調器

式(16.3)と式(16.4)から明らかなように，量子化ノイズのノイズ・シェーピングは $(1-z^{-1})$ の項で決まります．もし $(1-z^{-1})$ の次数を高くすることができれば，低周波における量子化ノイズをさらに低減することができます．

高次の Δ-Σ 変調器のノイズ・シェーピング効果の例を図 16-6 に示します．k 次の Δ-Σ 変調器では，量子化ノイズが $(\omega T)^k$ に比例するので，低周波領域では量子化ノイズが大幅に抑制されることがわかります．以下では実際の回路でよく利用されているカスケード型の高次の Δ-Σ 変調器を取り上げて説明します．

カスケード型 Δ-Σ 変調器の基本は，図 16-7 に示す 1 次の変調器です．その出力は，

$$V_{out}(z) = z^{-1}V_{in}(z) + (1-z^{-1})N(z) \tag{16.5}$$

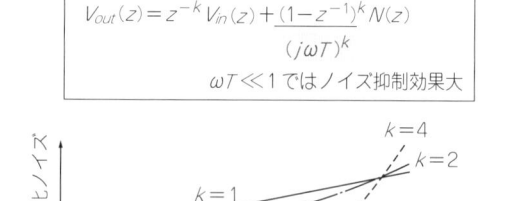

図 16-6 ノイズ・シェーピング効果
量子化ノイズ $N(z)$ は Δ-Σ 変調器のノイズ伝達関数 $(1-z^{-1})^k$ 倍されて出力される．次数が高くなるほど低周波の量子化ノイズが抑制される．

で表されます．また，量子化器の直前の信号を取り出すと，

$$V_{out}{}^*(z) = z^{-1}V_{in}(z) + (1-z^{-1})N(z) - N(z) \tag{16.6}$$

となります．カスケード型 $\Delta\text{-}\Sigma$ 変調器では，この中間タップからの信号が重要な役割を果たします．以下では，図 16-7 の回路を簡略化した図 16-8 の表記を使ってカスケード型の高次 $\Delta\text{-}\Sigma$ 変調器を記述しますが，この簡略化した1次変調器はパルス信号を出力するだけでなく，量子化ノイズ $N(z)$ も次段に伝達するしくみとなっています．

図 16-9 は，1 次の $\Delta\text{-}\Sigma$ 変調器を 2 段カスケード接続した $\Delta\text{-}\Sigma$ 変調器です．1 段目の中間タップから取り出された量子化ノイズ $-N_1(z)$ は，2 段目の $\Delta\text{-}\Sigma$ 変調器に入りますが，これは遅延がかかって 2 段目の $\Delta\text{-}\Sigma$ 変調器から出力されます．このように，1 段目と 2 段目の $\Delta\text{-}\Sigma$ 変調器の出力信号には量子化ノイズ $N_1(z)$ が含まれているので，図 16-9 のように，遅延 (z^{-1}) と差分 $(1-z^{-1})$ と積をとってディジタル領域で和をとると $N_1(z)$ が消去されます．こうしてディジタル信号処

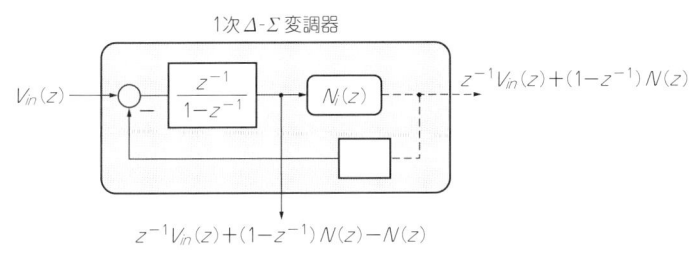

図 16-7　カスケード接続 $\Delta\text{-}\Sigma$ 変調器で用いる基本的な 1 次 $\Delta\text{-}\Sigma$ 変調器
この変調器では中間タップからのアナログ信号が取り出される．点線はディジタル・データ，実線はアナログ・データを表している．

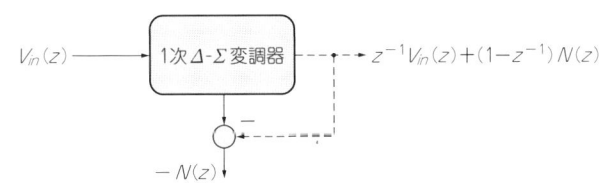

図 16-8　1 次 $\Delta\text{-}\Sigma$ 変調器の簡易表現
中間タップからの信号とディジタル・パルス信号に対応する信号を差し引くと量子化ノイズだけが次段に伝えられる構造となっている．

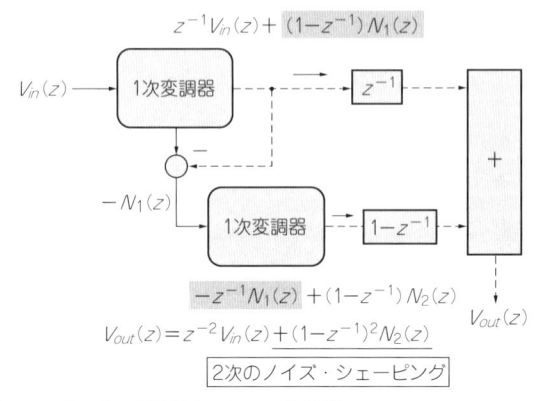

図 16-9 カスケード接続の 2 次 Δ-Σ 変調器
中間タップを介して量子化ノイズ先送りする方式を用いている．1 段目の Δ-Σ 変調器のノイズはディジタル領域で消去する．点線はディジタル・データ，実線はアナログ・データを表している．

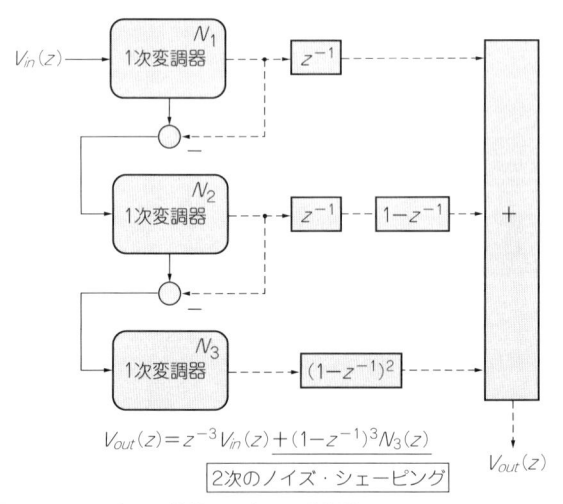

図 16-10 カスケード接続の 3 次 Δ-Σ 変調器
中間タップを介して量子化ノイズ先送りする方式．1 段目と 2 段目の Δ-Σ 変調器のノイズはディジタル領域で消去する．点線はディジタル・データ，実線はアナログ・データを表している．

理により初段の量子化ノイズ $N_1(z)$ がキャンセルされ，2段目の Δ-Σ 変調器の量子化ノイズ $N_2(z)$ が2次のノイズ・シェーピングされることがわかります．同様に図16-10の3段カスケード接続回路では，1段目と2段目の変調器の量子化ノイズが消去されるように，ディジタル領域で処理すると3段目の Δ-Σ 変調器の量子化ノイズ $N_3(z)$ が3次のノイズ・シェーピングされることがわかります．

16.4　Δ-Σ変調器の回路構成

　ここまでの説明では，Δ-Σ 変調器をシグナル・フロー・グラフで説明してきましたが，実際の電子回路ではどのように組み上げられているのでしょうか．

　累積加算（積分）は，スイッチト・キャパシタ回路で実現できます（第15章の図15-3を参照．シングルエンド型の積分器）．全差動構成の積分器は図16-11のようになります．まずクロック ϕ_1 で，入力信号 $V_{in} - V_{CM}$ をキャパシタ C_1 上にサンプリングします．この C_1 に蓄えられた電荷 $C_1(V_{in} - V_{CM})$ が，図16-3のメスシリンダ中の水に相当します．クロック ϕ_2 では，この電荷をキャパシタ C_2 に転送します．この過程を何度も繰り返して累積加算します．キャパシタ C_2 が図16-3のバケツに相当します．さらに，図16-12のコンパレータ（量子化器）で C_2（バケツ）が電荷（水）でいっぱいになったかどうかをモニタし，オーバしていればパルス信号を出力します．パルス信号が出力されるとバケツいっぱいの電荷を C_2 から引き抜く操作をスイッチ S_2 を使って行います．このスイッチの切り替え

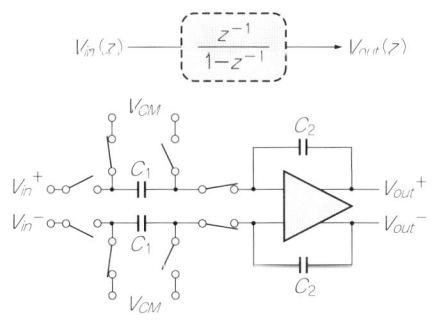

図16-11　累積加算器をスイッチト・キャパシタで実現する方法
C_1 で入力信号をサンプリングして，その電荷を C_2 に転送して累積加算を行う．図は $\phi_2 = 1$ 時のスイッチの開閉を表している．

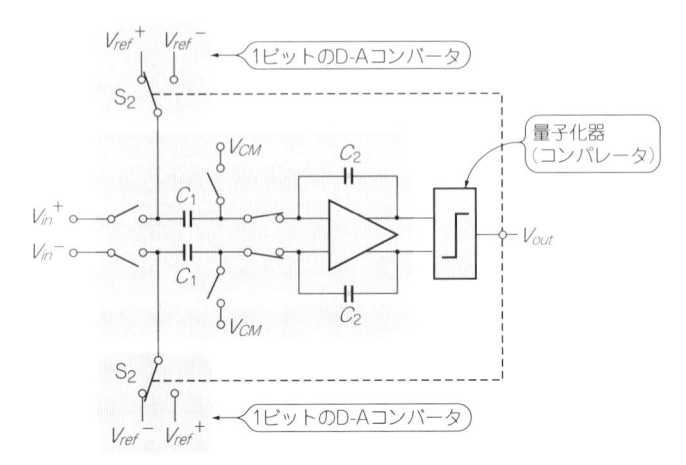

図 16-12　コンパレータ
累積加算器の出力信号をコンパレータで判定し，その結果をもとにアナログ信号 V_{ref} を加算もしくは減算してキャパシタ C_2 に蓄積された電荷をバケツ一杯分減らす．コンパレータが機能しないときには S_2 は中間位置でオープン状態にある．

が D-A コンバータの役割を果たしていることがわかるでしょう．

16.5　Δ-Σ 変調器の応用例

16.5.1　オーディオ用 A-D コンバータ

　最近では，図 16-1 に示した回路構成の Δ-Σ 型 A-D コンバータが，オーディオ機器の中に組み込まれています．この回路では，最大 44.1 kHz の信号を処理するため，5.6 MHz のクロック（128 倍）でオーバ・サンプリングします．コンパレータで量子化されたディジタル・データに対応するアナログ信号を入力から差し引くため，1 ビットの D-A コンバータがよく使用されます．この 1 ビットの D-A コンバータは，2 種類の参照電圧をスイッチで切り替えるだけの単純な回路にすぎません．言い換えるとディジタル値の '1' と '0' に対応する二つの参照電圧差はつねに一定なので，ディジタル変換した際，きわめて線形性の優れた A-D コンバータになります．

　この利点を生かして，最近では 24 ビットの Δ-Σ 型 A-D コンバータが市販されるようになってきました．ただ不思議なことに，市販されている製品のデータ

コラム T ◆ 折衷案を模索しながらディジ-アナ混載回路との共存を図る

　牛肉が安くなってどんどん市場に出回るようになっても，伝統のある高級料亭では牛肉料理はあまり供されません．この背景には，日本人が明治時代以前には四足動物の食習慣がなく，日本料理に牛肉を組み入れなかった後遺症があるのかもしれません．

　しかし，明治以降，肉料理を好む若者の嗜好を取り入れて日本料理にも徐々に牛肉料理が浸透してきました．中でも醤油の味付けが合う「肉じゃが」や「すき焼き」，「照り焼きビーフ」などはすでに典型的な日本料理の一品になっています．先日，サンフランシスコで入った日本料理店では「すき焼き」と「照り焼きビーフ」が看板メニューになっていました．

　このように昔は日本料理に取り入れられなかった肉料理も，時代の流れに沿ってさまざまな変更が加えられてきました．新しい時代の流れを取り込むことによって日本料理の味もさらに深くなり，肉料理の本場の米国でも堂々と通用する日本の肉料理が大人気になっているのです．

　アナログ回路の「静」に対してディジタル回路の「動」と，互いに反目し合う性質の回路が一つのチップの中に組み込まれる時代になってきました．ノイズや特性ばらつきが大問題となるアナログ回路にとってディジタルとの混載は致命的です．でも，ディジタル回路との混載になれば，チップ面積の大半を占めるディジタル回路の言い分が通ります．そうなるとMOS素子の微細化は将来的に避けて通れない道なのです．アナログ回路も，「MOS素子の微細化は迷惑千万」と文句ばかり言っている訳にいかなくなりました．これからはディジタル回路設計との折衷案を模索しながら今までにない新しいアナログ回路を作り上げ，ディジタルとの共存を図ることが望まれます．

　すでにアナログ回路の中に「すき焼き」と「照り焼きビーフ」に相当する折衷回路が使われています．スイッチト・キャパシタ，Δ-Σ変調など，MOS素子をスイッチとして利用する回路がその典型的な例です．これらの回路はMOS素子の微細化が進んだからこそその価値が出てきたと考えることができます．「アナログ回路はディジタル回路と一緒になれない」といこじになるのは止めて，ディジタルと共存できる道を探るアナログ技術者がほんとうのエンジニアと言えるのではないでしょうか．

シートには，有効ビット数と周波数帯域の関係を表した図面が載っていません．企業に勤めるアナログ設計者の知人にこっそり聞いてみると，24 ビットの変換が保証される周波数帯はせいぜい数十 Hz 以下なのだそうです．可聴周波数帯域全体ではまだ，20 ビット程度までしか保証できないので，データシートには載せていないのだそうです．

16.5.2 携帯電話用バンドパス・フィルタ

図 16-4 に示す $\Delta\text{-}\Sigma$ 変調器の積分回路（ローパス・フィルタ）部を一般のフィルタの伝達関数 $H(z)$ に置き換えると，**図 16-13** のようになります．このシステム全体の伝達関数は次式で与えられます．

$$V_{out}(z) = \frac{H(z)}{1+H(z)} V_{in}(z) + \frac{1}{1+H(z)} N(z) \tag{16.7}$$

式 (16.7) より，伝達関数 $H(z)$ が大きくなる周波数帯域の入力信号は正確に取り出せるとともに，量子化ノイズ成分が十分に抑圧されることがわかります．言い換えると，ある特定の周波数近くで伝達関数が大きくなるフィルタ（バンドパス・フィルタ）を使えば，そこで誤差信号が極端に抑圧されるのです．例えば，伝達関数 $H(z)$ として図 16-14 に示した関数を選び，入力信号に対して 4 倍のサンプリング周波数 $(1/T)$ を使うと，$\omega T = \pi/2$ となるので，

$$z = \exp(j\omega T) \rightarrow z = j \tag{16.8}$$

が成り立ちます．このとき，以下のようになります．

$$V_{out}(z) = \frac{H(z)}{1+H(z)} V_{in}(z) + \frac{1}{1+H(z)} N(z)$$

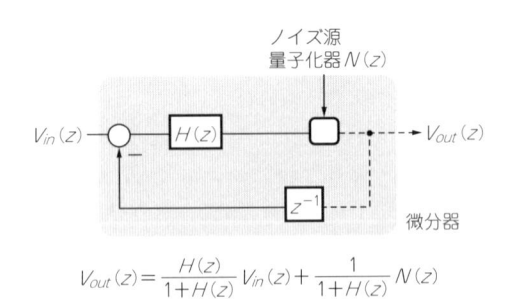

図 16-13 一般化した伝達関数 $H(z)$ を持つ $\Delta\text{-}\Sigma$ 変調器の構成
$H(z)$ が無限大に発散する周波数領域で量子化ノイズ成分が抑圧される．

$$|H(z)| = \left|\frac{z}{z^2+1}\right| \to \infty \tag{16.9}$$

伝達関数 $H(z)$ の絶対値は無限大となり，式 (16.7) から，ノイズ成分はほぼ完全に抑圧され，信号成分 $V_{in}(z)$ が正確にディジタル値 $V_{out}(z)$ に変換されることがわかります．

この量子化ノイズ抑圧のようすを，入力信号とともに図 16-15 に示します．このバンドパス Δ-Σ 変調器は，呼び出したチャネルに隣接するチャネルからの混信を抑えるため，世界中の携帯電話などで使用されています．

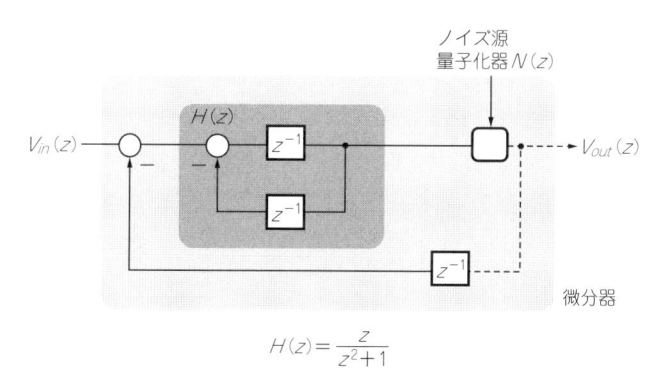

図 16-14 バンドパス・フィルタ特性を持つ伝達関数 $H(z)$ を組み込んだバンドパス Δ-Σ 変調器の構成

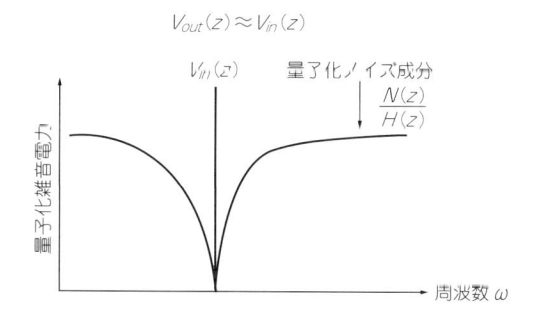

図 16-15 バンドパス Δ-Σ 変調器の量子化ノイズの周波数特性
バンドパス・フィルタ特性を持つ伝達関数 $H(z)$ を組み込んでいる．伝達関数 $H(z)$ が大きくなる周波数で量子化ノイズが抑圧され，入力信号成分が顕在化することがみてわかる．

第16章のまとめ

　Δ-Σ変調器はオーバ・サンプリング技術によって，アナログ信号振幅に対応する密度のパルス列(ディジタル・データ)を発生したり，その逆変換を行う回路です．この回路は，ディジタル変換の際に発生する量子化誤差ノイズを低周波領域で抑圧するノイズ・シェーピング特性を持っているので，低周波帯域の信号に対して高いSN比が得られます．この特徴を生かして，最近ではΔ-Σ変調器を用いた24ビット精度のA-Dコンバータが市販されています．そのほか，Δ-Σ変調器の積分回路(ローパス・フィルタ)部の代わりにバンドパス・フィルタを使用すると，携帯電話やディジタル・ラジオなどのチャネルを分離するバンドパスΔ-Σ変調回路として応用できます．

　この章で取り上げたアナログ・ディジタル変換機能を持つΔ-Σ変調回路は，CMOSアナログ回路が開花した1980年代の後半から世界中で盛んに研究・開発されてきました．このΔ-Σ変調器開発の歴史上には日本人による発明が数多くあります．「独創性に欠ける日本人」とよく言われていますが，この回路はその逆の一面を反映していることも記憶にとどめておいてください．

第17章
A-D コンバータ

　海外の風景を撮った写真集をながめていたとき，幻想的な夕暮れの写真に見入ってしまいました．それがマレーシアとタイとの国境の近くにある島で撮られた写真であることを知ってからは，しごとを放り出してでもそこに行ってみたくなりました．そして数日後，現地のホテルの予約もとらずに機上の人となっていたのです．日本から丸1日かけて島に到着してみると，湿地帯の中で水牛が草をはんでいたり，海岸沿いの大岩の上で1mものオオトカゲが日向ぼっこをしていたり，見ているだけで疲れた心がいやされるような島でした．現地で探したホテルの横には桟橋があり，セメント製の階段が海底にまで延びていました．夕暮れ時に海面近くまで階段を降りいくと，足元には小魚の大群がやってきてえさをねだっているかのようにぐるぐると回ります．本章のテーマであるA-D（アナログ-ディジタル）コンバータの説明手順を考えていると，ふと南洋の島で見た桟橋横の階段が頭の中に浮かんできました．

　自然界で大手を振ってまかり通っているアナログ信号も，ディジタル集積回路の中に入ると単なるノイズにすぎません．皆さんが海外に出かけて自分の思いを正確に伝えるには，その国のことばで話さなければなりません．それと同じように，DSPやCPUなどのディジタル集積回路では，その世界で使われる標準語で話をしなければ，意味はまったく通じません．

　A-Dコンバータは，アナログ信号をディジタルの世界に伝える翻訳機です．この翻訳の手続きを経てディジタル値に変換されたアナログ信号は，DSPやCPUなどでさまざまな処理が施されて記憶媒体に記録されたり，無線などで遠いところに運ばれるデータとなります．こう考えるとA-Dコンバータは自然界のことば（連続信号）をディジタル世界の共通語である2進数に変換する翻訳機と

みなすことができます.

　冒頭の南洋の島の例では，桟橋に打ち寄せる波の高さ(アナログ値)が階段のどのステップ(ディジタル値)にまできているかといった変換を行うことに相当します．例えば，海底から15段目以下ならば船が桟橋に横付けできないほどの干潮だとか，水位が36段目以上になると海水が堤防を越えて村に流れ込む危険水位だとかを判断するデータが取得できるのです．

　A-Dコンバータなんていったいどこで使われているのかと不思議がられる方もおられるかもしれません．でも，皆さんの手元にある携帯電話にもA-Dコンバータが組み込まれているのですよ．

17.1 A-D変換の原理

　ここでアナログ信号をディジタル値に変換する方法について考えてみましょう．世の中で使われているアナログ信号の大きさはさまざまですが，処理の対象となるアナログ信号をある基準電圧$\pm V_{ref}$で規格化すれば，話が簡単になります．最大の信号が非常に大きくても抵抗分割すると任意のアナログ信号の値になるので，最大値の大きさにこだわる必要はありません．実際のA-Dコンバータでは2進数のディジタル値に変換することを考えて，**図17-1**に示すように参照電圧$2V_{ref}$を2^Nで割った値，すなわち$2V_{ref}/2^N$を階段の1ステップの高さとしています．言い換えると，このとき階段のステップ数は2^N-1個になることがわかります．

　上で述べた例から理解できるように，この階段を基準にすれば水面(アナログ信号)が階段のどのステップ付近にあるかはすぐに判定できます．でも水面の高さがステップ面に一致するなんてことはほとんどありませんから，アナログ信号(水面)をディジタル・データ(階段番号)に変換する際には，その水面にもっとも近いステップの位置に丸め込むことになります．こうしてアナログ世界の水面が階段のどのステップにあるかがわかります．

　ただし，その階段の位置をディジタル世界に伝えても，残念ですがそのままでは通用しないのです．2進数を言語としているCPUやDSPなどが理解できるように，わたしたちが慣れ親しんでいる10進数を2進数にコード変換しなければ

表17-1 10進数と2進数の変換

10進数	2進数
0	0000
1	0001
2	0010
3	0011
4	0100
5	0101
6	0110
7	0111
8	1000
9	1001
10	1010
11	1011
12	1100
13	1101
14	1110
15	1111

MSB ↑ ↑ LSB

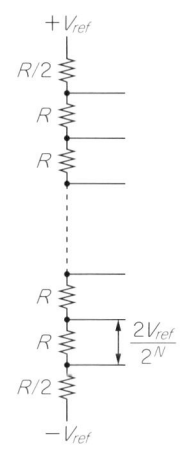

図17-1 階段状の基準電圧を発生する回路
参照電圧 $\pm V_{ref}$ を抵抗 R で等分割して生成する．

なりません．この10進数を2進数に変換するコード表を**表17-1**に示します．2進数表示のもっとも上位のけたをMSB（most significant bit），逆に最下位のけたをLSB（least significant bit）と呼びます．**表17-1**に示す例では4けたの2進数で10進数の0から15までを表現しています．この表から類推できるように，N けたの2進数では $2^N - 1$ までの10進数を表すことができます．例えば10けたの2進数では0から $1,023 (= 2^{10} - 1)$ までの10進数を取り扱うことができるのです．

17.2 A-Dコンバータ固有のノイズ

ここではA-Dコンバータの性能を決定付けるノイズについて考えます．A-Dコンバータではアナログ値をディジタル・データに丸め込む際，誤差が生じます．このディジタル化に際して生じる誤差を「量子化ノイズ」と呼びます．これ以外にも，A-Dコンバータのノイズとしてアナログ入力信号をサンプリングするタイミングのずれによる誤差があります．以下では，これらについて簡単に説明しましょう．

17.2.1 量子化ノイズ

　A-Dコンバータは，図17-2に示すように，入力信号をサンプリングしてそのアナログ値をディジタル・データに変換します．上に述べた階段の例からわかるように，アナログ信号をディジタルに変換するとそこで誤差が入ります．最小ステップ電圧の大きさを $q_s(=2V_{ref}/2^N)$ とすれば，ディジタル変換の際に発生する量子化誤差の分布確率は図17-3のようになります．すなわち，理想的なA-Dコンバータでは，量子化誤差の大きさは $\pm q_s/2$ の範囲に限定されます．この量子化誤差量を長時間にわたるサンプリングに対して計測すると，$\pm q_s/2$ の範囲でほぼ均一となることが知られています．したがって，量子化誤差の実効値 e_{qn} は次式で表せます．

$$e_{qn}^2 = \frac{1}{q_s}\int_{-\frac{q_s}{2}}^{\frac{q_s}{2}} \varepsilon^2 d\varepsilon = \frac{1}{12}q_s^2 \tag{17.1}$$

　この実効的な量子化ノイズの下で，ダイナミック・レンジがどの程度になるのかを考えてみましょう．NビットのA-Dコンバータにおける処理可能な正弦波

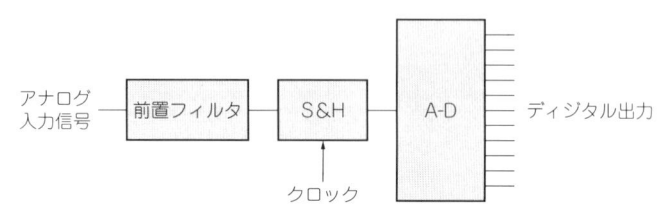

図17-2　A-D変換回路のブロック図
アナログ入力信号をサンプル&ホールド回路でサンプリングして，そのデータをA-Dコンバータでディジタル・データに変換する．入力側には前置フィルタをおいて高周波領域の信号の折り返しを防止する．

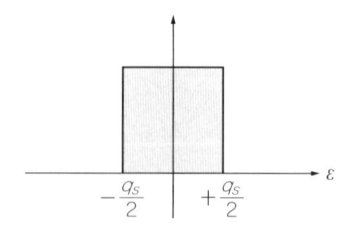

図17-3　A-Dコンバータで生じる量子化誤差の頻度分布
　q_s は最小の電圧ステップ（1 LSB）である．

の最大振幅 ($A_{pp} = 2^N q_s$) を実効値に直すと，

$$A_{rms} = \frac{2^N q_s}{2\sqrt{2}} \tag{17.2}$$

となります．式(17.1)と式(17.2)の二つの式から A-D コンバータの最大の SN 比，

$$S/N = 2^N \sqrt{\frac{3}{2}}$$

が得られます．これをデシベル (dB) で表現すると次式が得られます．

$$S/N = 6.02 \cdot N + 1.76 \quad [\text{dB}] \tag{17.3}$$

式(17.3)より，12 ビットの A-D コンバータのダイナミック・レンジは 74 dB であることがわかります．

17.2.2 サンプリング・クロック・ジッタ

誤差は量子化ノイズだけではありません．アナログ入力信号のサンプリング・クロックにジッタがあると，これによる誤差が生じます．例えば周波数 ω，振幅 A のアナログ入力信号がジッタ Δt_{ji} のあるクロックでサンプリングされると，その誤差は，

$$e_{jn}^2 = A^2 \omega^2 (\Delta t_{ji})^2 \langle \cos^2 \omega t \rangle = \frac{1}{2} A^2 \omega^2 (\Delta t_{ji})^2 \tag{17.4}$$

となります．これからわかるようにジッタ Δt_{ji} に応じてジッタによるノイズが大きくなります．また，取り込む入力アナログ信号の周波数が大きいとジッタの影響がさらに顕在化してきます．

以上の説明からわかるように A-D コンバータのノイズとしては，量子化ノイズ，クロック・ジッタによる誤差，電源ラインや基板からのノイズ，デバイスのノイズなども考慮しなければなりません．

17.3　A-D コンバータの性能指標

A-D コンバータにはさまざまな変換方式があります．それらがどのような性能面で優れた方式であるかを明らかにするための指標が定義されています．

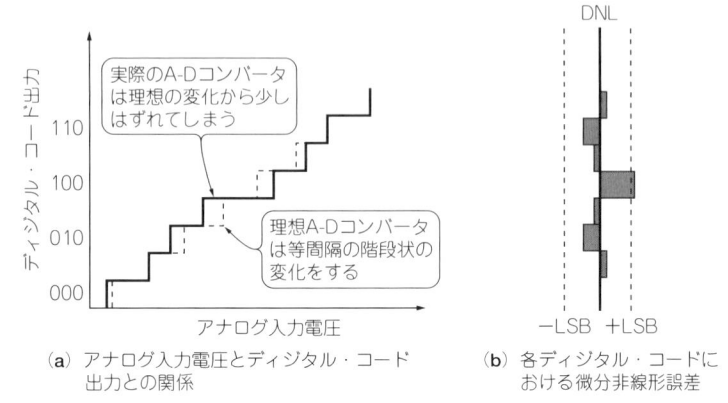

図 17-4　A-D コンバータの非線形誤差

(a) アナログ入力電圧とディジタル・コード出力との関係
(b) 各ディジタル・コードにおける微分非線形誤差

理想的な A-D コンバータでは，ディジタル符号とアナログ信号は図に示す点線のように等間隔の階段状に変化する．しかし実際に作成した A-D コンバータでは直線から少しはずれた実線のようになる．

A-D コンバータの指標としては，ビット数（分解能）以外にも INL (integral non-linearity error：積分非線形誤差) と DNL (differential non-linearity error：微分非線形誤差) があります．理想的な A-D コンバータではディジタル符号とアナログ信号は，図 17-4(a) に示す点線のように，等間隔の階段状の変化をするはずですが，実際に作成した A-D コンバータでは直線から少しはずれた実線のようになります．この実線の階段のステップ幅と理想的な階段のステップ幅との差が DNL で，それを図示すると図 17-4(b) のようになります．さらに，DNL を積分したものが INL です．前者が階段のステップの細かなばらつきを表し，後者が階段の全体的なうねりを表しています．どちらの場合も，階段の1ステップ幅 ($= 2V_{ref}/2^N$) を意味する LSB を基準にして表されています．市販の A-D コンバータでは，どちらの値も LSB/2 以下に抑えるように設計されているはずです．

17.4　A-D コンバータの種類

アナログ値をディジタル値に変換する際，最初に階段のステップ幅を決めます．簡単な A-D コンバータでは，図 17-1 に示すように，基準電圧 $\pm V_{ref}$ を A-D コンバータ内部で抵抗分割して階段状のステップ電圧を作り出します．N ビットの

A-D コンバータの例では，階段のステップ幅は $2V_{ref}/2^N$ となります．

N が大きければ分解能の高い A-D コンバータがいくらでも作れそうに思えますが，そう簡単ではありません．これは A-D コンバータに用いる素子（MOSFET，抵抗，キャパシタ）の特性が個々に微妙にばらついているからです．このため，10 ビット以上の CMOS A-D コンバータを作るにはそれなりのくふうが必要となります．

また，分解能（ビット数）が高いと必然的に A-D コンバータの変換時間も長くなる傾向にあります．それだけでなく，図 17-5 に示すように，低速用と高速用の A-D コンバータとでは変換方式も違っています．すべての変換方式を詳しく説明していてはきりがないので，ここでは高速の CMOS A-D コンバータに限定して説明していきます．

高速 A-D コンバータの変換方式は，フラッシュ型とパイプライン型が主流です．

フラッシュ型は，名まえの由来からわかるように，瞬時に A-D 変換を行う方式です．変換方式が単純であるため，A-D コンバータの代表例のように教科書などでは書かれています．しかし，ビット数が大きいと消費電力がとても大きくなるという本質的な問題を抱えています

10 ビット以上の高速 A-D コンバータではパイプライン方式が使われています．これは A-D 変換の作業を細かく区分し，残差を次々と受け渡ししながら A-D 変換を行う方式です．詳しくは 17.6 節で説明します．

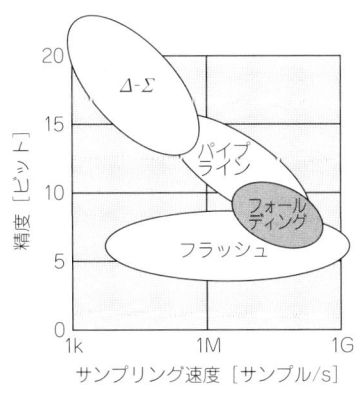

図 17-5　各種 A-D コンバータのサンプリング速度と精度
変換方式によって，変換速度や精度に違いがでる．

17.5 フラッシュ型 A-D コンバータ

フラッシュ型 A-D コンバータでは，外部から与えた参照電圧 $\pm V_{ref}$ を 2^N 個に分割して作った階段状の電圧と入力電圧（水面）とを各段ごとに一気に比較して，その結果を 2 進数に変換します．この方式のコンバータは，図 17-6 に示すように，抵抗ラダー，コンパレータ群，エンコーダの三つの基本要素から構成されています．変換ビット数が大きいと抵抗の両端の電位差が小さいので，コンパレータの判定結果の順序が逆転する場合があります．これを避けるため，コンパレータ群とエンコーダとの間に NAND ゲートを入れて判定結果を修正する方式もあります．図にはサンプル&ホールド (S&H) 回路がありませんが，コンパレータの動作をクロックに同期させているので，実効的に S&H 回路と同じ効果が得られます．以下ではこれらの構成要素を順に詳しく説明します．

17.5.1 抵抗ラダー

抵抗ラダーでは，参照電圧 $\pm V_{ref}$ を 2^N に等分割して一定のステップ幅を持つ

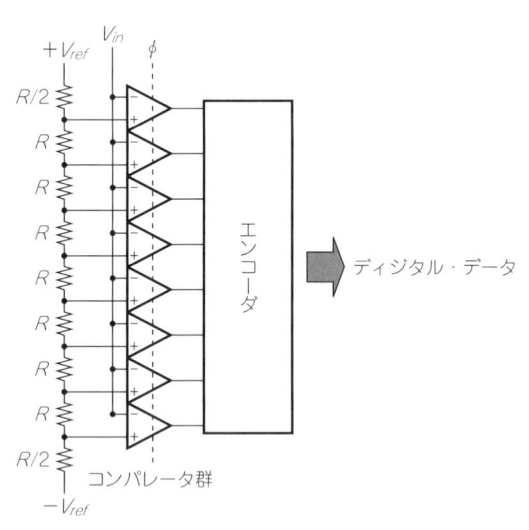

図 17-6 フラッシュ型 A-D コンバータの概念図
外部から与えた参照電圧 $\pm V_{ref}$ を 2^N 個に分割して作った階段状の電圧と入力電圧（水面）とを各段ごとに一気に比較して，その結果を 2 進数に変換する．抵抗ラダー，コンパレータ群，エンコーダの三つの基本要素から構成される．

た階段状の電圧を発生させます．フラッシュ型の A-D コンバータの精度はこの抵抗ラダーの精度で決まると言っても過言ではありません．

8 ビットの A-D コンバータを例にとれば，$\pm V_{ref} = \pm 0.5\,\mathrm{V}$ を印加した抵抗ラダーから取り出される電圧（階段）の間隔は 4 mV もの小さな値になります．しかも電圧階段誤差の最大値も 2 mV（0.5 LSB）以下に抑えなければなりません．このため，抵抗ラダーは図 17-7 のようなパターンでレイアウトされます．

図に示したように，ステップ電位は電流経路からはずれた引き出しポイント（タップ端子）からとります．さらに，ダミー・パターンで囲って露光時に周囲のパターンの影響を受けないようにします．また，出力段などの発熱が大きな素子は，多結晶シリコンの抵抗ラダー近傍から離してレイアウトすることが肝要です．多結晶シリコンの場合，電位引き出しポイントで 1 ℃の温度差があると 0.5 mV 程度の熱起電力が発生して，それが DNL, INL に影響するからです．

また実際の回路ではコンパレータ動作ごとにコンパレータの入力容量を充放電するための微小電流がタップ端子に流れ，その余分な電流が原因で抵抗分圧が正確に行われず INL が増加するという問題を抱えています．この回避策として，コンパレータへの充放電電流が無視できる程度にまでラダー抵抗の値を下げる方法がとられていますが，抵抗ラダーでの消費電力が大きくなることは避けられません．

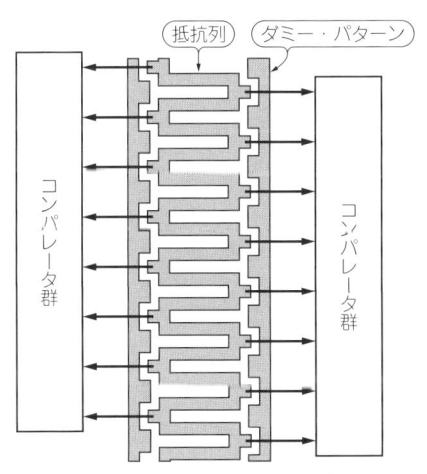

図 17-7　多結晶シリコンもくしは金属配線でできた抵抗ラダーのレイアウト
抵抗列パターンの周囲をダミー・パターンで囲ってエッチング時に周囲からの影響を避ける．

17.5.2 コンパレータ群

コンパレータは，入力電圧と抵抗ラダーから出力された階段電圧を比較してどちらが大きいかを判定します．コンパレータには差動入力型とインバータ入力構成のものがあります．

コンパレータが多数必要となるフラッシュ型 A-D コンバータでは，コンパレータをできるだけ小さくコンパクトに作らなければなりません．しかし，小さな面積で設計した差動型 CMOS コンパレータでは，MOS 素子のしきい値のばらつきや g_m のばらつきによるオフセット電圧が問題となります．例えば，10 nm のゲート膜厚を持つプロセスの MOSFET で 2 mV 程度のオフセット電圧に抑えようとすると，コンパレータ 1 個当たりの面積はなんと $40\,\mu m \times 40\,\mu m$ になってしまいます．これは，MOSFET のしきい値のばらつきが MOSFET のゲート面積の平方に逆比例することから導かれます．8 ビットの A-D コンバータでは，これが 255 個必要となるので，コンパレータだけで 1 mm×0.4 mm もの大きな面積を占めることになり，これでは A-D コンバータを安い値段で作ることはできません．

これに代わる方法として，インバータとキャパシタを組み合わせた**図 17-8** のコンパレータがよく使われています．

(a) 回路　　　　(b) インバータの入出力特性

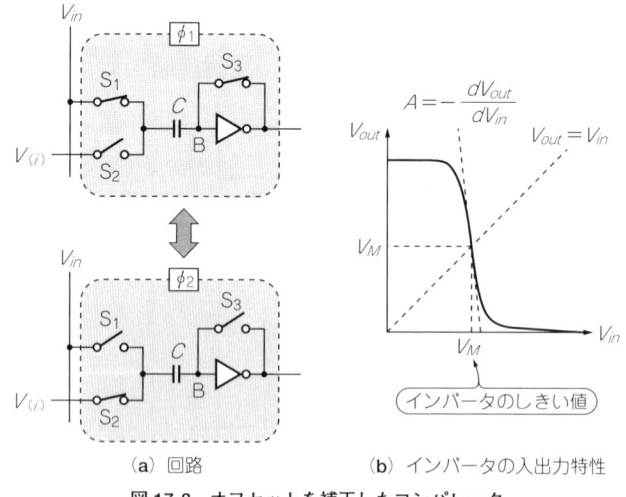

図 17-8 オフセットを補正したコンパレータ

17.5 フラッシュ型 A-D コンバータ

まず，クロック ϕ_1 では，S_1 を ON にしてキャパシタの一端を入力電圧 V_{in} に接続します．このとき，S_3 も ON にしてインバータの入力と出力を接続して，点 B の電圧をインバータのしきい値 V_M に設定します．この V_M はインバータごとに微妙に違っていますが，それは後で述べるようにあまり問題にはなりません．この位相 (ϕ_1) では，キャパシタ C に電圧差 $V_M - V_{in}$ に相当する電荷が蓄えられることになります．続いて S_1 を OFF にしてキャパシタを V_{in} から切り離すと同時に S_3 も OFF にし，その後，S_2 を ON にして i 番目の抵抗ラダーから出力される電圧 $V_{(i)}$ に接続します．そうすると，$V_{(i)} - V_{in} + V_M$ がインバータに入力されることになります．この結果，位相 ϕ_2 ではインバータの動作点が ϕ_1 時の V_M から電位差 $V_{(i)} - V_{in}$ だけ移動します．このとき，出力端子には次の電圧が出力されます．

$$V_{out} = V_M + A(V_{(i)} - V_{in}) \tag{17.5}$$

ここで，A は動作点付近 ($V_{in} = V_M$) の増幅利得です．この回路ではインバータ回路のしきい値 V_M が増幅されないので，実質的に V_M のばらつきによる影響はほとんど問題になりません．このため，微小 MOS 素子をインバータに使ってもオフセットは気にならず，小さな占有面積のコンパレータが使用できるのです．

このオフセット・キャンセル方式は，小型のコンパレータが提供できる利点があるものの，以下の問題を抱えています．

① 入力端子側からコンパレータ側を見ると，膨大な数のキャパシタが並列に接続されているので，入力容量がきわめて大きい．
② すべてのコンパレータにクロックが同時に届かなければ分解能が低下する．
③ ビット数の大きなフラッシュ型 A-D コンバータでは消費電力と占有面積が膨大になる．

①に関しては，入力信号バッファ回路の出力インピーダンスを小さくすること，さらには抵抗ラダーでの伝播遅延を抑えるために低抵抗のラダーを使用するなどの対策を講じます．

②に関しては，例えばフラッシュ型 A-D コンバータに振幅 2 V で 500 MHz の信号が入力された場合を想定すると，6 ビットの分解能を保証するにはクロック・ジッタが 6 ps 以下に抑えなくてはなりません．金属配線では 100 μm あたり 1 ps 程度の伝播遅延が見込まれるので，クロック線をレイアウトする際，クロ

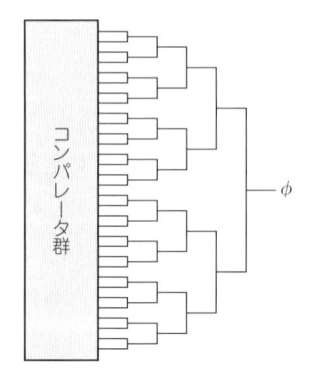

図 17-9　クロック配線ツリー構造
すべてのコンパレータに届くクロックのタイミングを一致させるクロック配線ツリー構造.

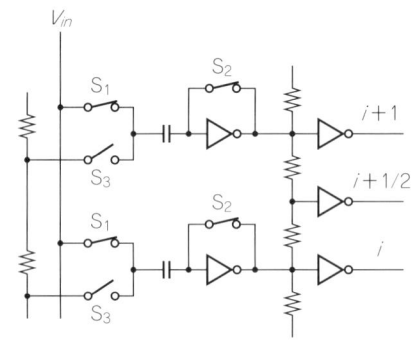

図 17-10　補間法を取り込んだフラッシュ型 A-D コンバータのコンパレータ部
初段の抵抗の数を 2^{N-1}（半分）にし，コンパレータの出力を抵抗分割して 2^N 個の出力を取り出す.

ック信号源からすべてのコンパレータまでの距離が等しくなるようにツリー状（図 17-9 参照）に配置することがかぎとなります．

　③に関しては，膨大な数のインバータを少しでも削減し，インバータの占有面積と消費電力を低減する方法として補間型フラッシュ A-D コンバータがあります．これは，図 17-10 のように抵抗ラダーの数を間引いて半数にし，さらにコンパレータの数もほぼ半数に減らしています．さらに 1 段目のインバータの出力を抵抗で電圧分圧して，間引いた部分のデータを 2 段目のインバータで復活して 8 ビット分のデータを取り出しています．こうして消費電力低減と占有面積の縮

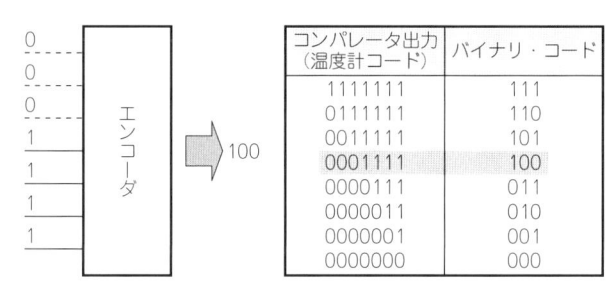

図 17-11 温度計コードからバイナリ・コードへの変換

小が可能となります.さらにこの補間型の A-D コンバータはコンパレータの入力容量が少なくなった分だけ高速で動作します.

17.5.3 エンコーダ部

各コンパレータから出力される信号は,$V_{(i)}$ が入力信号 V_{in} より小さければすべて '1' であり,それ以外はすべて '0' となります.これは,水面(アナログ入力信号電圧)と階段のステップ(抵抗ラダーの出力電圧)との関係より,海面下の階段はすべて海中にあり,それ以外はすべて海面上に出ていることからすぐにわかります.

このような出力結果は,体温計のように水銀柱の頂上までの目盛りはすべて水銀で埋められて水銀柱の上はすべて空になっていることとよく似ており,この出力コードを温度計コード(thermometer code)と呼んでいます.Verilog HDL などを用いれば,温度計コードを図 17-11 の右に示す 2 進数に変換する論理回路(エンコーダ)を容易に設計することができます.

17.6　パイプライン型 A-D コンバータ

以下で説明するパイプライン型の A-D コンバータはフラッシュ型に比べると少し複雑ですが,最後まで読んで理解してください.

図 17-12 に示すように,パイプライン A-D コンバータは,同じ機能を持った基本回路ブロック B がけた数だけ配置されています.もう少し詳しく説明すると,入力端子側にある回路ブロック B_1 では,入力電圧 V_{in} と基準電圧 V_{ref} とを

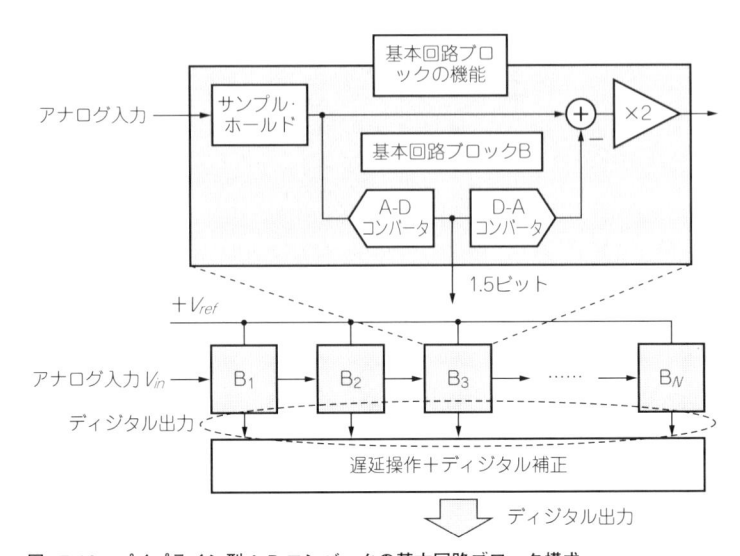

図17-12　パイプライン型A-Dコンバータの基本回路ブロック構成
同じ機能を持った基本回路ブロックBがけた数だけ配置されている．入力端子側にある回路ブロックB_1では，入力電圧V_{in}と基準電圧V_{ref}とを比較してMSBの値を決定し，残差信号を次段の回路ブロックB_2に出力する．回路ブロックB_2では前段からの残差信号と基準電圧V_{ref}を比較して2けた目のディジタル・データを出力する．

比較してMSB（最上位ビット）の値を決定し，残差信号を次段の回路ブロックB_2に出力します．回路ブロックB_2では前段からの残差信号と基準電圧V_{ref}を比較して2けた目のディジタル・データを出力します．

このように各回路ブロックでは，入力された前段の残差信号と基準電圧V_{ref}とを比較して，その判定結果をディジタル・データとして出力した後，残差信号を次段に送り出します．それぞれのけたで所定の処理を繰り返しながら，上位のけたから順に下位のけたまでのビットが決定されます．

なお，ここで述べた方式のパイプラインA-Dコンバータの回路ブロックBでは**図17-12**の上部に示すように残差信号を正確に2倍にして次段に送り出す方式を採用しています．

図17-13に示すように，例えば時刻$i+1$にサンプリングされた入力信号は回路ブロックB_1でディジタル変換されて次段に残差信号が送られます．時刻$i+2$では回路ブロックB_1に新しいアナログ信号が入り，回路ブロックB_2では時刻$i+1$に取り込まれたアナログ信号の残差の処理をし，ディジタル・データがそ

17.6 パイプライン型 A-D コンバータ　**307**

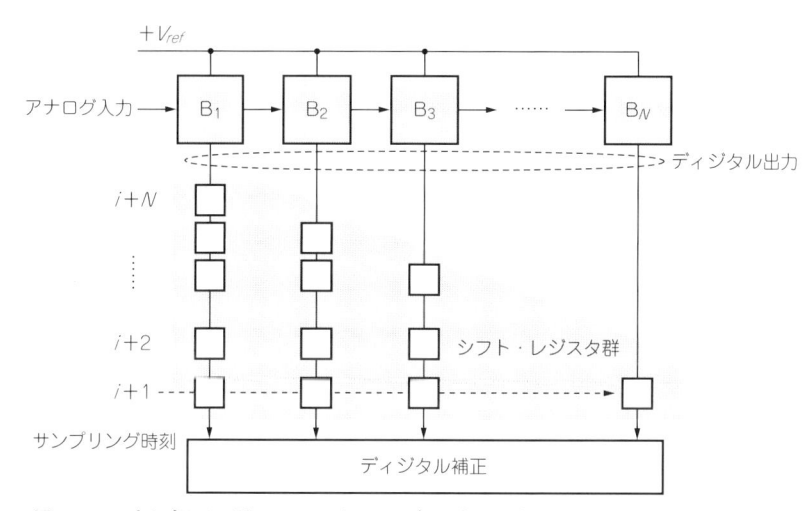

図 17-13　パイプライン型 A-D コンバータのデータ処理順序
ある時刻でサンプリングされた信号はクロックごとに別な回路ブロックに移されて処理される．各けたごとのディジタル・データはシフト・レジスタでディジタル補正回路に取り込まれる．すべての回路ブロックはそれぞれ別の時刻でサンプリングされた信号の処理を行う．

れぞれ B_1 と B_2 から出力されます．続いて時刻 $i+3$ でさらに新しいアナログ信号が B_1 に取り込まれると同時に，B_2 では時刻 $i+2$ の残差信号の処理，次々段の回路ブロック B_3 では時刻 $i+1$ のアナログ入力信号の A-D 変換が行われます．このようにある時刻でサンプリングされた信号はクロックごとに別な回路ブロックに移されて処理され，各けたごとのディジタル・データはシフト・レジスタでディジタル補正回路に取り込まれます．見かたを変えると，すべての回路ブロックはそれぞれ別の時刻でサンプリングされた信号の処理をしているのです．このようにすべての回路ブロック B はまったく休むことなく処理をし続けます．

　ここで回路ブロック B の中味について考えてみましょう．入力信号は $-V_{ref}$ から V_{ref} まで変化するものとします．MBS が '1' か '0' かは，入力電圧 V_{in} が 0 V 以上か否かだけで判断することができます．例えば，**図 17-14** に示す電圧 V_{in} が入力されると入力電圧が 0 V 以上なので最上位のけたは '1' となります．次のけたを判定する前に，入力電圧 V_{in} が含まれる領域（図中の①）を正確に 2 倍に拡大したうえで，最小値を $-V_{ref}$ に移せば，領域①の範囲は $-V_{ref}$ から V_{ref} までの範囲に限定されるので，初段とまったく同じ手法で次のけたのビットを決めること

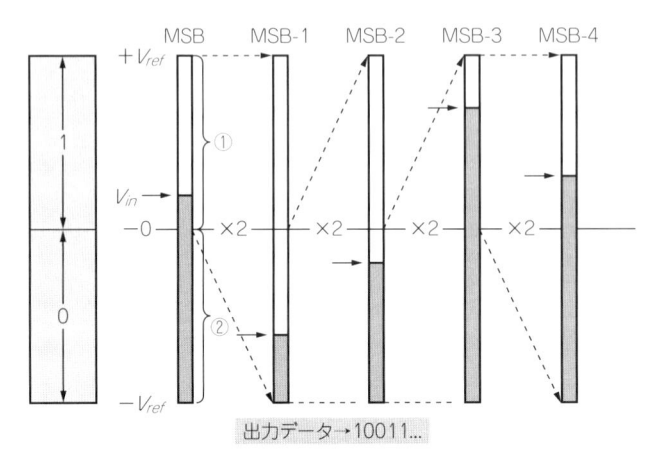

図 17-14　パイプライン型 A-D コンバータの基本的な回路ブロック構成
電圧 V_{in} がアナログ入力信号．図に示す電圧が入力されると V_{in} が 0 V 以上なので最上位のけたは '1' となる．次のけたを判定する前に，入力電圧 V_{in} が含まれる領域（図中の①）を正確に 2 倍に拡大したうえで，最小値を $-V_{ref}$ に移せば，領域①の範囲は $-V_{ref}$ から V_{ref} までの範囲に限定されるので，初段とまったく同じ手法で次のけたのビットを決めることができる．

ができます．こうして次々と残差を 2 倍しながら各けたのビットを決めていくと，図 17-14 の例では入力のアナログ信号は "10011…" というディジタル値に変換されます．

ここで機能回路ブロック回路 B の働きを簡単にまとめておきましょう．この回路ブロックでは入力データの範囲をもとにディジタル出力を '1' か '0' かに決め，その後で入力電圧が含まれている電圧領域（図の①もしくは②）を 2 倍に拡大します．このときディジタル出力が '1' か '0' かに応じて $-V_{ref}$ もしくは V_{ref} を加算して電圧範囲を $-V_{ref}$ から V_{ref} までにはめ込みます．この加算，減算，2 倍増幅，を簡単な回路で実現することは難しいような気がしますが，次に説明するスイッチト・キャパシタ回路を使えば簡単に実現できるのです．

17.6.1　スイッチト・キャパシタ回路（機能回路ブロック）

実際のパイプライン A-D コンバータで使用されているスイッチト・キャパシタ回路ブロックは，実際には，差動信号を処理する構成となっていますが，ここでは説明を簡単にするためにシングルエンド構成構成のスイッチト・キャパシタ回路を取り上げます．

17.6 パイプライン型 A-D コンバータ

・サンプリング時

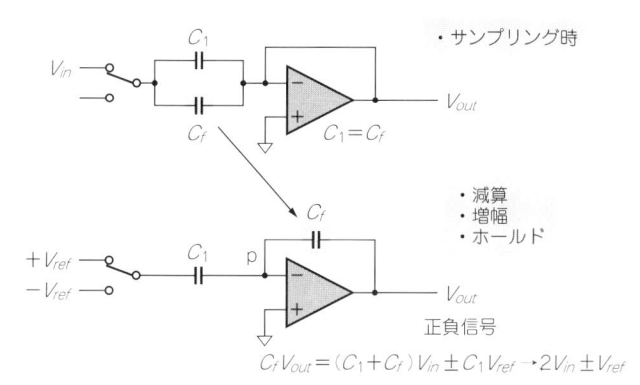

・減算
・増幅
・ホールド

正負信号

$C_f V_{out} = (C_1 + C_f)V_{in} \pm C_1 V_{ref} \rightarrow 2V_{in} \pm V_{ref}$

図 17-15 スイッチト・キャパシタを用いた機能回路ブロック B

スイッチト・キャパシタは，図 17-15 に示すように，OP アンプとキャパシタで構成されています．まず，キャパシタ C_1，C_f をともに入力端子に接続します．続いて，片側のキャパシタ C_f を OP アンプの出力端子に接続します．すると，このキャパシタの両端には入力電圧が記憶されているので，出力電圧＝入力電圧となります．この理由は OP アンプ入力の p 点の電位が仮想接地電位となっているからです．続いて，入力側に接続していたキャパシタ C_1 を参照電圧 $\pm V_{ref}$ に接続すると，キャパシタ C_1 を経由して $C_1(V_{in} \pm V_{ref})$ の量の電荷が C_f に流れ込みます．$C_1 = C_f$ であれば，出力端子には，

$$V_{out} = 2V_{in} \pm V_{ref} \tag{17.6}$$

で与えられるように正確に 2 倍された入力信号 V_{in} と参照電圧 $\pm V_{ref}$ との和が出力されます．具体的には，図 17-16 に示すように，入力電圧 V_{in} が領域①にあるか領域②にあるかによってディジタル出力の '1' か '0' を出力し，そのディジタル出力に対応して C_1 に接続する電圧を $-V_{ref}$ か V_{ref} にします．こうすると残差を正確に 2 倍したことと等価になります．

式 (17.6) の入出力関係を図示すると，入出力特性の直線のこう配が 2 で，縦軸 (V_{out}) との切片が $\pm V_{ref}$ の 2 本の直線が描けます．2 本の直線のどちらを選択するかについては，入力電圧が負であれば切片が $+V_{ref}$，正なら $-V_{ref}$ とします．こうすると，入力と出力との関係は図 17-16 に示す特性（ロバートソン・プロット）となります．図中の枠で囲った数字はディジタル出力を表しています．この図の

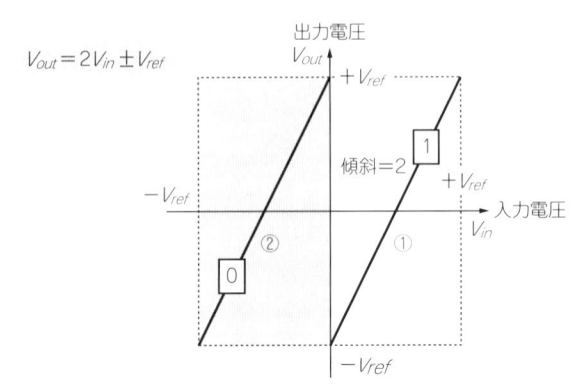

図 17-16　パイプラインを構成する要素回路ブロックの理想的な入出力特性
入出力特性の直線のこう配が2で，縦軸（V_{out}）との切片が$\pm V_{ref}$の2本の直線が描ける．2本の直線のどちらを選択するかについては，入力電圧が負であれば切片が$+V_{ref}$，正なら$-V_{ref}$とする．枠で囲った数字はディジタル出力を表す．

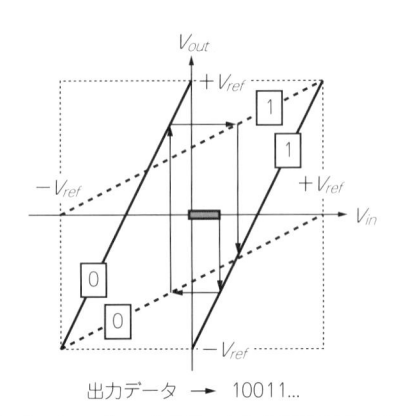

図 17-17　ロバートソン・プロットを用いた入力電圧のディジタル変換過程
図 17-16 を$V_{out}=V_{in}$の直線に対して対称に反転させると，とても使い勝手が良くなる．矢印は，実線（奇数回）と点線（偶数回）との交点を交互にたどる．

出力電圧は，次段の機能回路ブロック B の入力電圧になるので，$V_{out}=V_{in}$の直線に対して対称に図を反転させた**図 17-17** がとても使い勝手の良い図となります．例えば，初段の入力電圧が零より少し大きい**図 17-14** のアナログ信号入力の例では，**図 17-17** の矢印から枠付きの数字を順番にたどれば，出力ディジタル信号は"10011…"となることがすぐにわかります．

コラム U ◆ 機能回路ブロックに誤差があると…

　機能回路ブロックの特性が本文の**図 17-17** に示す理想特性からはずれるときには問題が生じます．例えば，**図 17-15** に示す機能回路ブロックの判定電圧にオフセットがあるとしましょう．この場合のロバートソン・プロットは**図 U-1**のようになります．ここにオフセット電圧より小さな入力信号が入ると図に示すように最初の矢印は○の枠内に入ります．このような状況になるととてもやっかいなことに，次の矢印は右に走って点線との交差し，次が実線との交点…となり，右上の方向に矢印は発散していくのです．言い換えると，四角い点線の枠から外に出てしまうと元に戻れなくなって機能回路ブロックはまちがったディジタル・データを吐き出し続けるのです．

　実際のパイプライン A-D コンバータでは上のオフセットの問題を回避する回路ブロックが使用されています．

　この方式では，本文の**図 17-16** のように入力電圧を $(-V_{ref}, 0)$ と $(0, +V_{ref})$ の範囲で '1' と '0' の判断を下すのではなく，**図 U-2** に示すように三つの領域，$(-V_{ref}, -V_{ref}/4)$，$(-V_{ref}/4, +V_{ref}/4)$，$(+V_{ref}/4, +V_{ref})$ に分けます．そして $(-V_{ref}, -V_{ref}/4)$ と $(+V_{ref}/4, +V_{ref})$ に入る信号についてはそれぞれ '1' と '0' を割り当てますが，$(-V_{ref}/4, +V_{ref}/4)$ の範囲にある入力信号に対してはディジタル出力を猶予し，次段の結果を見て判断します．具体的な回路図は**図 U-3** に示すように，C_1 の接続先を $\pm V_{ref}$ 以外にもう一つの選択肢として 0 を入れておきます．こうすると $+V_{ref}, 0, -V_{ref}$ のどれかを選択することで**図 U-2** に示す 3 本

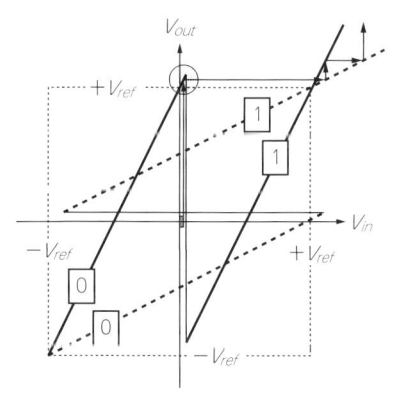

図 U-1　構成回路ブロック B にオフセットがあるときのロバートソン・プロット
矢印が○の領域に入るとそのあとは四角の点線で囲った枠内に納まらず発散していく．

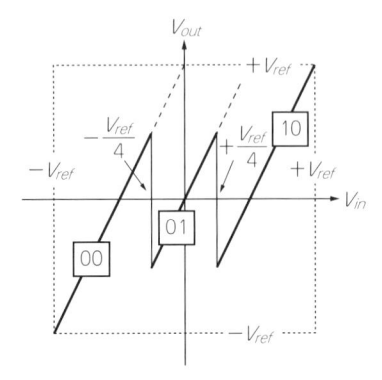

図 U-2　3 区間に分けた 1.5 ビット構成回路ブロック B のロバートソン・プロット
三つの領域，$(-V_{ref},\ -V_{ref}/4)$，$(-V_{ref}/4,\ +V_{ref}/4)$，$(+V_{ref}/4,\ +V_{ref})$ に分ける．そして $(-V_{ref},\ -V_{ref}/4)$ と $(+V_{ref}/4,\ +V_{ref})$ に入る信号についてはそれぞれ "0" と "1" を割り当てる．$(-V_{ref}/4,\ +V_{ref}/4)$ の範囲にある入力信号に対してはディジタル出力を猶予し，次段の結果をみて判断する．

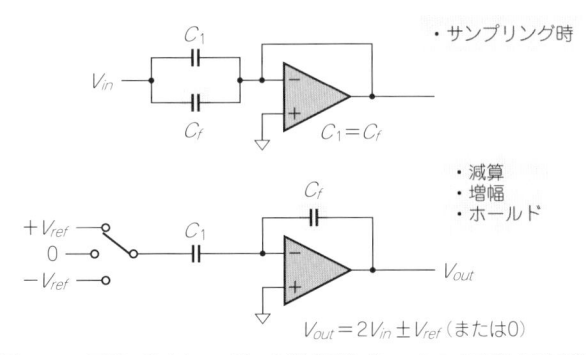

図 U-3　3 区間に分けた 1.5 ビット構成回路ブロック B を実現する回路図

の直線が得られます．それぞれのディジタル出力信号は 00，01，10 とします．ここで出力する 2 けたのデータは 00，01，10 だけで，11 が欠けているので 1.5 ビット出力と呼ばれています．オフセットがなければ**図 17-17** に示すように，左端と右端の線に対応するディジタル出力はそれぞれ 0 と 1 で，それぞれ 00 と 10 の上位ビットに対応していることがわかります．残りの $(-V_{ref}/4,\ +V_{ref}/4)$ の範囲にある入力信号 V_{in} に対する出力データは 01 ですから，けた上げの可能性があることを考えると上位ビットの出力は確定しているわけではありません．**図 U-4** のロバートソン・プロットを使って**図 17-14** のデータを 2 ビットずつ吐き

17.6 パイプライン型 A-D コンバータ **313**

```
        01
        10
        01
        00
    +   10
    ─────────
       100110
```

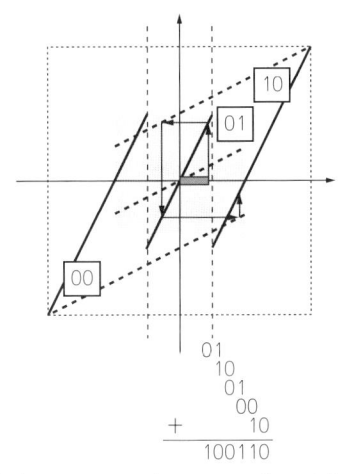

図 U-4 1.5 ビット構成回路ブロック B のロバートソン・プロットと入力電圧 V_{in} の変換のようす．コンパレータ・オフセットがない場合．

出し，それらをディジタル加算していくと，最終的に "10011…" となり，**図 17-14** や **図 17-17** で示した結果と同じとなります．

次に，機能回路ブロックの判定電圧 $(-V_{ref}/4$ と $+V_{ref}/4)$ にオフセットがある場合を考えてみましょう．太い矢印で示した量のオフセットがある機能回路ブロックのロバートソン・プロットを **図 U-5** に示します．ここに先ほどの例と同じ入力電圧 V_{in} を入れると **図 U-4** で示した矢印とは違った経路をたどります．しかし，おもしろいことに，出力されたディジタル・データを加算すると最終的にはまったく同じ結果が得られるのです．これが 1.5 ビット機能回路ブロックのマジックなのです．このメカニズムを詳しく説明すると長くなるので，ここではロバートソン・プロットを使って確かめたわけです．

最後にこのような 1.5 ビットの機能回路ブロックの回路図を **図 U-6** に示します．入力信号の範囲を上記の三つの領域，$(-V_{ref}, -V_{ref}/4)$，$(-V_{ref}/4, +V_{ref}/4)$ と $(+V_{ref}/4, +V_{ref})$ に分けるため，2 個のコンパレータ (Cmp) を用意し，それぞれの比較対象電圧を $\pm V_{ref}/4$ と設定しています．コンパレータにオフセットがあっても先ほどの議論から，そのオフセット値が $V_{ref}/4$ 以上ずれないかぎりだいじょうぶです．そして，入力電圧範囲に対応するディジタル・データがラッチ回路から出力され，そのデータをもとにマルチプレクサで $\pm V_{ref}$，0 の一つを選択します．それと同時にそのディジタル値を 2 ビットで出力します．それが **図 17-13**

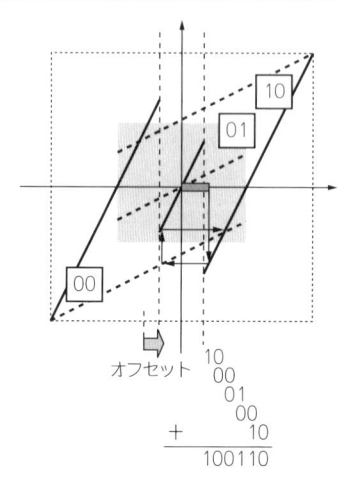

図 U-5　オフセットを持つ 1.5 ビット構成回路ブロックの入力電圧のディジタル変換のようす
コンパレータ・オフセットがあると，図 U-4 とは異なる経路をたどるが最終出力値は同じ．

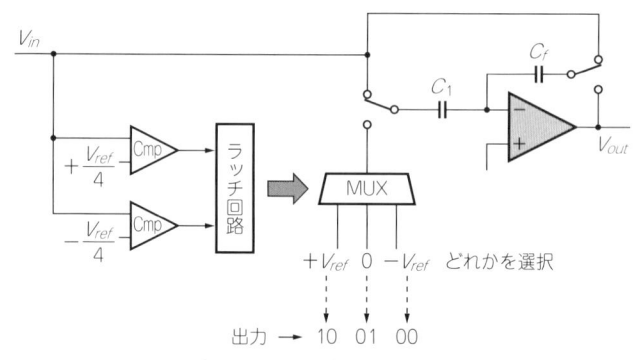

図 U-6　1.5 ビット機能回路ブロックの回路図
ここではサンプリング時のスイッチの位置を示している．

のシフト・レジスタ群に送られます．続いて**図 U-6** のスイッチの位置を切り替えてアナログ残差信号を次段に伝達して順送りの処理を続けていきます．

第18章
D-A コンバータ

　今ではどこの家庭にもあるCDオーディオの規格は，オランダのPhilips社とソニーによって決められました．その後，CDオーディオがあっという間に市場をせっけんし，LPレコードにとって代わるまでの期間はほんの2～3年だったように思います．この突然の変化は当時の音楽愛好家にとっては悪夢のようなできごとでした．それまで大量に購入したLPレコードに囲まれて幸せだった音楽愛好家は，急に襲ってきたディジタルという津波に押し流されてLPレコードを放棄せざるをえなくなったのです．一部の愛好家が「44.1 kHzでサンプリングした16ビットのディジタル・データなんか音楽じゃない」と言って抵抗した気持ちもよくわかります．しかし，市場はとても非情でした．1990年代にはLPレコードがほとんど姿を消し，そのうちレコード針を販売している店もほとんどなくなってしまったのです．CDオーディオの規格を超える「192 kHzサンプリング，24ビット」のDVDオーディオも発売され，もうLPレコードが復活する道は断たれたと言っても過言ではありません．このようにオーディオの世界が急速にディジタル化されてきた背景には高速・高精度のD-Aコンバータが安価に販売されるようになってきたことが挙げられます．この章ではこのD-Aコンバータについてお話しします．

　第17章で解説したA-Dコンバータは，アナログ信号をディジタル（バイナリ）信号に変換するものでした．D-Aコンバータは逆にディジタル世界の標準語（バイナリ信号）を人間が理解できるアナログ信号に変換するものです．

　D-Aコンバータは，図18-1に示すように，
- バイアス回路
- ディジタル-アナログ（D-A）変換回路

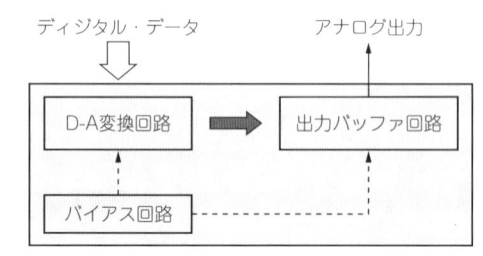

図 18-1　D-A コンバータの基本回路構成

表 18-1　D-A 変換で用いられる基本物理量と D-A コンバータを実現する具体的な回路方式

物理量	具体的な回路方式	原理
電圧	抵抗網（列）	電圧を抵抗で分圧
電流	電流源マトリックス回路	電流を抵抗に流して電圧に変換
電荷	スイッチト・キャパシタ回路	キャパシタに蓄積される電荷を電圧に変換

- 出力バッファ回路

から構成されています．その中でもっとも重要な回路ブロックが D-A 変換回路です．

バイナリで表現されたディジタル・データをアナログ信号電圧に変換する回路には，表 18-1 に示すようにいくつかの方法があります．

- 参照電圧を抵抗列で分圧する方法
- 所望の数の電流源を抵抗に接続して電圧を取り出す方法
- 電荷をキャパシタに蓄えて電位を発生させる方法

以下では，これらの方式を個別に説明していきます．

18.1　参照電圧を抵抗列で分圧する方法

図 18-2 に示す N ビットの D-A コンバータの例を取り上げてみましょう．

参照電圧 V_{ref} と接地との間に 2^N 個の等価な抵抗を配置すると，抵抗間に設けた各端子には $V_{ref}/2^N$ の整数倍の電圧が出てきます．これらすべての端子に MOSFET スイッチを取り付け，どれか一つのスイッチを ON すると $V_{ref}/2^N$ の整数倍の電圧は任意に取り出すことができます．

デコーダは，N ビットのディジタル・データから 1 個のスイッチを選択する回

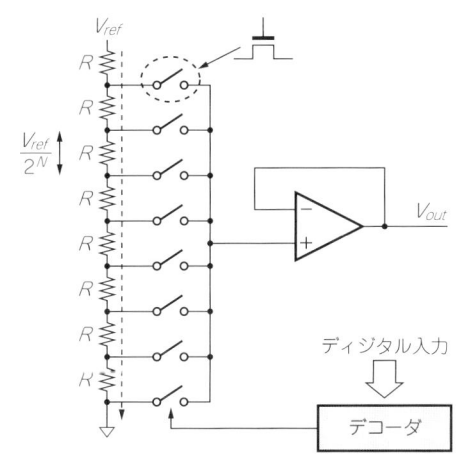

図 18-2　抵抗ラダーを使用した D-A コンバータ
抵抗列で分圧された端子電圧を MOSFET スイッチで選択し，それをユニティ・ゲイン・バッファを介して出力する．

路です．しかし，このデコーダで選択された端子電圧をそのまま出力端子を通して外部に取り出しても，出力に接続する負荷のインピーダンスによって出力電圧が大きく変化してしまいます．これを避けるために実際の回路では，選択した電圧を OP アンプの非反転入力端子に接続し，OP アンプをユニティ・ゲイン・バッファとして動作させます．こうすると，出力端子に接続した負荷インピーダンスに関係なく，MOSFET で選択された端子電圧が正確に出力されます．

しかし，この単純明快な D-A コンバータにも問題があります．10 ビットになると，MOSFET スイッチの数が 1,024 個にもなり，OP アンプの非反転入力端子の負荷になる MOSFET スイッチの拡散容量が大きくなり過ぎるのです．この拡散容量とそこに接続された抵抗成分（MOSFET スイッチの ON 抵抗と抵抗列）による RC 時定数によって，MOSFET スイッチを切り替えても安定な電位になるまでの時間が長くなります．

この問題を解決するために，**図 18-3** に示すような抵抗ラダー方式の D-A コンバータや**図 18-4** のマトリックス抵抗を用いた D-A コンバータが提案されています．双方とも上位のディジタル・ビットでおおまかな電位領域を選択し，さらに下位のビットの指定によって所望のタップを選択します．上位と下位のビットに対応する MOSFET スイッチを分離することで，OP アンプの非反転入力端子に

直接接続される MOSFET スイッチの数が減り，高速に D-A 変換することができます．なお，選択された端子電圧 V_{out} は，**図 18-2** に示した例と同様，ユニティ・ゲイン・バッファを介して出力します．

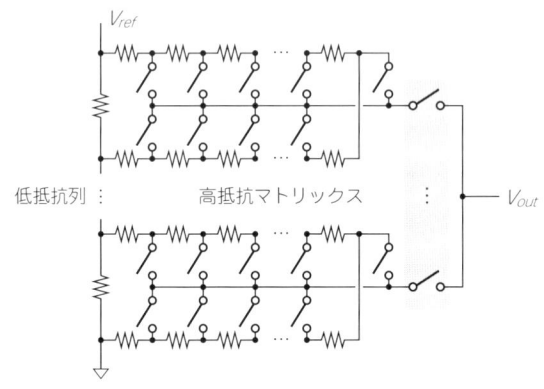

図 18-3 低抵抗ラダーと高抵抗マトリックスを使用した D-A コンバータ
上位ビットで右端の灰色の部分のスイッチを一つ選択し，下位ビットで高抵抗マトリックス中の出力を一つ選択する．出力端子 V_{out} に接続される拡散容量が減ることで高速動作が可能となる．

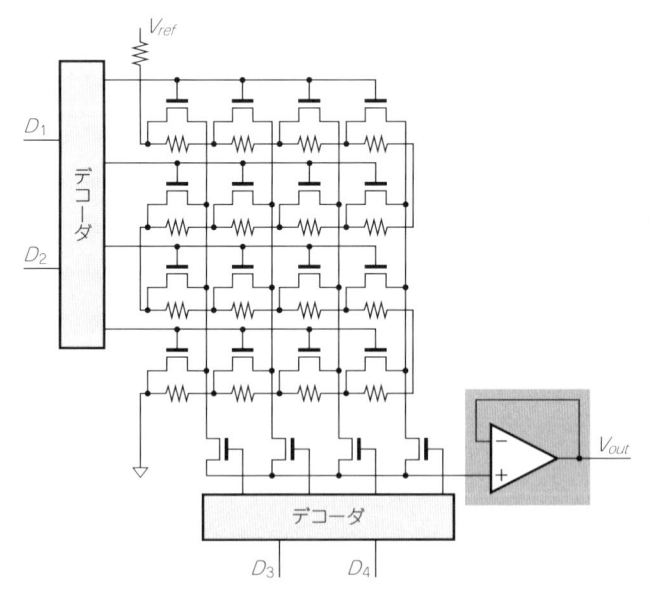

図 18-4 抵抗マトリックス方式による D-A コンバータ
上位ビットのデータから 1 本の列を選択し，下位のビット・データから 1 本の行を選択する．

18.2　電流源を用いた D-A コンバータ

　もう一つの方法は，電圧の代わりに離散的な電流源を用い，それを電圧に変換する方法です．つまりディジタル・データに応じて複数の電流源の電流を合成して負荷抵抗に流せば，D-A 変換した電圧が得られるのです．この場合，バイナリ・データの重みに相当する 2 の乗数倍の電流源をいかに再現性良く正確に作り出すかがポイントとなります．

18.2.1　R-2R 抵抗ラダー（バイナリ方式）

　図 18-5 の例をもとに，2 の乗数倍の電流源をどのようにして作り出すかを考えてみましょう．

　図 18-5 の右端にある二つの抵抗 $2R$ の片方は共通で，他方はともに接地されているので，それらを流れる電流は同じです．その電流値を I としましょう．次に，これらの $2R$ の並列接続抵抗による実効的な抵抗値は R となるので，それに抵抗 R を直列に接続した点 A の右側の実効抵抗は $2R$ とみなせます．上の議論からこの抵抗には電流 $2I$ が流れていることがわかります．さらに，それと同じ抵抗値を持つ上部の抵抗 $2R$ にも同じ電流 $2I$ が流れます．さらに点 B から右側を見た抵抗は，先ほどと同様，抵抗 $2R$ が並列に接続されているので，実効抵抗は R となります．それと直列に R を接続した点 C から右側の実効抵抗値は $2R$ となります．そこには $4I$ の電流が流れているので，その上部の抵抗 $2R$ にも $4I$ の電流が流れることがわかります．

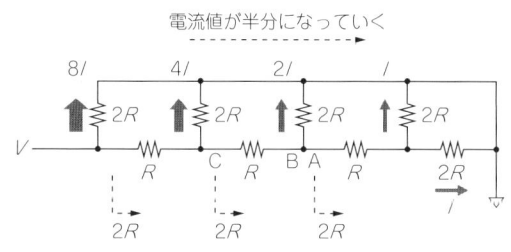

図 18-5　R-2R ラダーによる D-A 変換の原理
R-$2R$ ラダーに電圧 V を印加すると，抵抗 $2R$ を流れる電流は 2 のべき乗で変化する．これをバイナリ信号に対応する電源源とみなして D-A コンバータを構成する．

$$V_{out} = R_F I_{ref} \left(D_1 + \frac{1}{2} D_2 + \frac{1}{2^2} D_3 + \frac{1}{2^3} D_4 \right)$$

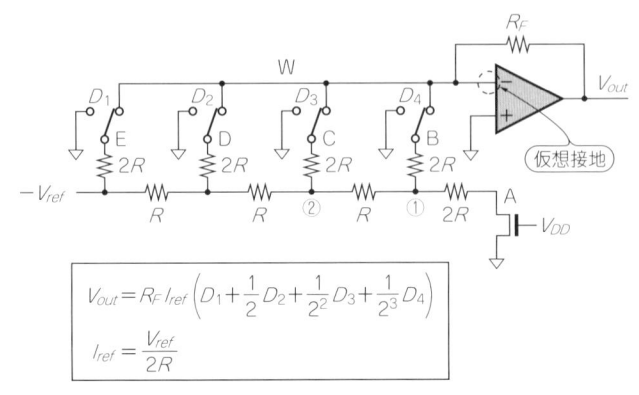

$$I_{ref} = \frac{V_{ref}}{2R}$$

図18-6 R-$2R$ ラダーによる電流源を組み込んだ D-A コンバータ
この回路では MOSFET スイッチのスケーリングが必須である．スイッチ B，C，D，E は A の MOSFET をそれぞれ 1，2，4，8 個並列接続したものを使用する．

このような R-$2R$ の抵抗網を次々と左側に作り込んでいくと，抵抗 $2R$ に流れる電流が 2 の乗数倍で大きくなっていくことがわかります．このことが理解できると，R-$2R$ 抵抗ラダー電流源を組み込んだ D-A コンバータの動作原理がわかります．

図 **18-6** に示すように参照電圧 $-V_{ref}$，接地端子，OP アンプの反転入力端子の間に R-$2R$ の抵抗ラダーを配置し，さらにフィードバック抵抗 R_F を介して反転入力端子を出力端子に接続します．「フィードバックをかけた OP アンプの反転端子は仮想接地電位になる」ことを考慮すれば配線 W は接地電位となっていることがわかります．それぞれの抵抗 $2R$ の上部にあるスイッチは MOSFET で作ります．そしてバイナリ・データのビットが '1' であれば反転入力端子側に，'0' であれば接地側に切り替えます．図 **18-5** の R-$2R$ ラダーの例からわかるように，左側に配置した抵抗 $2R$ ほど，より大きな電流が流れます．OP アンプの反転入力端子は入力インピーダンスが無限大なので，R-$2R$ ラダーに流れる電流がすべてフィードバック抵抗 R_F に流れて出力端子には式 (18.1) の電圧が現われることになります．

$$V_{out} = R_F I_{ref} \left(D_1 + \frac{1}{2} D_2 + \frac{1}{2^2} D_3 + \frac{1}{2^3} D_4 \right) \tag{18.1}$$

ここで D_i は，バイナリ・データの i けた目の値で，'1' または '0' であり，

$I_{ref} = V_{ref}/2R$

です．

18.2.2 MOSFET スイッチの ON 抵抗を考慮する

これまでの話は MOSFET スイッチの ON 抵抗はゼロであると仮定していました．しかし，実際の MOSFET スイッチの ON 抵抗は有限なので，その補正を加えなければなりません．ここで，右端の MOSFET スイッチの ON 抵抗を R' と仮定し，各 MOSFET スイッチの ON 抵抗が満たすべき条件を求めてみましょう．

図 18-6 に示す R-$2R$ ラダーに MOSFET スイッチを取り付けた回路を基にして考えてみましょう．点①から右と上をみると，MOSFET スイッチ A, B の ON 抵抗 (R') に抵抗 ($2R$) が直列に接続されたものが並列に並んでいるので，双方のパスには等しい電流 I が流れます．このとき点①と接地間の抵抗値は，$R + (R'/2)$ となります．点②の右側の抵抗値は，それに R が直列に接続されているので，$2R + (R'/2)$ になります．点②の上にある抵抗 $2R$ 側の実効的な抵抗もその値と同じにすれば，電流 $4I$ が二つに等分配されて所望の電流 $2I$ がスイッチ C に流れることになります．同様の考えをスイッチ D, E にも適用すると，それらの ON 抵抗の値はそれぞれ $R'/2^2$, $R'/2^3$ にすべきことが計算からわかります．このように MOSFET スイッチの ON 抵抗を正確に 2 の倍数で小さくするには，まずスイッチ A の大きさの MOSFET を 2^N 個並列に接続します．そしてスイッチ C の例ではスイッチ A と等価な MOSFET を 2 個並列に接続したものを MOSFET スイッチとして使用します．スイッチ D は上記の MOSFET を 4 個並列に接続して ON 抵抗を 1/4 にまで小さくしたスイッチを使用します．さらに，スイッチ A の MOS 素子を 8 個並列接続したスイッチ E を使用すれば電流値を正確に 2 のべき乗倍した電流を流す R-$2R$ ラダーができます．

この R-$2R$ 方式の D-A コンバータでは，図 18-2 や図 18-4 で使われていたデコーダは不要です．これは，バイナリ・データ D_i の，'1'，'0' に応じて図 18-6 の抵抗 $2R$ に接続されたそれぞれの MOSFET スイッチを OP アンプの反転入力端子か接地に切り替えることでバイナリ・データに応じた電流が取り出せるからです．この読み出し方法をバイナリ方式と呼んで，前述したデコーダ方式と区別しています．

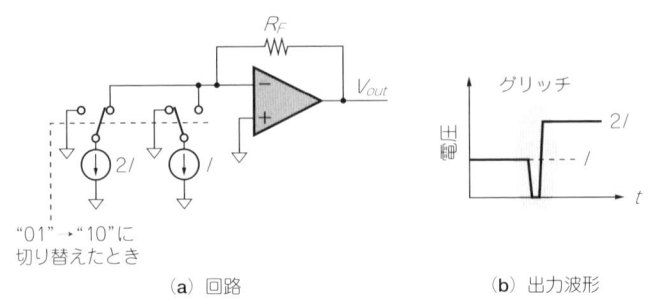

図 18-7 バイナリ読み出し方式の D-A コンバータにみられるグリッチ
"01" から "10" に連続的なコード変化を行っても，スイッチのタイミングの
ずれにより不連続なノイズが発生することがある．これをグリッチと呼ぶ．

ただ，このバイナリ方式はそれ固有の問題を抱えています．それはスイッチを切り替えたときに発生するグリッチです．例えば，図 18-7 に示すようにバイナリ・コードが "01" から "10" に連続的に変化した場合の例を考えてみましょう．もし，電流 I のスイッチと電流 $2I$ を流すスイッチとの切り替えのタイミングが少しずれていると，R_F に流れる電流がいったんゼロになってから $2I$ に相当する電圧が出力されるのです．このようにコードの切り替え時に発生するノイズを「グリッチ」と呼んでいます．実際の D-A コンバータでは，この問題を回避するために温度計コードと併用して使うことが多いようです．

18.2.3 温度計コードを用いた電流源方式

温度計コードは，表 18-2 に示すように，バイナリ・コードの値が大きくなるにつれて出力される '1' の数が単調に増えていくコードです．これは気温の上昇とともに寒暖計の赤いアルコール柱が高くなることに似ているので温度計コードと呼ばれています．

このタイプの D-A コンバータでは，まずバイナリ・コードを温度計コードに変換する回路を使ってバイナリ・データに応じた数の '1' を出力します．そして，図 18-8 に示すように，温度計コードの '1' の数と同じ数の MOSFET スイッチを ON にすると，そこを流れる単位電流値 I と '1' の数との積に相当する電流が R_F を流れます．図 18-8 の例では 5 個のスイッチが ON になっているので，出力端子には $5I \cdot R_F$ の電圧が取り出されます．

表 18-2　バイナリ・データと温度計コードとの対応
温度計コードにおける "1" の数は 10 進数に対応している．

10 進法	バイナリ			温度計コード						
	D_3	D_2	D_1	T_7	T_6	T_5	T_4	T_3	T_2	T_1
0	0	0	0	0	0	0	0	0	0	0
1	0	0	1	0	0	0	0	0	0	1
2	0	1	0	0	0	0	0	0	1	1
3	0	1	1	0	0	0	0	1	1	1
4	1	0	0	0	0	0	1	1	1	1
5	1	0	1	0	0	1	1	1	1	1
6	1	1	0	0	1	1	1	1	1	1
7	1	1	1	1	1	1	1	1	1	1

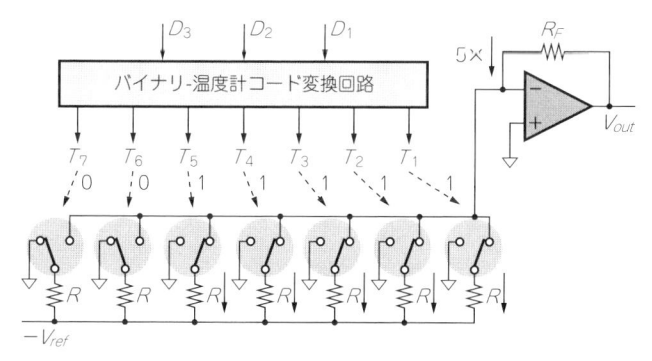

図 18-8　温度計コードを使用した D-A コンバータ
ディジタル入力 D をコード変換回路でバイナリ・コードから温度計コードに変換し，その数に応じたスイッチを ON にして電流を取り出す．

18.2.4　セグメント方式

　この温度計コードによる D-A 変換方式を用いると，グリッチの問題は解消します．しかし，ビット数が大きい D-A コンバータでは，抵抗 R と MOSFET スイッチの数が膨大になるばかりでなく，MOSFET スイッチの拡散層容量がすべて負荷容量になるので，応答速度が遅くなる問題を抱えています．このため 10 ビット以上の精度を要求される D-A コンバータでは，温度計コードとバイナリ・コードを組み合わせたセグメント方式の D-A 変換が一般的です．

　この方式は，**図 10-9** に示すように，上位のビットはすべて温度計コードで処理しますが，下位のビットはバイナリ・コードで指定します．すなわち，2 のべき乗倍で変化させた W/L 比の MOSFET を並列に接続し，そのソース電極を共通にして一つの電流源につなぎます．そうすると，これらの MOSFET には W/L

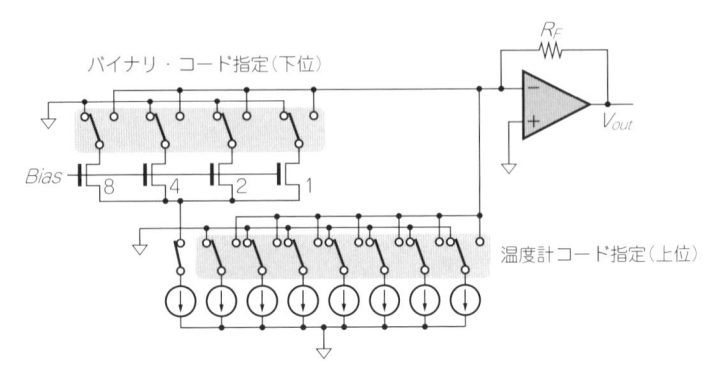

図 18-9 セグメント方式の D-A コンバータの例
上位ビットを温度計コード，下位ビットをバイナリ・コードで表す例．下位ビット部は MOSFET スイッチの W/L 比を 2 のべき乗で変えて，それに応じた電流を取り出している．

比に応じた 2 のべき乗倍だけ違う電流が流れます．この MOSFET スイッチのドレインを接地と OP アンプの反転端子とに切り替えることで，下位のビットに相当する電流がフィードバック抵抗 R_F を流れることになります．このような方式を採用することでグリッチの小さな高精度 D-A コンバータを実現することができるのです．

18.3　電荷転送（キャパシタ）方式による D-A コンバータ

最後の例として，電荷転送方式の D-A コンバータを紹介しましょう．

具体的な回路構成に入る前に，図 18-10 に示す二つのキャパシタと OP アンプで構成された回路を考えます．まず，位相 ϕ_1 のとき，図 18-10(a) のように MOSFET スイッチを接続すると，双方のキャパシタに蓄えられる電荷はゼロとなります．これはフィードバックをかけた OP アンプの反転入力端子が仮想接地されていることから明らかです．続いて，図 18-10(b) のようにスイッチを切り替えると，参照電圧 V_{ref} 側のキャパシタに電荷 CV_{ref} が蓄えられると同時に，同じ量の電荷がフィードバック・キャパシタ C_F に流れ込みます．これは入力キャパシタの下側の電極に電荷 CV_{ref} を誘起するために同量の電荷がフィードバック・キャパシタ C_F に移動するためです．

この考えかたを図 18-11 に示すキャパシタ群に適用すると，バイナリ方式の電

18.3 電荷転送(キャパシタ)方式によるD-Aコンバータ **325**

(a) 位相 ϕ_1 のとき

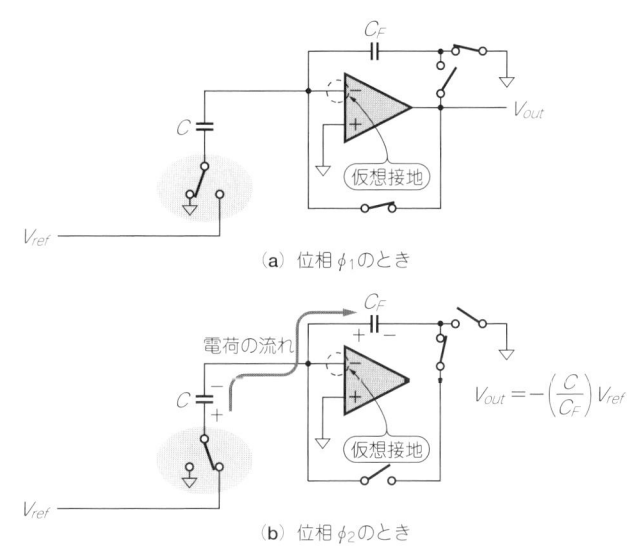

(b) 位相 ϕ_2 のとき

図 18-10 二つのキャパシタとOPアンプで構成された回路
ϕ_1 では,参照キャパシタ C,フィードバック・キャパシタ C_F の双方とも放電する.ϕ_2 では,参照キャパシタに蓄積される電荷 CV_{ref} と等量の電荷が C_F に転送され,$-CV_{ref}/C_F$ が出力される.

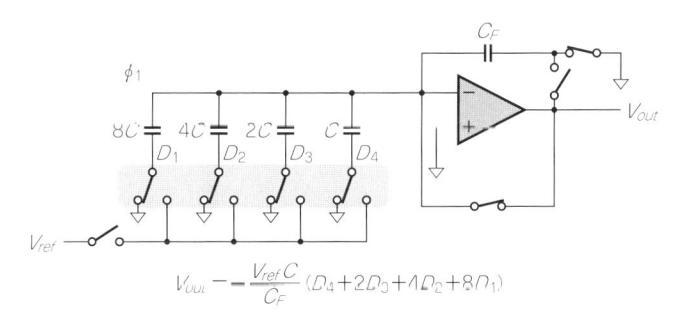

図 18-11 バイナリ・コードを使った電荷転送型D-Aコンバータ

荷転送型 D-A 変換回路ができます.図では蓄積電荷を放電する位相 ϕ_1 におけるスイッチを示していますが,位相 ϕ_2 では出力端子に以下の電圧が出力されます.

$$V_{out} = -\frac{CV_{ref}}{C_F}(D_4 + 2D_3 + 2^2 D_2 + 2^3 D_1) \tag{18.2}$$

ここで,D_i はバイナリ・データの i けた目のビットの値です.この値が '1' であればキャパシタに接続されたスイッチがOPアンプの反転端子側に切り替わ

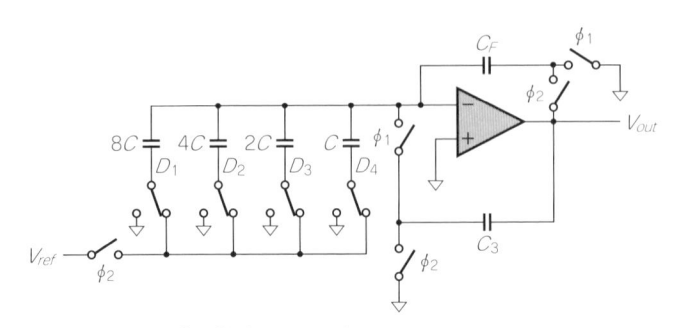

図18-12 全周期型 D-A コンバータ
ϕ_2 での出力を C_3 に記憶させて，その電圧値を ϕ_1 で出力する．

り，値が '0' であれば MOSFET スイッチを接地側に接続します．

図18-11 の回路は ϕ_2 の半周期の期間だけ意味のある信号が出力されますが，実際には全周期で出力信号を取り出せる**図18-12**に示す構成が使われています．この回路では ϕ_2 で出力された信号を C_3 で記憶し，その値を ϕ_1 の放電時に出力することで全周期出力を実現しています．この電荷転送方式はビット数が大きくなると使用するキャパシタの比が膨大となるため，10 ビット程度が限界です．

18.4　14ビット以上の高精度 D-A コンバータを実現する方法

　これまで説明した 3 種類の物理量に基づく D-A コンバータの精度は，おおむね 12 ビットが上限です．これは集積回路に用いる抵抗やキャパシタの値に統計的なばらつきが発生するためです．ばらつきの原因は使用する膜の膜厚のばらつきや露光パターンひずみ，エッチングの不均一性などです．ばらつきを抑えるため，キャパシタの場合には，**図18-13**に示すパターンを基本単位としてそれを並列に接続して使用します．横に張り出したタブは，1 層目と 2 層目の多結晶シリコンのマスク合わせが多少ずれてもキャパシタンス C が変わらないようにするしかけです．もちろん，キャパシタ群の外周は多結晶シリコンで囲って周辺パターンの影響をできるだけ小さくします．こうした配慮を行ってレイアウトしても，でき上がった抵抗やキャパシタの値のばらつきを 0.1 % 以下に抑えることはきわめて難しいのです．そうなると上で述べた抵抗やキャパシタを用いた D-A コンバータの精度は 12 ビット程度が限界であることがわかります．これよりさらに

18.4 14ビット以上の高精度D-Aコンバータを実現する方法

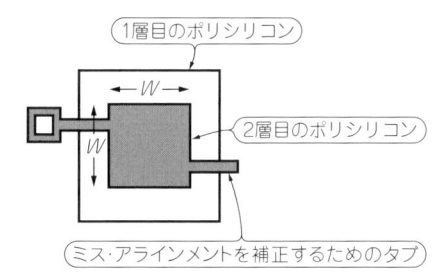

図18-13 電荷転送型D-Aコンバータで使用する基本キャパシタ構造
容量の異なるキャパシタはこの基本形を並列に接続して構成する．

精度の高いD-Aコンバータを実現するには，統計的なばらつきを補正するためのくふうが必要となります．

高精度のD-Aコンバータ用補正技術としては，
- 電流・容量校正法（キャリブレーション）
- ディジタル補正法（誤差測定が前提）
- トリミング法（微調整用素子を溶融破壊）

などがあります．

ディジタル補正法は，文字どおり，変換誤差をディジタル・データとして記録しておき，D-A変換したアナログ信号に誤差分の補正を加える方法です．しかし回路面でのオーバヘッドが大きくなるという欠点があります．

トリミング法は，レーザなどで微調整用の抵抗やキャパシタなどを溶融破壊して0.1％以下の変換誤差を最終微調整する方法です．この方法は，設計面での負担は小さく，きわめて高精度のD-Aコンバータを実現できる簡便な方法ですが，D-Aコンバータを個別にトリミングするための時間と手間がかかるので，価格が高くなる問題を抱えています．

電流・容量校正法（キャリブレーション）を使った高精度D-Aコンバータについて詳しく説明します．**図18-9**の回路では，D-Aコンバータの精度は電流源のばらつきで決まるので，そのばらつきをなくせばさらに高精度のD-Aコンバータを実現できます．その方法として，**図18-14**のダイナミック電流源校正法があります．この方法では，**図18-14**の中の矢印で示した電流源を参照電流と一致させるように調整を加えつつ，導通状態のスイッチをシフト・レジスタで巡回させながらすべての電流源の電流値を校正していきます．**図18-14**のうすい灰色の枠

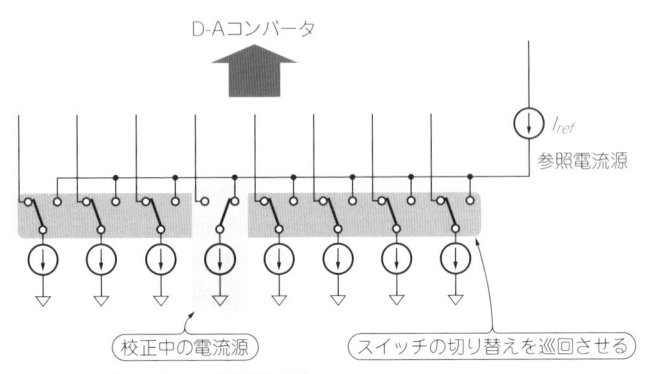

図 18-14　ダイナミック電流源校正法
濃い灰色の枠内に示すスイッチの導通箇所をシフト・レジスタで巡回させながら電流源をダイナミックに校正する．

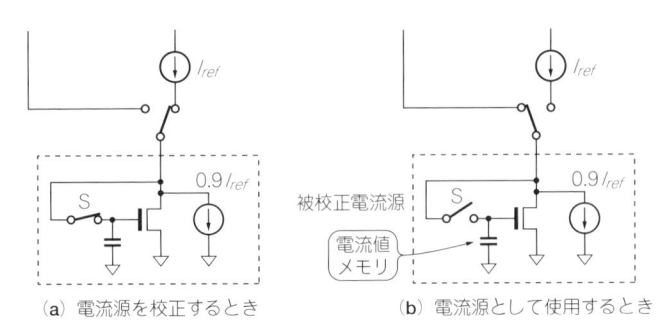

（a）電流源を校正するとき　　（b）電流源として使用するとき

図 18-15　電流源のダイナミック校正法
大半の電流（$0.9 I_{ref}$）はバイパスを流し，ダイオード接続した MOSFET に流れる電流で微調整して電流を校正する．

内（被校正電流源）は，**図 18-15** のような回路でできています．校正中の電流源はダイオード接続した MOSFET とバイパス電流源との並列接続で構成されています．バイパスには参照電流 I_{ref} のほぼ 9 割程度の電流を流しておき，電流の最終微調整をダイオード接続の MOSFET で行います．すなわち，校正時のゲート電圧をゲート容量に記憶し，校正後は**図 18-15（b）**のようにゲート電極とドレイン電極との接続を断ちます．MOSFET スイッチ S が OFF 時には，ゲート容量に記憶された電圧がゲート電極にかかるので，ON 時と同じ電流が MOS 素子に流れます．実際には，ゲート電極とドレイン電極とを接続する MOSFET スイッチ S からの電荷注入によって OFF 時のゲート電圧は ON 時より若干小さくなり，電

18.4 14ビット以上の高精度D-Aコンバータを実現する方法　329

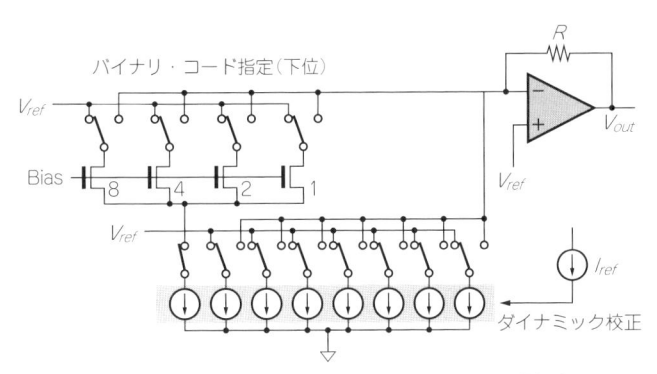

図 18-16　ダイナミック電流源校正回路を付加したセグメント方式の高精度 D-A コンバータ

流値も小さくなりますが，すべての電流源でその低下量が同一であれば問題はありません．なお，ゲート電極とドレイン電極をつなぐMOSFETスイッチはOFF時にも若干のリーク電流があるので，校正した後しばらくOFFのまま放置しておくとしだいに電荷が漏れてゲート電圧が下がります．これを避けるためにシフト・レジスタを使って校正を繰り返し行います．こうすることで参照電流に対して校正された電流源が複数そろうことになります．**図 18-15** は**図 18-9** のD-Aコンバータにダイナミック校正を行った電流源付きのD-Aコンバータです．すでにこの方式による16ビット程度の高精度のD-Aコンバータが実現されています．

　ここまで読んでこられたオーディオ・マニアの方の中には「あれ，16ビットのD-Aコンバータが高精度だなんて，ちょっと変だな．音響機器専門メーカからはすでに24ビットのD-Aコンバータを用いたオーディオ・アンプが出ているのに…」と思われる方もいらっしゃると思います．確かに最先端のオーディオ・アンプの中には24ビットのD-Aコンバータを使用したものが販売されています．しかし，このような超高精度D-Aコンバータの動作原理は今回説明したものとは異なっており，第16章で述べたオーバサンプリング技術を駆使したΔ-Σ型のD-Aコンバータが用いられているのです．

参考文献

(1) International Technology Roadmap for Semiconductors, Semiconductor Industry Association, 2001.
(2) D. Senderowicz, S. F. Dreyer, J. H. Huggins, C. F. Rahim and C. A. Laber；IEEE Journal of Solid-State Circuits, vol.17, p.1014, 1982.
(3) K. K. K. Lam and M. A. Copeland；Noise Canceling switched-capacitor filtering technique, Electronics Letters, vol.20, pp.810-811, 1983.
(4) H. Inose, Y. Yasuda and J. Murakami；A telemetering system by code modulation‐delta sigma modulation, IRE Trans. Space Electron. Telemetry, SET-8, p.204, 1962.
(5) 米山寿一；図解 A/D コンバータ入門, オーム社, 1993 年.
(6) David A. Johns and Ken Martin；Analog Integrated Circuit Design, John Wiley & Sons, 1997.
(7) Philip E. Allen and Douglas R. Holberg；CMOS Analog Circuit Design, Oxford University Press, 2002.
(8) R. Jacob Baker；CMOS Mixed Signal Circuit Design, John Wiley & Sons, 2002.
(9) R. Gregorian and G. C. Temes, Analog MOS Integrated Circuit for signal processing, John Wiley & Sons, 1986.
(10) K. R. Laker and W. M. C. Sansen, Design of analog integrated circuits and systems, McGraw-Hill, 1994.
(11) B. Razavi（著）, 黒田忠広（編訳）；アナログCMOS集積回路の設計 基礎編, 丸善, 2003 年.
(12) 式部幹, 高橋宣明, 岩田穆, 国枝博昭；スイッチトキャパシタ回路, 現代工学社, 1985 年.
(13) W. K. Chen, Analog circuits and devices, CRC Press, 2003.

(14) R. Schaumann and M. E. van Valkenburg, Design of analog filters, Oxford University Press, 2001.

索　　引

■数字・アルファベット■

$1/f$ ノイズ …………………………178
A 級バッファ ………………………207
AB 級バッファ ………………………207
auto-zero technique ………………130
B 級バッファ ………………………207
CMP …………………………………29
DNL …………………………………298
G_mC フィルタ回路 ………………262
INL …………………………………298
k_BT/C ノイズ ……………………137
LDD-MOSFET ………………………27
LNA …………………………………257
LSB …………………………………295
MIM …………………………………155
MOSFET 対 …………………………145
MSB …………………………………295
n 型領域 ……………………………17
n チャネル MOSFET ………………21
OTA …………………………103, 250
PSRR ………………………………221
PTAT ………………………………121
p 型領域 ……………………………17
p チャネル MOSFET ………………21
Q 値 ………………………………237
R-$2R$ 抵抗ラダー …………………319
rail-to-rail 入力段 …………………202
RC フィルタ回路 …………………262
SOI …………………………………124
VCO …………………………………257
z 変換 ……………………………275
Δ-Σ 変調器 ………………………278

■ア　行■

アクセプタ …………………………17
アクティブ・フィルタ ……………226, 260
イオン注入法 ………………………24
位相変調法 …………………………256
位相補償用キャパシタ ……………191
インパルス応答 ……………………227
インピーダンス・マッチング ……255
エイリアシング ……………………282
エッチング …………………………25
エンコーダ …………………………300
演算子法 ……………………………229
オーバドライブ電圧 ……………39, 111, 198
オーバラップ ………………………79
オーバラップ容量 …………………150
オフセット …………………………313
オフセット・キャンセル …………132, 303
オフセット電圧 ……………………129
折り返しカスコード増幅回路 ……181
温度計コード ………………………305, 322

■カ　行■

ガードリング ………………………91
界面準位 ……………………………147
カスケード型 Δ-Σ 変調器 ………285
カスコード増幅回路 ……………55, 74, 179
カスコード電流源 …………………113
仮想短絡 ……………………………174
価電子 ………………………………15
過渡応答 ……………………………271
過渡応答特性 ………………………151
帰還回路 ……………………………168

索　引

帰還増幅回路 …………………………160
寄生インダクタンス …………………88
寄生キャパシタ ………………………65
寄生キャパシタンス …………………83
寄生(基板)抵抗 ………………………90
キックバック効果 ……………………139
共役複素数 ……………………………235
強反転領域 ……………………………31
極 ………………………………65, 231
極分離 …………………………………216
クロール型 ……………………………261
クロック・ジッタ …………………297, 301
ゲート接地 ……………………………47
ゲート接地増幅回路 …………………52
高域遮断周波数 …………………69, 70
コピー電流源 …………………………112
コモン・セントロイド ………………148
コモン・モード・ノイズ ……………93
コモン・モード・フィードバック(CMFB)
　回路 …………………………………217
コンパレータ …………………………300, 302

■サ　行■

差動信号 ………………………………92
差動入力対 ……………………………139
サリサイド ……………………………27
残差信号 ………………………………306
参照電流源回路 ………………………123
サンプリング周波数 …………………262
サンプル&ホールド回路 ……………128
シート抵抗 ……………………………157
シールド板 ……………………………84
時不変 …………………………………228
弱反転領域 ……………………………32
遮断周波数 ……………………………163
周波数応答特性 ………………………65
周波数変調法 …………………………256

出力コンダクタンス …………………37
出力バッファ ……………………140, 204
小信号等価回路 ………………………42
振幅変調法 ……………………………256
スイッチト・キャパシタ回路 ……260, 308
スルーレート …………………………190
正帰還 …………………………………164
正相積分器 ……………………………243
積分器 …………………………………242
セグメント方式 ………………………323
接合容量 ………………………………78
セトリング時間 ………………………214
セレンディピティ ……………………159
零点 ……………………………………232
全差動型増幅回路 ……………………107
相関ダブル・サンプリング回路 ……272
相互コンダクタンス …………………41
ソース …………………………………20
ソース・クロス・カップル回路 ……207
ソース接地 ……………………………47
ソース接地増幅回路 …………………48
速度飽和 ………………………………36
素子間分離領域 ………………………145
素子形成領域 …………………………145

■タ　行■

帯域阻止フィルタ ……………………235
帯域通過フィルタ ……………………235
ダイナミック電流源校正法 …………327
ダイナミック・レンジ ………………296
多結晶シリコン ………………………25
ダブル・ポリキャパシタ ……………156
ダミー・パターン …………………146, 301
単位相互コンダクタンス ……………190
チェビシェフ・フィルタ ……………239
チャネリング …………………………150
チャネル ………………………………20

直列帰還増幅回路 …………………… 169
抵抗ラダー …………………… 300, 317
ディジタル補正法 …………………… 327
低電圧用カレント・ミラー回路 …… 116
テイル電流 …………………………… 101
デコーダ方式 ………………………… 321
電圧帰還 ……………………………… 166
電圧利得 ……………………………… 50
電荷注入 ……………………………… 129
伝達関数 ……………………………… 270
電流帰還 ……………………………… 166
電流シンク …………………………… 111
電流・容量校正法 …………………… 327
電力効率 ……………………………… 207
同相ノイズ …………………… 92, 132
同相分除去比 ………………………… 105
ドナー ………………………………… 16
トリミング法 ………………………… 327
ドレイン ……………………………… 20
ドレイン接地 ………………………… 47
ドレイン接地増幅回路 ……………… 53

■ナ 行■
斜めイオン注入 ……………………… 151
入力コモン・モード電圧 …………… 198
ノイズ・シェーピング ……………… 281

■ハ 行■
バイカッド …………………… 248, 266
バイナリ方式 ………………… 321, 324
ハイパス・フィルタ ………………… 235
パイプライン型 ……………………… 299
バタフライ型 ………………………… 261
バタワース・フィルタ ……………… 239
搬送波 ………………………………… 255
反転積分器 …………………… 243, 263
半導体技術ロードマップ …………… 197

バンドエリミネーション・フィルタ …… 235
バンドギャップ参照電源回路 ……… 120
バンドパス Δ-Σ 変調器 …………… 291
ハンドパス・フィルタ ……………… 235
非反転積分器 ………………………… 263
非飽和特性 …………………………… 33
ピンチオフ点 ………………………… 79
フィードバック型 AB 級バッファ回路
　　　　　　　　　　　　…………… 209
フィード・フォワード ……………… 73
フォトリソグラフィ ………………… 23
負帰還 ………………………………… 164
複素伝達関数 ………………………… 233
復調 …………………………………… 257
プッシュプル回路 …………………… 221
フラッシュ型 ………………………… 299
フラッシュ型 A-D コンバータ …… 300
フロントエンド部 …………………… 255
分解能 ………………………………… 299
閉ループ回路 ………………………… 163
並列帰還 ……………………………… 169
ベースバンド部 ……………………… 255
変換時間 ……………………………… 299
変調 …………………………………… 257
飽和特性 ……………………………… 33
飽和ドレイン電圧 …………………… 38
ボード線図 …………………… 65, 216
補間型フラッシュ A-D コンバータ …… 304
補助アンプ …………………………… 183
ボルツマン統計 ……………………… 18

■マ 行■
前置増幅回路 ………………………… 140
マッチング …………………………… 144
マトリックス抵抗 …………………… 317
ミキサ ………………………………… 257
ミックスト・シグナル ……………… 86

ミニマム・セレクタ……………………209
ミラー・キャパシタ……………………215
ミラー効果………………………71, 72, 187
ミラー容量………………………………135

■ヤ　行■

ユニティ・ゲイン周波数………………191
ユニティ・ゲイン・バッファ
　　………………………………129, 133, 175

■ラ　行■

ラッチ回路…………………………128, 136

ラプラス変換……………………229, 275
利得増強型折り返しカスコード増幅回路
　　………………………………………184
利得帯域幅………………………………213
量子化ノイズ……………………284, 295
レイアウト………………………………144
レジスト膜…………………………………23
レプリカ回路……………………………210
レベル・シフト回路………………………54
ローディング効果………………………145
ローパス・フィルタ……………65, 163, 235
ロバートソン・プロット………………309

〈著者略歴〉

谷口研二（たにぐち・けんじ）

1973年	大阪大学大学院工学研究科電子工学専攻修士課程修了
1975年	東芝入社
	総合研究所でMOS集積回路の製造プロセスの技術開発に従事
1981年	米国MIT (Massachusetts Institute of Technology) 客員研究員
1986年	大阪大学工学部電子工学科助教授
	半導体プロセス・デバイスのシミュレーション技術の研究
1998年	大阪大学大学院工学研究科電子情報エネルギー工学専攻教授
	アナログ回路の設計，半導体デバイスの信頼性の研究
2011年	大阪大学名誉教授 奈良工業高等専門学校 校長

- ●**本書記載の社名，製品名について** ── 本書に記載されている社名および製品名は，一般に開発メーカーの登録商標です．なお，本文中では™，®，©の各表示を明記していません．
- ●**本書掲載記事の利用についてのご注意** ── 本書掲載記事は著作権法により保護され，また産業財産権が確立されている場合があります．したがって，記事として掲載された技術情報をもとに製品化をするには，著作権者および産業財産権者の許可が必要です．また，掲載された技術情報を利用することにより発生した損害などに関して，CQ出版社および著作権者ならびに産業財産権者は責任を負いかねますのでご了承ください．
- ●**本書に関するご質問について** ── 文章，数式などの記述上の不明点についてのご質問は，必ず往復はがきか返信用封筒を同封した封書でお願いいたします．ご質問は著者に回送し直接回答していただきますので，多少時間がかかります．また，本書の記載範囲を越えるご質問には応じられませんので，ご了承ください．
- ●**本書の複製等について** ── 本書のコピー，スキャン，デジタル化等の無断複製は著作権法上での例外を除き禁じられています．本書を代行業者等の第三者に依頼してスキャンやデジタル化することは，たとえ個人や家庭内の利用でも認められておりません．

JCOPY ＜出版者著作権管理機構 委託出版物＞
本書の全部または一部を無断で複写複製（コピー）することは，著作権法上での例外を除き，禁じられています．本書からの複製を希望される場合は，出版者著作権管理機構（TEL：03-5244-5088）にご連絡ください．

CMOSアナログ回路入門

2005年1月1日　初版発行　　　　　　　　　　　© 谷口 研二 2005
2024年2月1日　第13版発行　　　　　　　　　　（無断転載を禁じます）

著　者　　谷　口　研　二
発行人　　櫻　田　洋　一
発行所　　CQ出版株式会社
〒112-8619　東京都文京区千石4-29-14
電話　編集　03-5395-2122
　　　販売　03-5395-2141

ISBN978-4-7898-3037-9
定価はカバーに表示してあります
乱丁，落丁本はお取り替えします

編集担当者　西野 直樹
DTP　㈲新生社
印刷・製本　三共グラフィック㈱
Printed in Japan